高等学校计算机类系列教材

Python 程序设计教程

思达教育科技有限公司 **组编**

杨淑娟　郭 豪　周平昭　史 广 **编著**

西安电子科技大学出版社

内 容 简 介

本书是针对零基础编程学习者编写的 Python 入门教程，书中采用最新版的 Python 3.11，从初学者的角度出发，通过通俗易懂的语言和丰富的实战案例，详细介绍了 Python 的使用。

全书共 14 章，主要内容包括软件的安装、Python 编程基础、数据类型和运算符、程序的流程控制、组合数据类型、字符串及正则表达式、异常处理、函数及常用的内置函数、面向对象的程序设计、模块及常用的第三方模块、文件及 I/O 操作、网络编程、进程与线程、项目案例——多人聊天室等。书中所有知识都结合了具体实战案例进行讲解，涉及的程序代码的注释率达到 95%左右，方便读者领会 Python 程序开发的精髓。

此外，登录讯达学院网站(https://www.atxunda.com/)可以获得更多资源和技术支持，也可登录抖音号 Python_superyang，编者每晚 21:30 在该抖音号上直播 Python 编码题讲解，通过互动交流，帮助读者轻松学习 Python 编程。

本书可作为高等学校计算机类相关专业的教材，也可作为相关培训机构的培训教材，还可作为编程爱好者、初学编程的自学者的学习参考书。

图书在版编目(CIP)数据

Python 程序设计教程 / 杨淑娟，郭豪，周平昭，等编著. --西安：西安电子科技大学出版社，2024.6
ISBN 978－7－5606－7285－4

Ⅰ. ①P… Ⅱ. ①杨… ②郭… ③周… Ⅲ. ①软件工具—程序设计—高等学校—教材
Ⅳ. ①TP311.561

中国国家版本馆 CIP 数据核字(2024)第 103446 号

策　　划　李惠萍　刘统军
责任编辑　李惠萍
出版发行　西安电子科技大学出版社(西安市太白南路 2 号)
电　　话　(029)88202421　88201467　　邮　　编　710071
网　　址　www.xduph.com　　电子邮箱　xdupfxb001@163.com
经　　销　新华书店
印刷单位　陕西天意印务有限责任公司
版　　次　2024 年 6 月第 1 版　　2024 年 6 月第 1 次印刷
开　　本　787 毫米×1092 毫米　1/16　印张 20.5
字　　数　487 千字
定　　价　53.00 元
ISBN 978－7－5606－7285－4 / TP
XDUP 7587001-1

前　言

科技高速发展的今天，计算机已经成为人们工作生活中不可或缺的工具。Python 作为如今最受欢迎的计算机编程语言，在编程语言实时排名网站(https://www.tiobe.com/tiobe-index/)已连续多年蝉联第一。

随着人工智能的迅速发展，掀起了一股全民学 Python 的热潮，甚至有些小学也开设了 Python 课程，Python 将在未来科技的发展中起到举足轻重的作用。在工作中 Python 更是受到各大企业的喜爱，很多本不需要计算机编程的工作岗位，也因为 Python 能够帮助使用者更快速地完成工作而要求员工会使用这门简单高效的编程语言。

本书从初学者的角度出发，循序渐进地讲解 Python 的语法基础、编程思想以及第三方模块在各个领域中的应用，可为以后的编程奠定扎实的基础。本书配套提供 PPT、程序源代码、习题答案等资源，方便读者学习。

在本书的编撰和成型过程中，我们很荣幸地得到了山西农业大学副教授史广老师的悉心审核与专业指导，史广老师对全书的每一章节都进行了细致的审阅，确保了内容的科学性和逻辑性；长垣烹饪职业技术学院贺亚菲、陈琦老师也参加了本书部分内容的讨论、编写，在此一并致谢。

☆ 本书内容

本书共 14 章，主要介绍了软件的安装、Python 编程基础、数据类型和运算符、程序的流程控制、组合数据类型、字符串及正则表达式、异常处理、函数及常用的内置函数、面向对象的程序设计、模块及常用的第三方模块、文件及 I/O 操作、网络编程、进程与线程、项目案例——多人聊天室等内容。

☆ 本书特色

(1) 由浅入深，循序渐进。本书以零基础的读者为对象，采用通俗易懂的语言讲解 Python 的语法规则和编程思想。

(2) Python 解释器版本最新。本书采用最新版本的 Python 解释器 Python 3.11.4，深入讲解了 Python 3.11.4 的新特性。

(3) 视频讲解细致详尽。为了让读者学习本书更容易，书中每个章节均配有细致详尽的视频讲解。

☆ 读者对象

- 零基础的编程爱好者；
- 相关社会培训机构的老师和学生；
- 大中专院校的老师和学生；
- 初学编程的自学者。

☆ 读者服务

为了方便读者解决阅读学习中的疑难问题，读者可扫码添加作者微信，与作者进行交流。讯达学院网站(https://www.atxunda.com/)还提供了配套的学习服务支持。

☆ **致读者**

在编写本书的过程中，我们本着科学、严谨的态度，经过多次沟通、探讨，力求完善本书，但因作者水平有限，书中难免有不足之处，敬请广大读者批评指正。

感谢您选择阅读本书，希望本书能够成为您编程路上的一盏明灯，带您进入 Python 世界。

作　者

2024 年 3 月

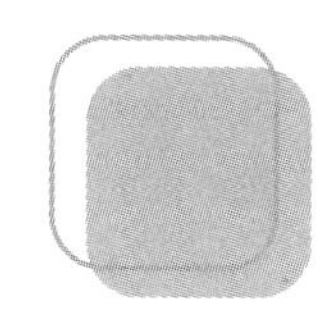

目　录

第1章 软件的安装

本章目标

☆ 掌握 Python 解释器的安装与卸载；
☆ 掌握 PyCharm 的安装与卸载。

本章讲解 Python 解释器的安装与卸载以及 Python 编写代码的第三方工具 PyCharm 的安装与卸载，为后续学习做好准备。

1.1 Python 解释器的安装与卸载

1.1.1 Python 解释器的下载

Python 是一款解释型编程语言，Python 解释器就是用于解释、执行 Python 代码的应用程序，如果没有特殊说明，指的都是 CPython(Python 解释器这款应用程序的底层是使用 C 语言编写的)。本书介绍的 Python 解释器的版本为 Python 3.11.4。要想安装这款工具，首先需要登录 Python 的官网进行下载，Python 官网网址为 https://www.python.org/，下载操作如图 1-1 所示。下载之后的安装包如图 1-2 所示。

图 1-1　Python 解释器的下载

图 1-2　Python 3.11.4 安装包

1.1.2　Python 解释器的安装

Python 解释器的安装方式有两种，一种是立即安装，一种是自定义安装。

1. 立即安装

立即安装 Python 解释器的操作步骤如下：

(1) 双击如图 1-2 所示的安装包。

(2) 打开安装窗口，如图 1-3 所示。安装方式可以选择立即安装或自定义安装，立即安装将安装到默认路径 C 盘中，自定义安装时可以自行选择安装的路径。这里先讲解立即安装方式。在安装窗口中勾选“Add Python.exe to PATH”复选框，单击“Install Now”按钮进行安装。

图 1-3　Python 解释器的安装窗口

(3) 安装过程如图 1-4 所示。

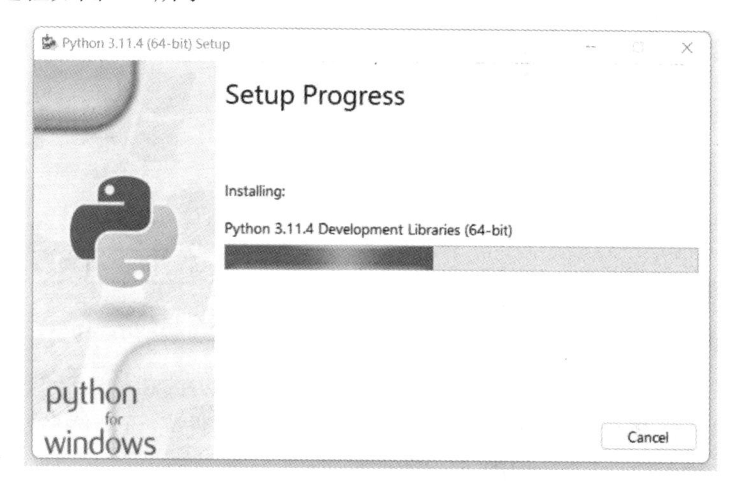

图 1-4　Python 解释器的安装过程

(4) 安装成功如图 1-5 所示。

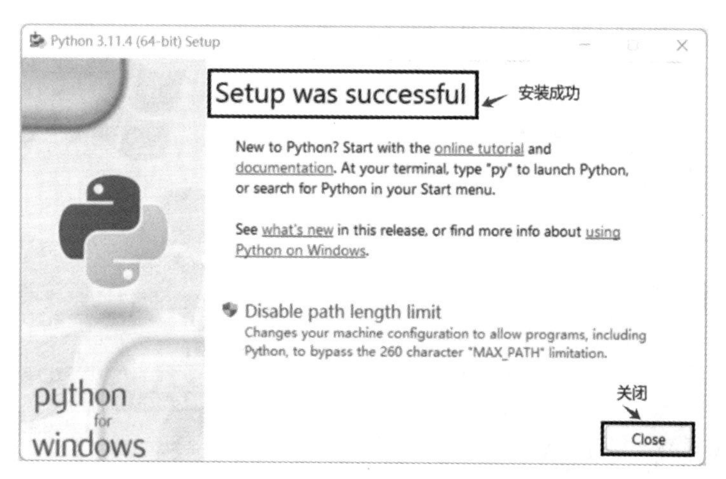

图 1-5　Python 解释器安装成功

2. 自定义安装

自定义安装 Python 解释器的操作步骤如下：

(1) 双击如图 1-2 所示的安装包。

(2) 打开安装窗口(如图 1-3 所示)，将“Add python.exe to PATH”复选框选中，单击“Customize installation”将进行自定义安装。

(3) 可选功能：在进行自定义安装时，需要选择可选功能，这里全部勾选，单击“Next”按钮进入下一步，如图 1-6 所示。

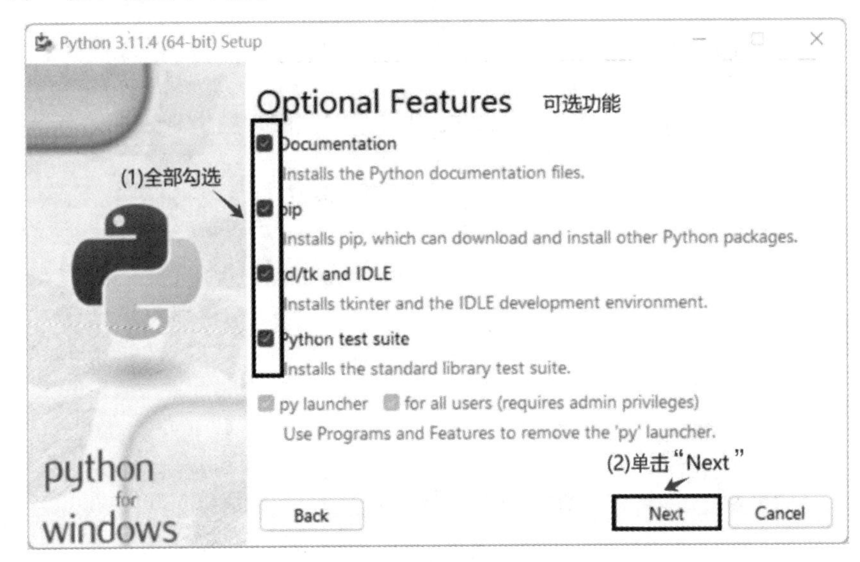

图 1-6　自定义安装：可选功能

(4) 高级选项：在进行自定义安装时，需要选择安装的路径，单击“Browse”按钮选择安装路径，本书将 Python 解释器安装到 D:\Python311 文件夹(该文件夹要提前创建好)；单击“Install”按钮进行安装，如图 1-7 所示。

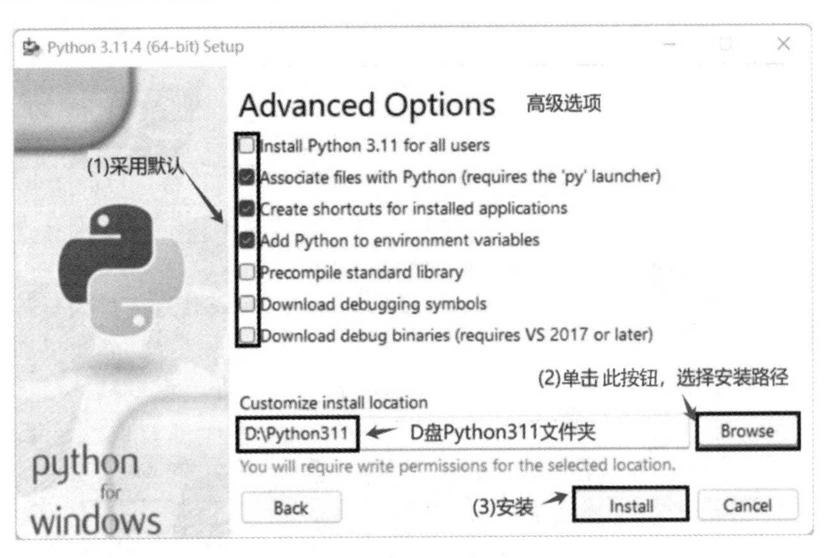

图 1-7　自定义安装：高级选项

(5) 安装过程如图 1-4 所示。

(6) 安装成功如图 1-5 所示。

注意事项：立即安装与自定义安装，选择一种安装方式即可(本书中选择的是默认安装方式)。

1.1.3 Python 解释器的使用测试

Python 解释器安装成功之后，需要进行测试。单击“开始”按钮找到以 P 开头的应用程序 Python 3.11，单击“Python 3.11‘64-bit)’”，打开 Python 交互式命令行程序，如图 1-8 所示；在提示符“>>>”之后输入“print‘20’”，如图 1-9 所示。当看到屏幕上出现“20”之后，说明 Python 解释器安装成功并可以正常使用。

注意事项：“print‘20’”中的小括号是英文状态下的小括号。

图 1-8 打开 Python 交互式命令行程序

```
C:\Windows\system32\cmd.exe - python
Microsoft Windows [版本 10.0.22000.2538]
(c) Microsoft Corporation。保留所有权利。

C:\Users\68554>python
Python 3.11.4 (tags/v3.11.4:d2340ef, Jun  7 2023, 05:45:37) [MSC v.1934 64 bit (AMD64)] on win32
Type "help", "copyright", "credits" or "license" for more information.
>>> print(20)
20
>>>      看到">>>"提示符后，输入print(20)回车，在屏幕上看到20独占一行，即测试成功
```

图 1-9 运行测试

1.1.4 Python 解释器的卸载

当需要更改 Python 解释器的版本或者当前 Python 解释器不需要了，可卸载 Python 解释器。首先单击状态栏的搜索框，输入“控制面板”，然后单击“控制面板”，如图 1-10 所示。在“控制面板”窗口中选择“程序(卸载程序)”，如图 1-11 所示。打开“程序和功能”窗口，首先在搜索框中输入“python”将搜索到所有与 Python 有关的应用，然后双击要卸

载的程序，如图 1-12 所示。在这里需要卸载 Python 3.11.4 和 Python Launcher 两个应用程序。卸载过程如图 1-13 所示。当出现如图 1-14 所示的界面时，表示 Python 解释器卸载成功，单击“Close”按钮关闭即可。

图 1-10　打开控制面板

图 1-11　卸载程序

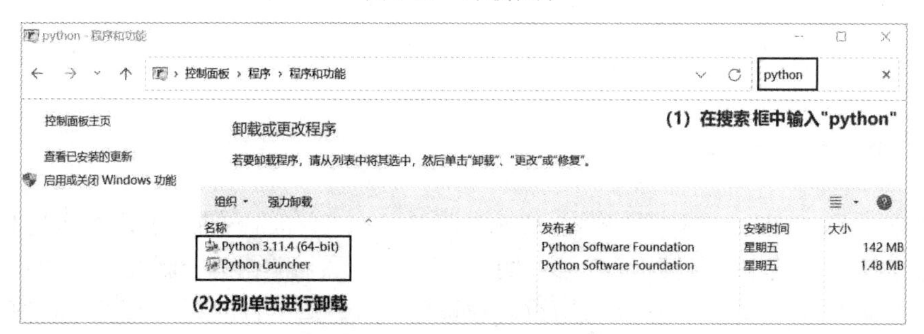

图 1-12　“程序和功能”窗口

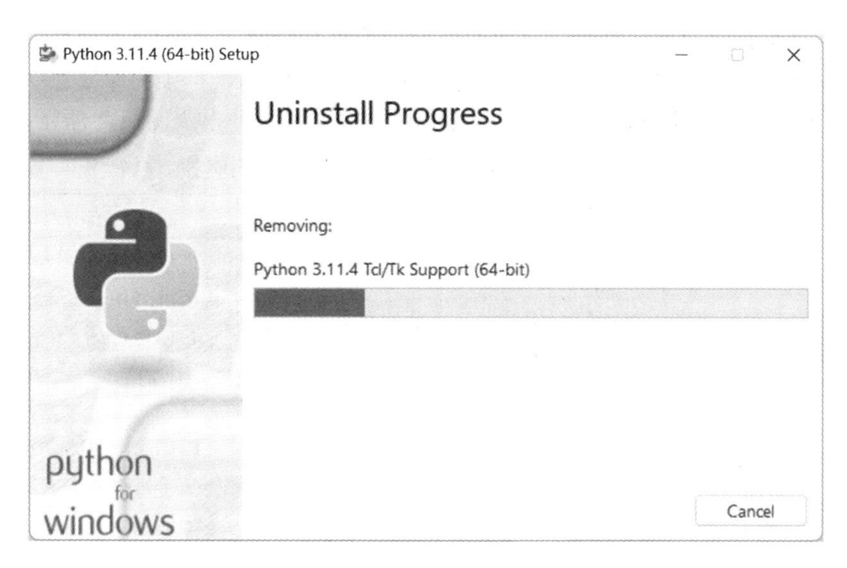

图 1-13　卸载过程

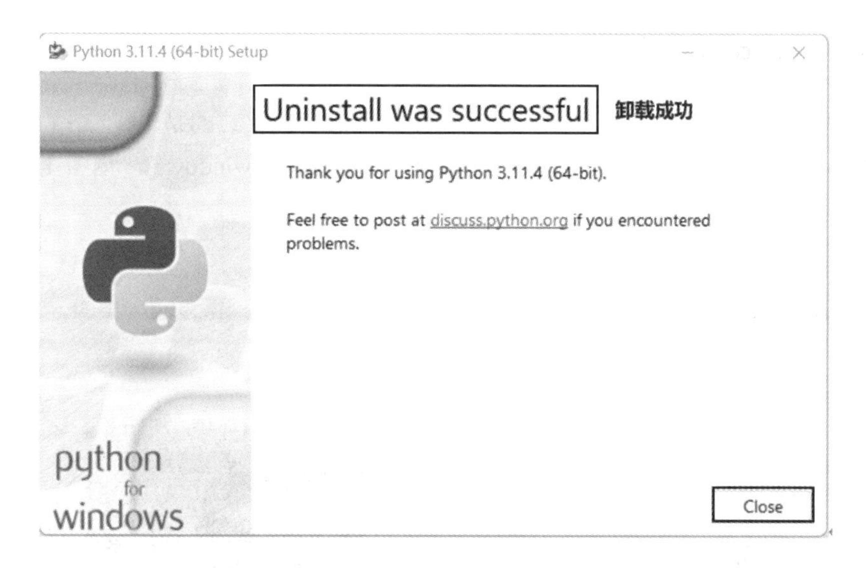

图 1-14　卸载成功

1.2　PyCharm 的安装与卸载

1.2.1　PyCharm 简介

PyCharm 是 Python 的集成开发环境，在 Windows、Mac OS 和 Linux 操作系统中都可

以使用。PyCharm 还带有一整套可以帮助用户在使用 Python 语言开发时提高效率的工具，如 Project 管理、智能提示、语法高亮、代码调试、解释代码、框架和库等。

目前，PyCharm 的版本有社区版和专业版两种，二者的区别如表 1-1 所示。

表 1-1　PyCharm 社区版与专业版的区别

分类	功能上的区别	其他区别	适用人群
社区版	PyCharm 社区版没有 Web 开发、Python Web 框架、Python 分析器、远程开发、支持数据库与 SQL 等功能	PyCharm 社区版提供给开发者免费使用	PyCharm 社区版是提供给编程爱好者用于学术交流的，所以是免费提供的，其功能虽然不够全面，但能够满足日常开发需要
专业版	PyCharm 专业版功能丰富，与社区版相比，增加了 Web 开发、Python Web 框架、Python 分析器、远程开发、支持数据库与 SQL 等高级功能	PyCharm 专业版需要付费购买，该软件的激活码才可以使用	PyCharm 专业版适用于一些公司进行专业互联网开发使用，这需要使用公司投入一定资金

1.2.2　PyCharm 的下载

安装 PyCharm 之前需要到官网上进行下载，本书下载安装的是 PyCharm 专业版(下载网址为 https://www.jetbrains.com/pycharm/download/#section=windows)，见图 1-15。下载之后的安装包如图 1-16 所示。

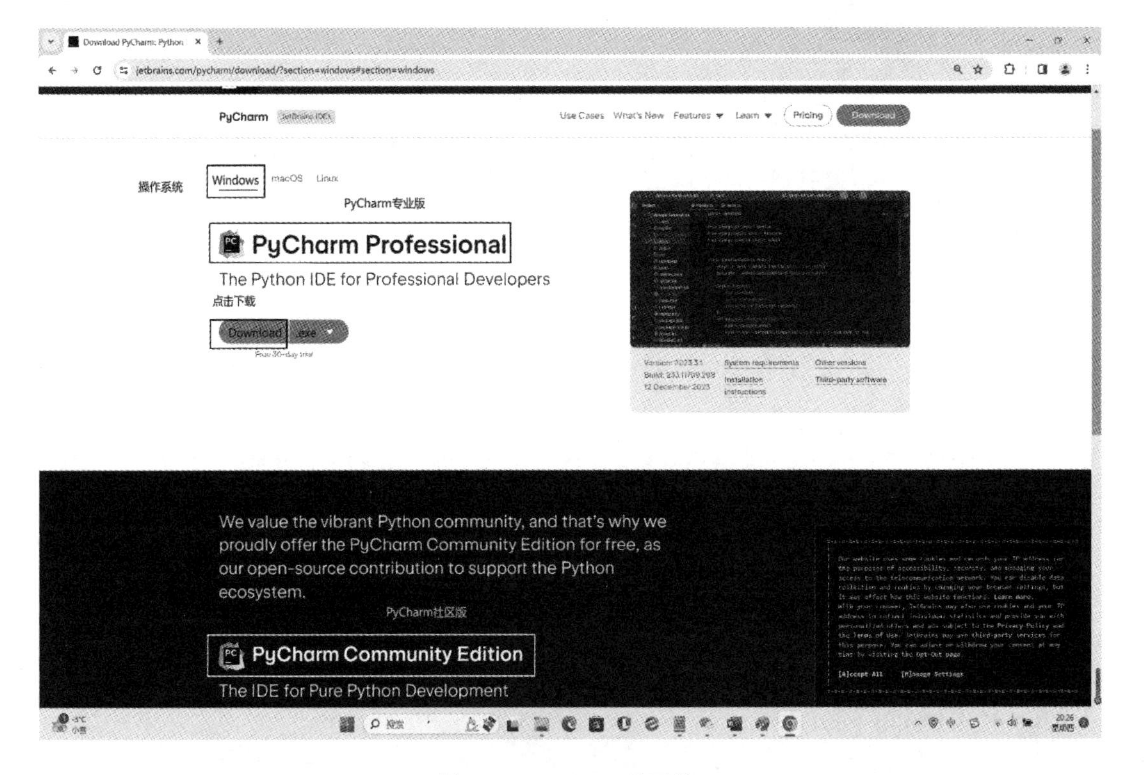

图 1-15　PyCharm 的下载

图 1-16 PyCharm 的安装包

1.2.3 PyCharm 的安装

PyCharm 的安装步骤如下：

(1) 双击如图 1-16 所示的 PyCharm 2023.2 的安装包，打开安装窗口，如图 1-17 所示，单击“Next”按钮进入下一步。

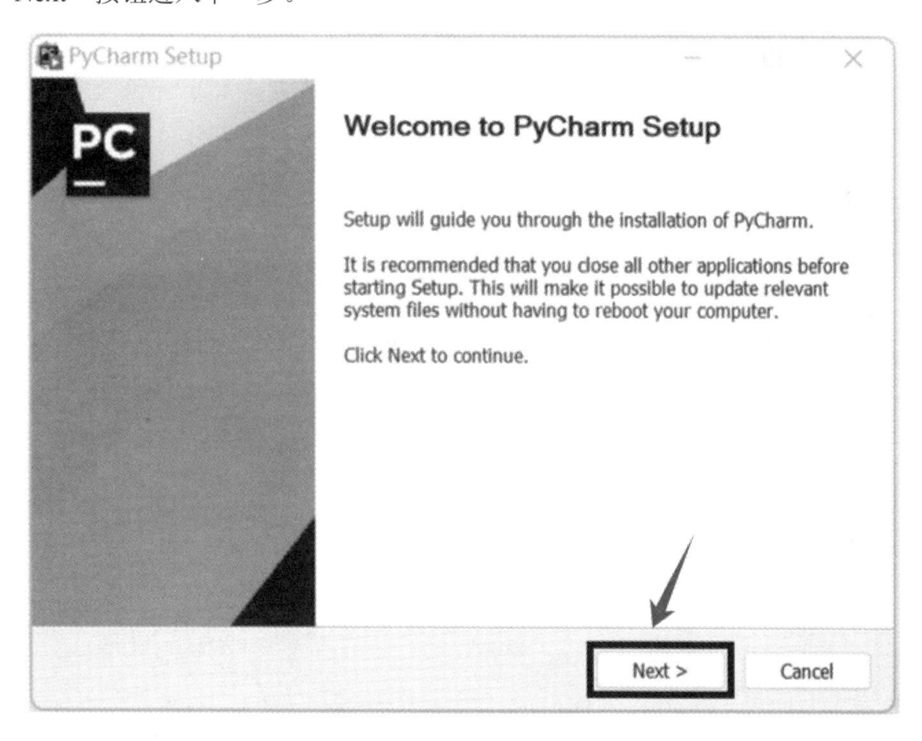

图 1-17 PyCharm 安装窗口

(2) 选择安装路径，本书将 PyCharm 安装在 D 盘，安装路径为 D:\Program Files\JetBrains\PyCharm 2023.2。如果希望安装到指定的路径，则单击如图 1-18 所示的“Browse”按钮进行选择，最后单击“Next”按钮进入下一步。

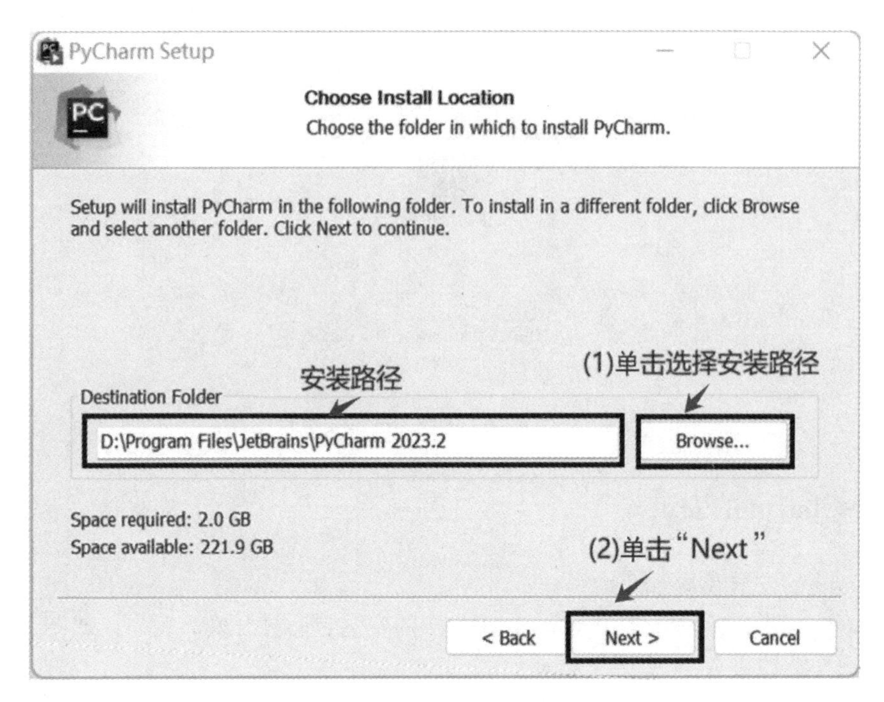

图 1-18　选择安装路径

(3) 勾选安装选项界面中的所有复选框，单击“Next”按钮进入下一步，如图 1-19 所示。

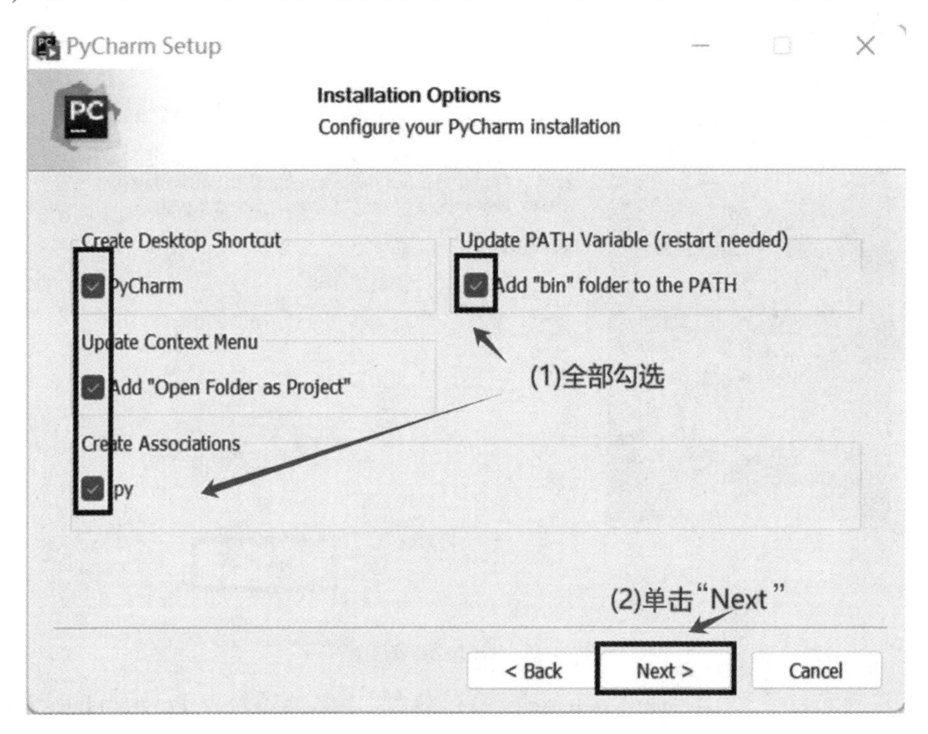

图 1-19　安装选项

(4) 选择 PyCharm 快捷方式在“开始”菜单中的文件夹，采用默认即可，单击“Install”按钮进行安装，如图 1-20 所示。

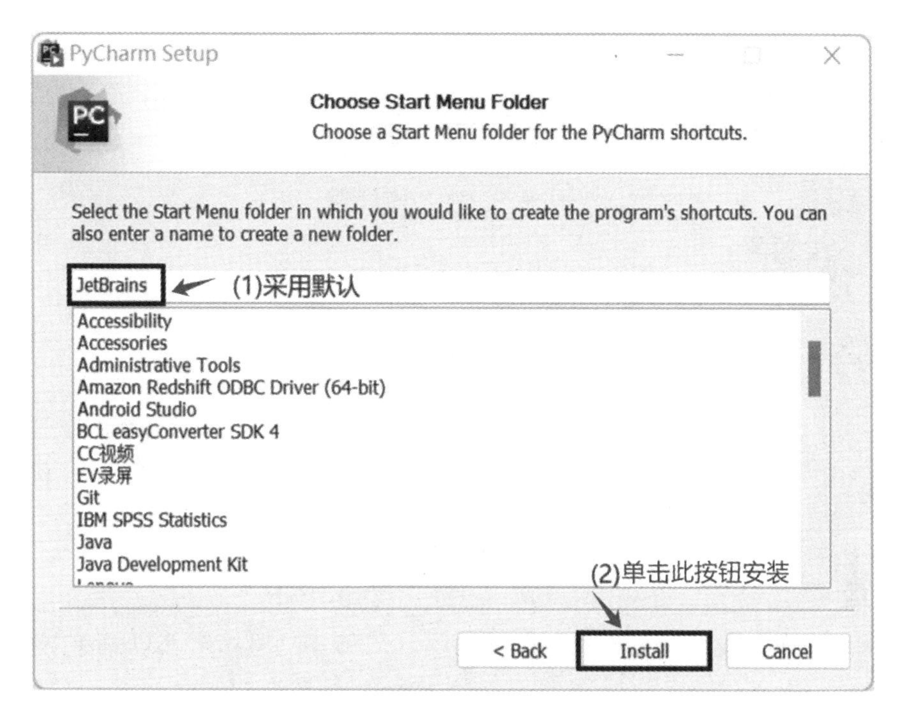

图 1-20　选择“开始”菜单文件夹

(5) 安装过程需要等待一会儿，如图 1-21 所示。

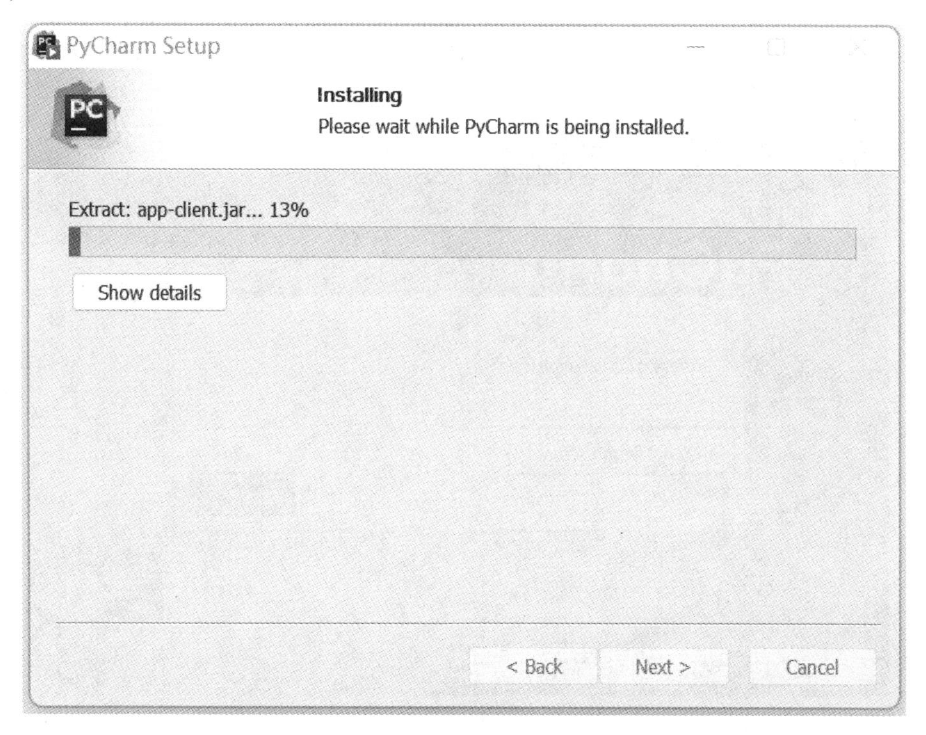

图 1-21　安装过程

(6) 安装成功，单击“Finish”按钮完成安装，如图 1-22 所示，同时会在桌面上产生一个 PyCharm 启动的快捷方式，如图 1-23 所示。

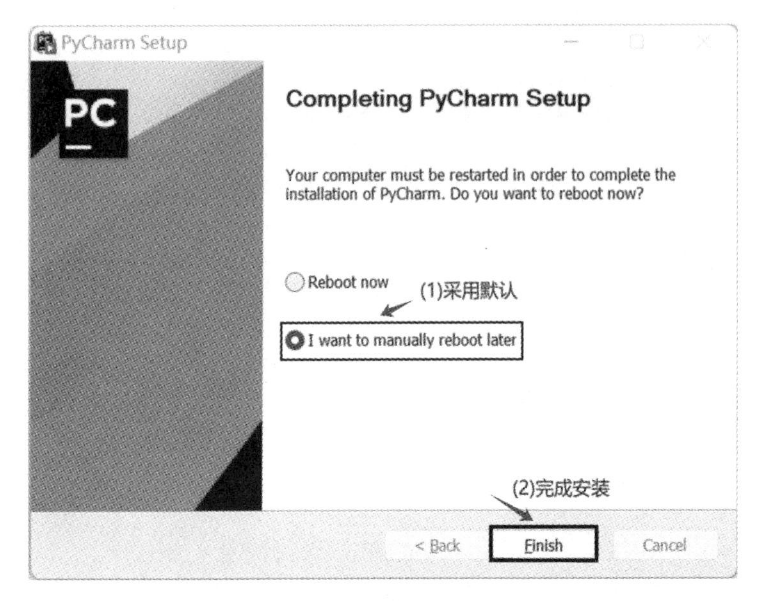

图 1-22　安装成功

图 1-23　PyCharm 的快捷方式图标

1.2.4　PyCharm 的使用

PyCharm 安装完成之后，接下来介绍 PyCharm 的使用。使用步骤如下：

(1) 双击如图 1-23 所示的 PyCharm 的快捷方式，打开“导入 PyCharm 设置”窗口，采用默认“不导入”，单击“OK”按钮，如图 1-24 所示。

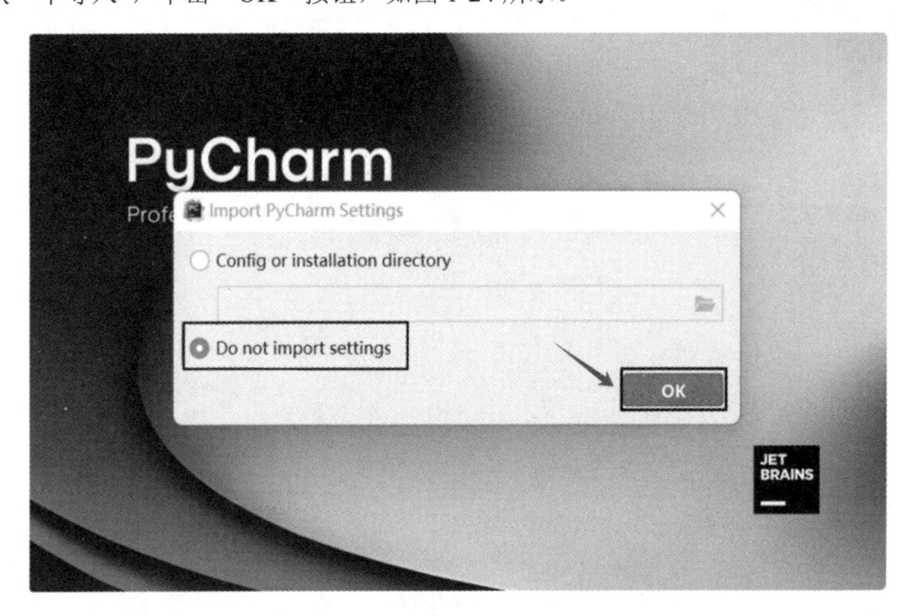

图 1-24　“导入 PyCharm 设置”窗口

(2) PyCharm 的专业版只有 30 天的试用期，在没有“Activate Code”时，选择“Start trial”开始试用，在出现的界面中单击“Register”进行 JetBrains Account 账号注册，如图 1-25 所示。

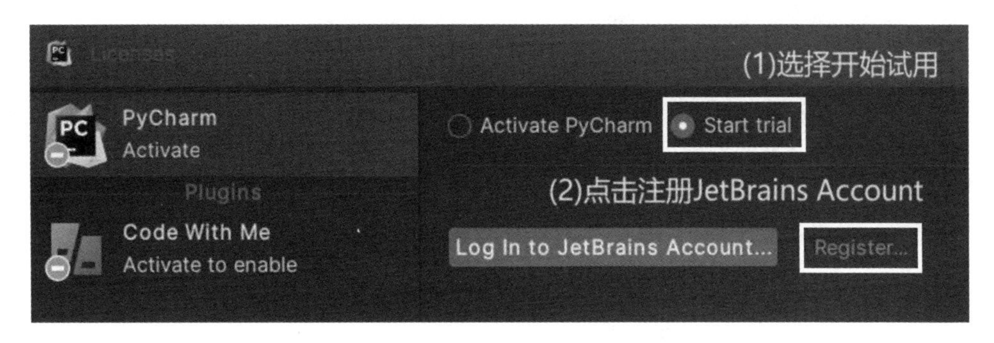

图 1-25　准备试用 PyCharm

(3) 当单击图 1-25 中的“Register”进行 JetBrains Account 账号注册时，将打开如图 1-26 所示的网址。由于没有账号，所以要创建一个账号，在“Create JetBrains Account”下的输入框中输入一个邮箱地址，然后单击“Sign Up”进行注册。

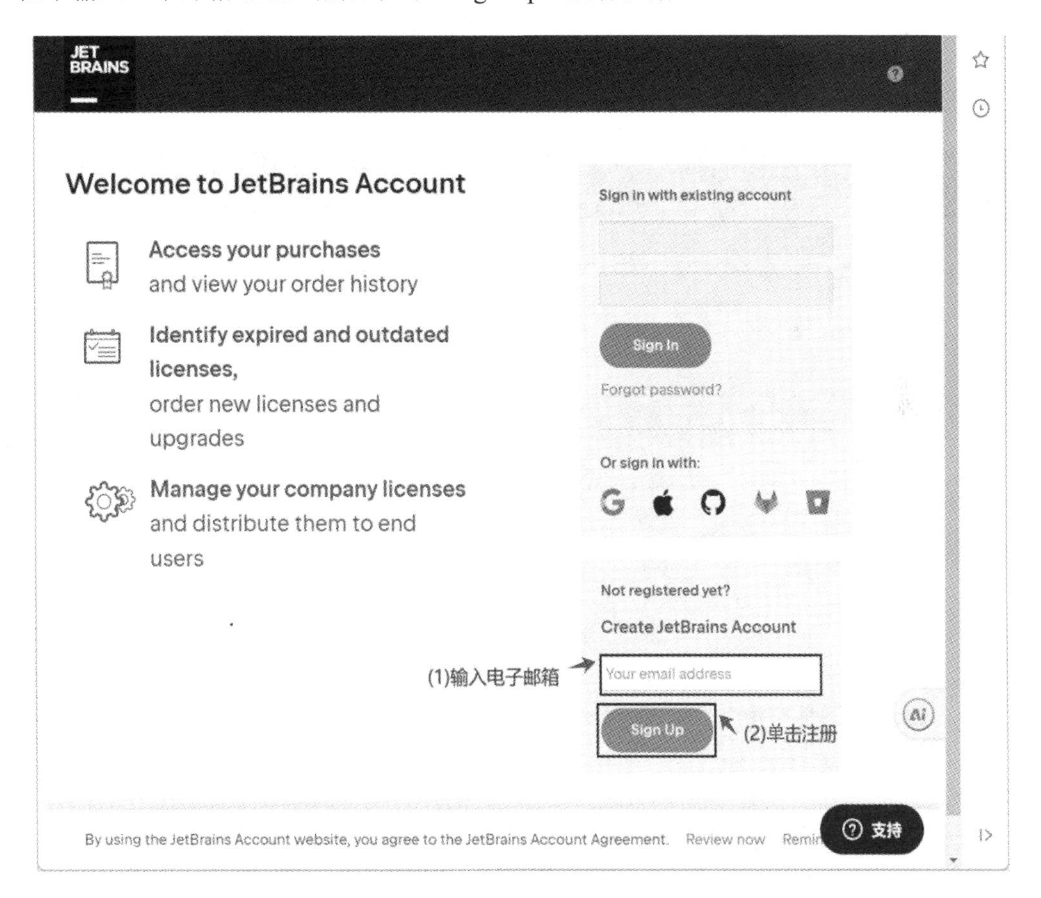

图 1-26　注册 JetBrains Account 账号

(4) 此时在刚才输入的电子邮箱中将收到一封来自 JetBrains Account 的电子邮件，如图 1-27 所示。单击“Confirm your account”将打开如图 1-28 所示的网址，填写详细的注册信息，填写完成之后，单击“Submit”进行提交。

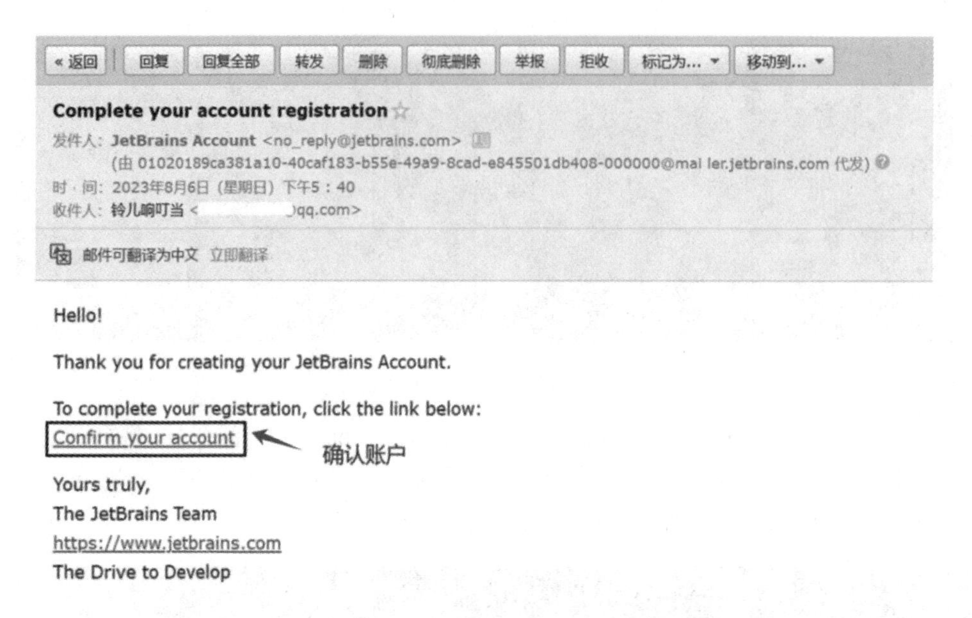

图 1-27　JetBrains Account 发送的电子邮件

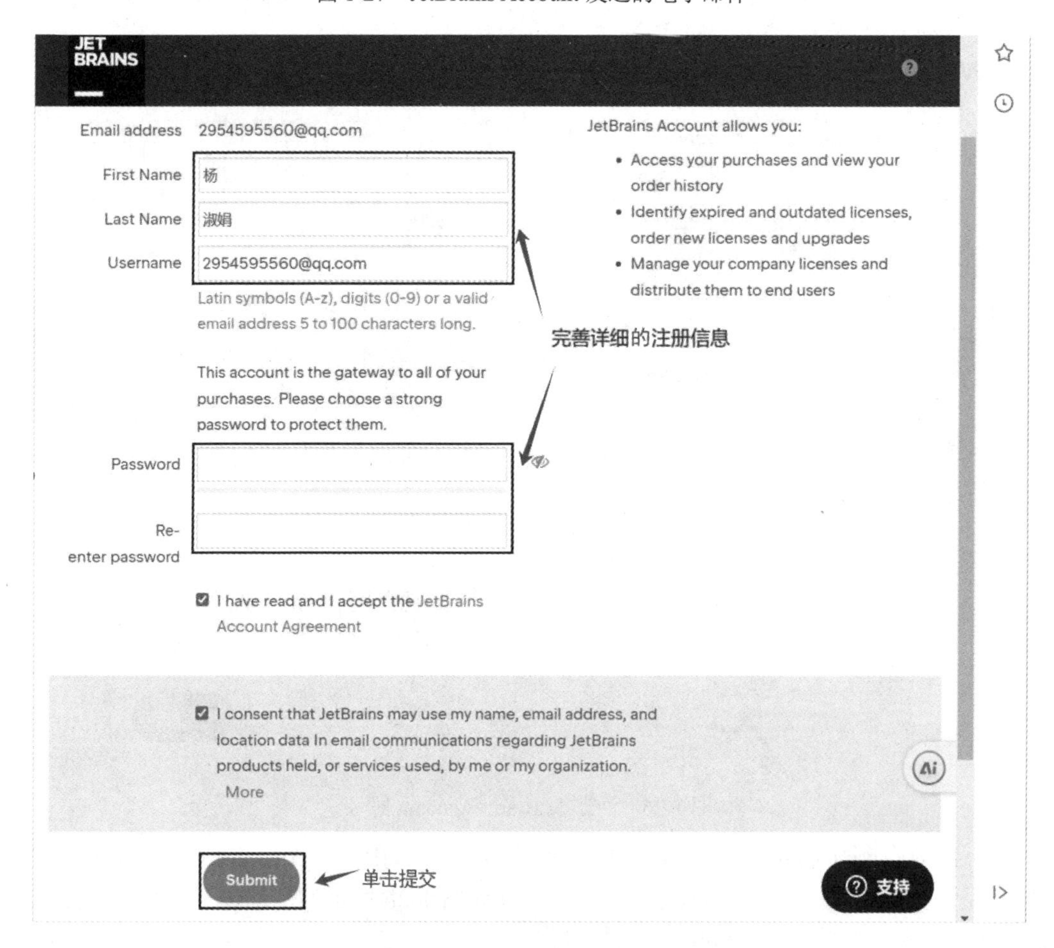

图 1-28　完善详细的注册信息

(5) 详细信息填写完成之后，关闭网页，回到如图1-25所示的页面，单击“Log In to JetBrains Account”，将出现如图1-29所示的界面，单击“Start Trial”进行试用。

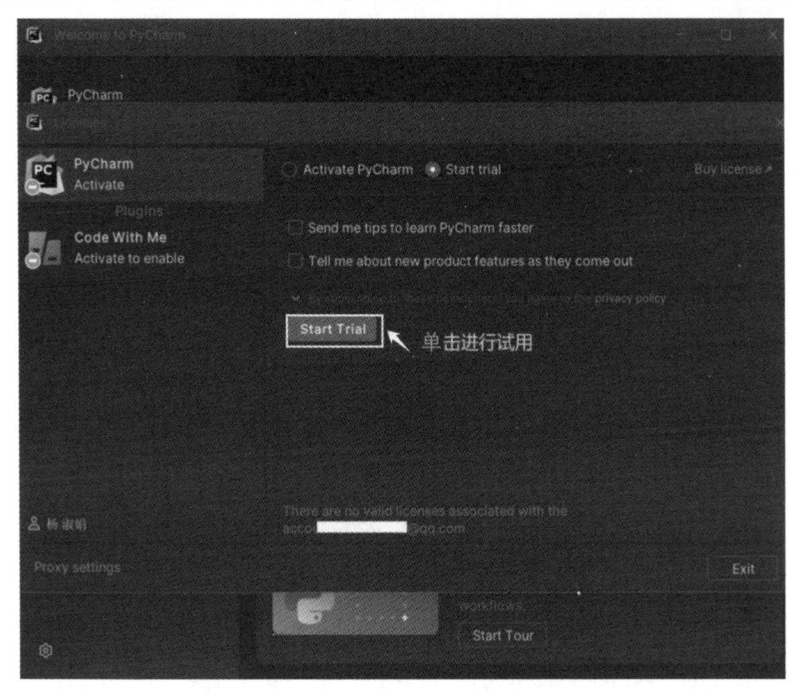

图 1-29 单击“Start Trial”进行试用

(6) 单击“Start Trial”，打开如图1-30所示的界面，将显示试用结束的日期，单击“Continue”按钮继续后续操作。

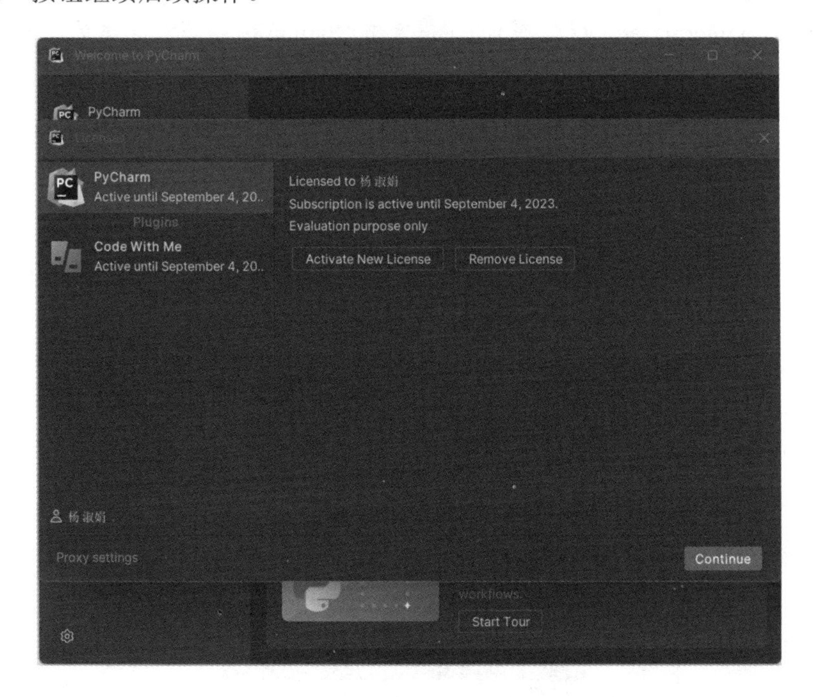

图 1-30 试用结束时间显示

(7) PyCharm 试用成功设置后，将打开欢迎界面，单击“New Project”创建新的项目，如图 1-31 所示。

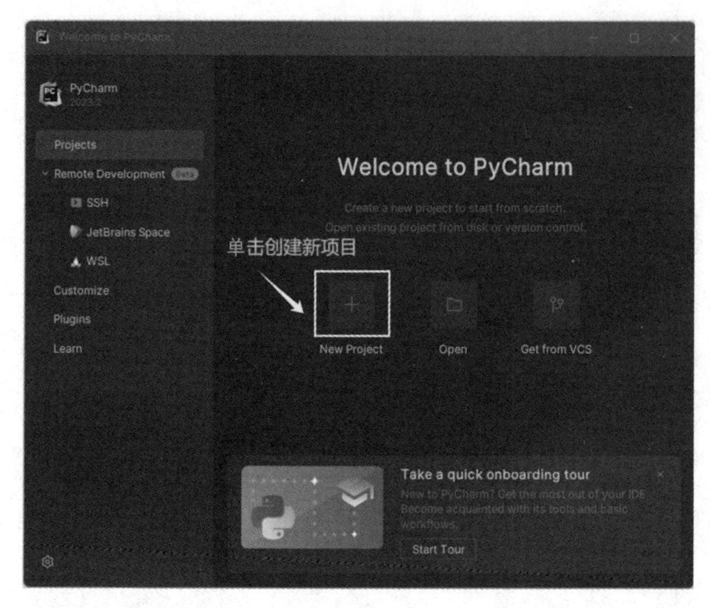

图 1-31　欢迎界面

(8) 新建项目的操作如图 1-32 所示。首先单击右侧的文件夹按钮，选择新建项目的路径，在出现的选择路径的窗口中选择新建项目的盘符，单击新建文件夹按钮新建一个文件夹，将其命名为“pythonpro”(文件夹的名称可自行定义，但不能使用 python 作为文件夹的名称)，最后单击“OK”按钮。本书中将项目的路径选在 D 盘 pythonpro 文件夹中。在图 1-33 中检查 Base interpreter，查看是不是你安装的 Python 解释器，如果是则单击“Create”进行项目创建。

图 1-32　新建项目选择路径

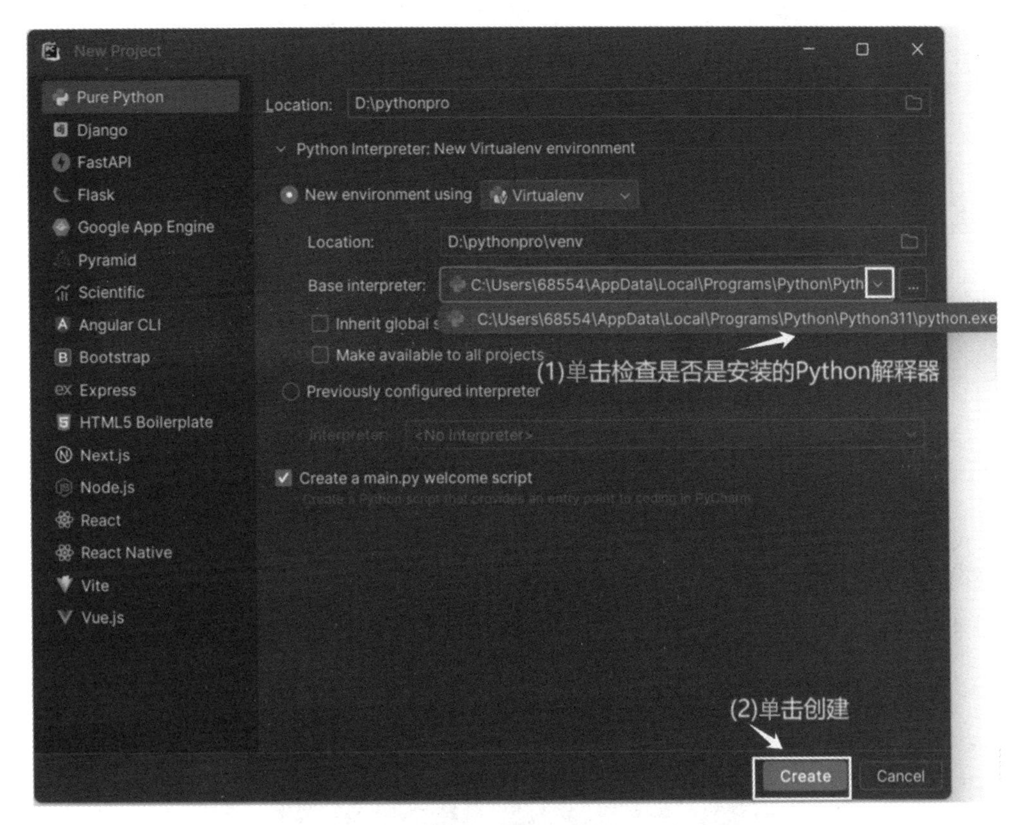

图 1-33　创建项目

(9) 新创建好的项目会自带一个 main.py 的文件，在 main.py 文件的空白处单击右键，选择“Run main”运行 main.py 文件，如图 1-34 所示。如果在下方的控制台上输出“Hi,PyCharm”，则说明项目创建成功，如图 1-35 所示。

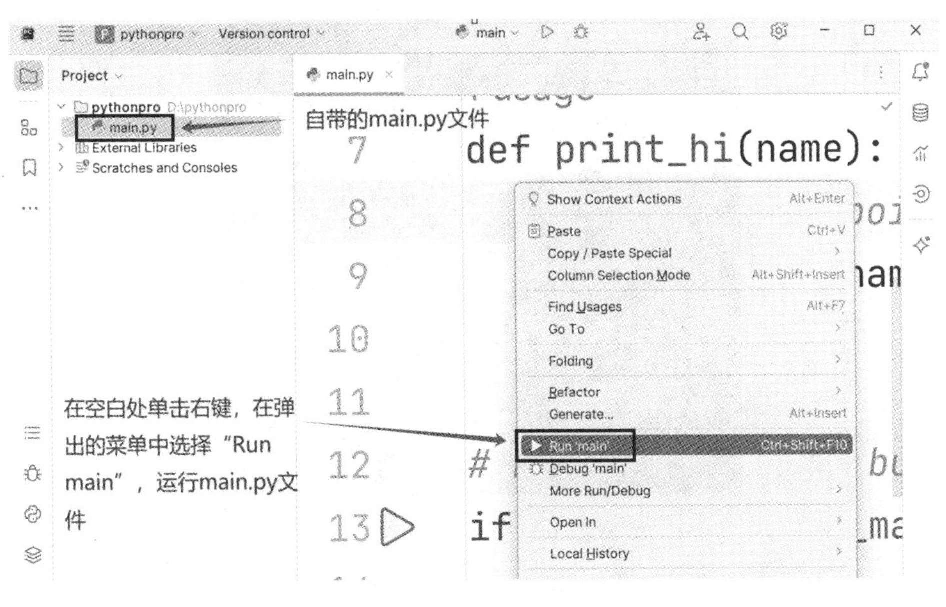

图 1-34　运行测试文件 main.py

图 1-35　控制台输出结果

1.2.5　PyCharm 的设置

PyCharm 窗口的默认皮肤是黑色的，可以通过 Settings 设置 PyCharm 的皮肤风格。单击如图 1-36 所示的图标打开菜单栏，单击菜单栏中的“File”，在下拉菜单中选择“Settings”，如图 1-37 所示。

图 1-36　打开菜单栏

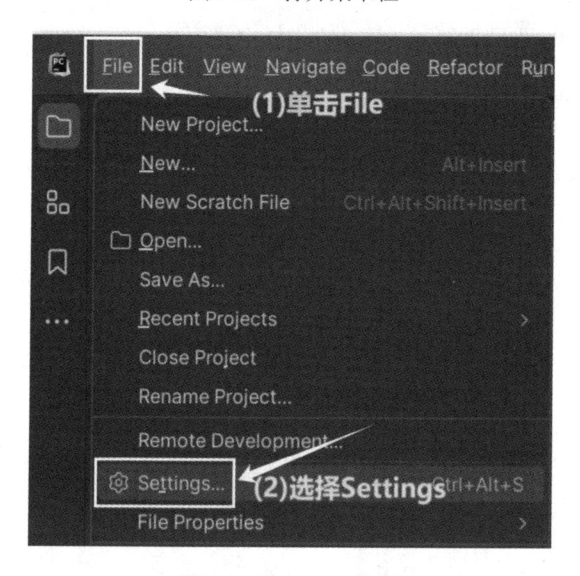

图 1-37　Settings 设置

打开 Settings 设置窗口，选择“Appearance”设置外观，在右侧 Theme 中选择“IntelliJ Light”使其高亮，最后单击“OK”按钮，如图 1-38 所示。

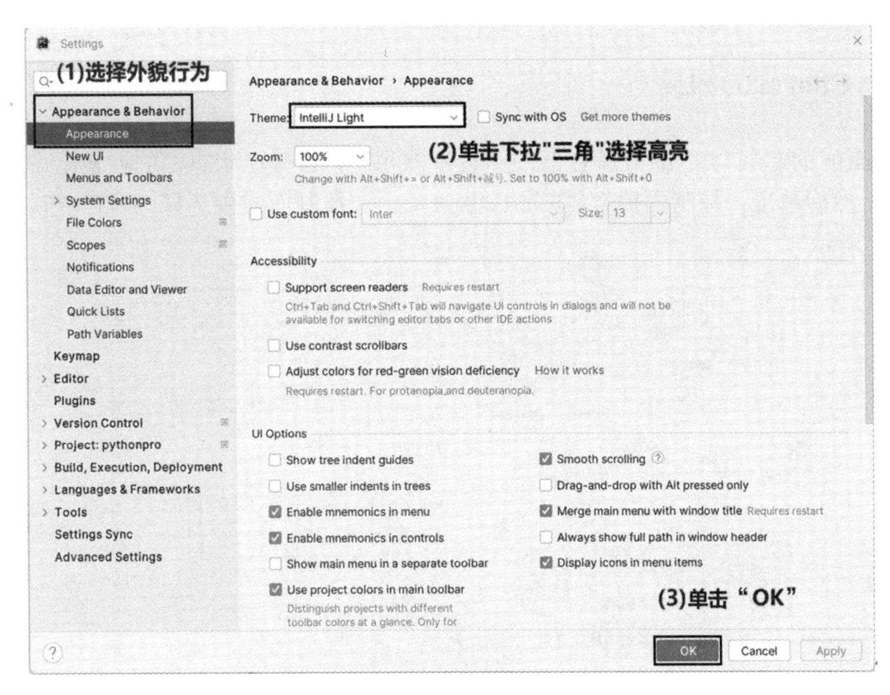

图 1-38 设置皮肤

在设置完皮肤之后还可以进行字体大小的设置，同样选择菜单栏中的“File”，在下拉菜单中选择“Settings”，如图 1-37 所示。在打开的“Settings”窗口的搜索框中输入“font”后回车，选择“Editor”中的 Font，在 Size 处输入“18.0”，它代表字体的大小(可根据情况设置字体大小，不一定要设置 18)，最后单击“OK”按钮，如图 1-39 所示。

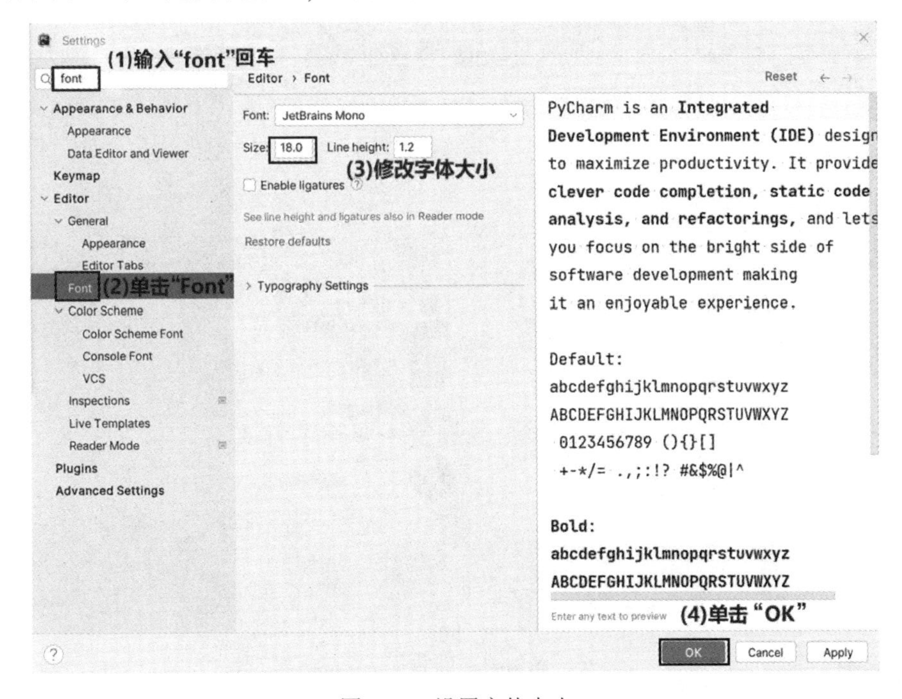

图 1-39 设置字体大小

1.2.6 PyCharm 的卸载

PyCharm 的卸载与 Python 解释器的卸载步骤相同，首先在状态栏的搜索框中输入“控制面板”，然后单击“控制面板”，如图 1-40 所示。在控制面板中选择“程序(卸载程序)”，如图 1-41 所示。

图 1-40　打开控制面板

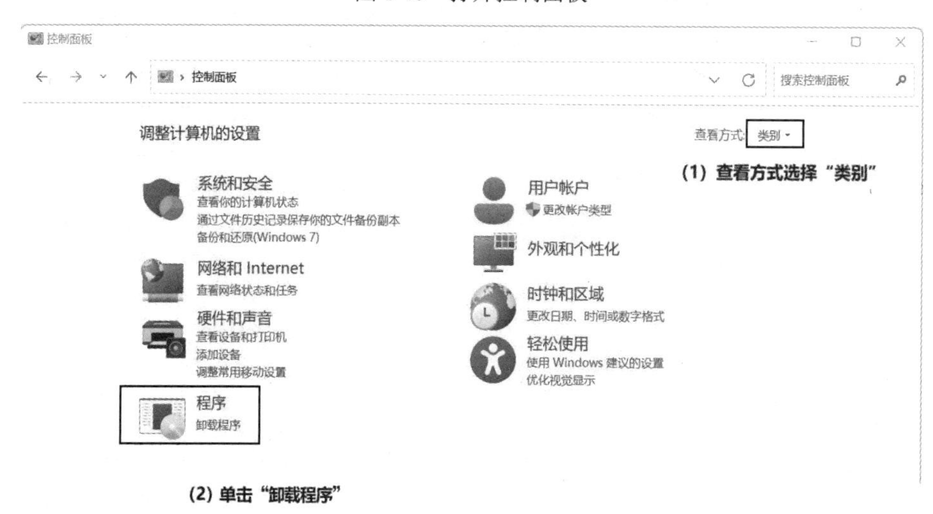

图 1-41　卸载程序

在“程序和功能”窗口的搜索框输入“PyCharm”后回车，右键单击 PyCharm 2023.2，在弹出的菜单中选择“卸载”，将进行 PyCharm 程序的卸载，如图 1-42 所示。

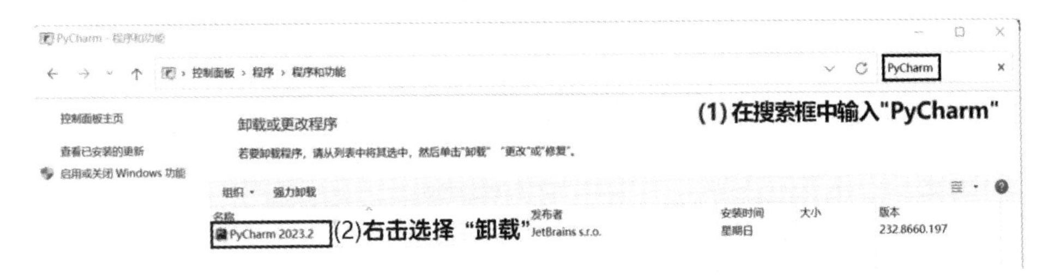

图 1-42 搜索 PyCharm

在出现的卸载窗口中，将复选框全部勾选，单击“Uninstall”按钮进行卸载，如图 1-43 所示。

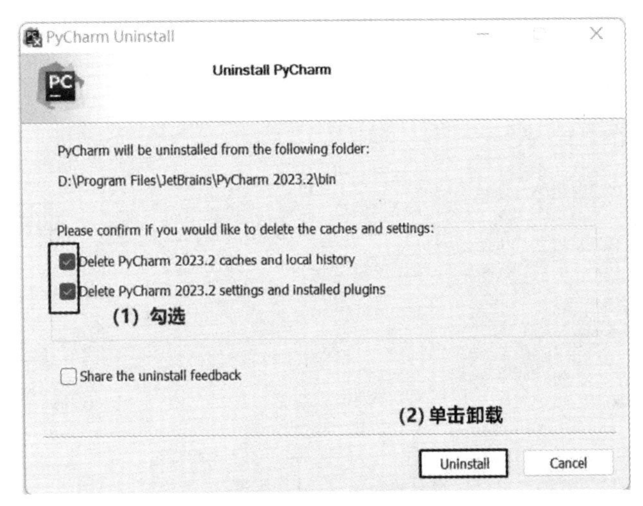

图 1-43 卸载 PyCharm

卸载过程需要几分钟时间，当出现如图 1-44 所示的界面时，表示 PyCharm 卸载成功，单击“Close”按钮关闭即可。

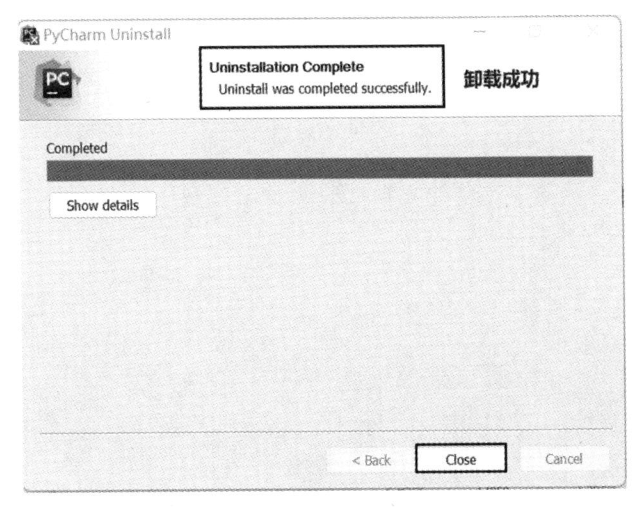

图 1-44 PyCharm 卸载成功

本 章 小 结

Python 解释器是一款用于解释、执行 Python 代码的应用程序，要想编写 Python 代码就必须进行 Python 解释器的下载及安装，当不需要 Python 解释器时可以对 Python 解释器进行卸载，在整个学习过程中 Python 解释器只需要安装一次。“工欲善其事，必先利其器”，本章中读者要重点掌握 Python 解释器的安装。

PyCharm 是一款用于编写 Python 代码的第三方开发工具，它独有的优势使得大部分程序员都对它青睐有加，读者可根据自己的实际情况下载社区版或专业版，同样在整个学习过程中 PyCharm 工具的安装只需要进行一次即可。在后续的章节中将使用 PyCharm 进行 Python 程序的开发。

第 2 章

Python 编程基础

本章目标

☆ 了解什么是计算机程序；
☆ 了解什么是编程语言；
☆ 了解编程语言的分类；
☆ 了解静态语言与脚本语言的区别；
☆ 掌握 IPO 程序编写方法；
☆ 熟练应用输出函数 print()与输入函数 input()；
☆ 掌握 Python 中注释与缩进的使用。

2.1 程序设计语言概述

2.1.1 程序设计语言

程序设计语言是指计算机能够理解和识别用户操作意图的一种交互体系，它按照特定规则组织计算机指令，使计算机能够自动进行各种运算处理。程序设计语言又称为编程语言。使用程序设计语言组织起来的一组计算机指令被称为计算机程序，如 QQ、微信、Python 解释器、PyCharm 等都是计算机程序。

程序设计语言可分为机器语言、汇编语言和高级语言三类。

机器语言是一种二进制语言，它直接使用二进制代码(如图 2-1 所示，1 表示高电平，0 表示低电平)表达指令，是计算机硬件可以直接识别和执行的程序设计语言。

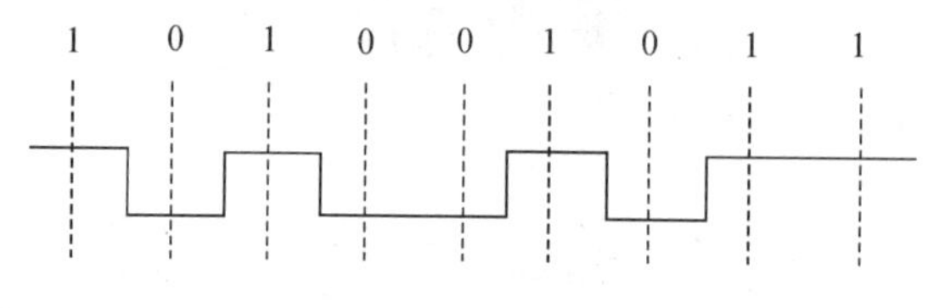

图 2-1　二进制代码指令

汇编语言使用方便的助记符，它与机器语言中的指令一一对应，例如在进行加法计算时，汇编语言使用加法指令 ADD，加进位的加法指令使用 ADC，加 1 指令使用 INC 等。虽说汇编语言比机器语言的 0、1 代码好记些，但相对于普通人来说，记住这些操作指令也是令人头疼的事情。

高级语言是接近自然语言的一种计算机程序设计语言，Python、Java 都是高级语言。

高级语言接近自然语言，那为什么不直接使用人类语言驱动计算机呢？因为人类语言常有歧义，例如东北地区的语言“你去那谁家把那啥拿来，然后我在那哪等你”，那么，“那谁家”是谁家？“那啥”是啥东西？“那哪”是哪个地方？计算机就很难理解。再比如说“夏天爱穿多少穿多少，冬天爱穿多少穿多少”，那么到底是穿多少呢？别说计算机，就是对中文理解不深刻的外国人都很难说出来。

2.1.2　编译与解释

根据计算机执行代码的方式将编程语言分为编译型和解释型两类。其中，编译过程是指将源代码转换成目标代码的过程，通常源代码是高级语言编写的代码，目标代码是机器语言代码，执行编译的计算机程序被称为编译器(Compiler)，例如 Java 语言就是编译型的计算机语言。编译型语言的执行模拟过程如图 2-2 所示。使用高级语言所编写的代码称为源代码，源代码通过编译器被编译成目标代码(机器语言)，在程序执行时输入数据并输出操作结果。

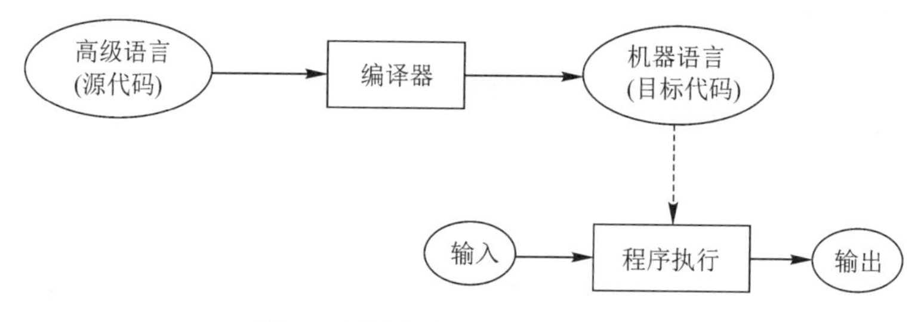

图 2-2　编译型语言的执行模拟图

解释过程是指将源代码逐条转换成目标代码同时逐条运行目标代码的过程，执行解释的计算机程序称为解释器(Interpreter)，例如在上一章节所安装的 Python 3.11 就是执行 Python 程序的 Python 解释器。解释型语言的执行模拟过程如图 2-3 所示。将高级语言的源代码与程序的输入一起给解释器，最后输出运行结果。

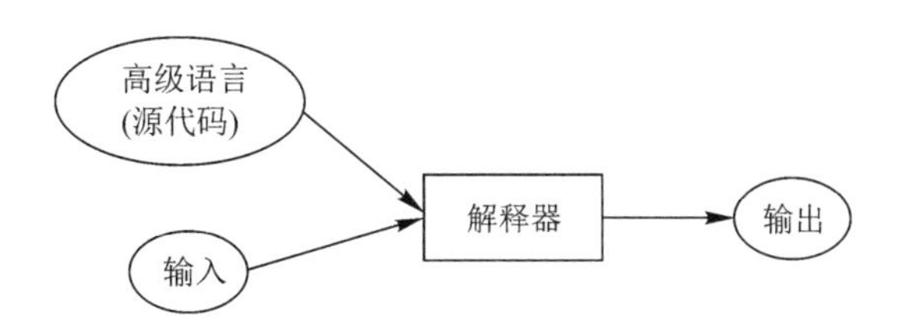

图 2-3　解释型语言的执行模拟图

编译型语言和解释型语言各有优缺点。编译方式的好处是，对于相同源代码编译所产生的目标代码执行速度更快，目标代码不需要编译器就可以运行在同类型操作系统上；缺点就是想修改程序只能修改源代码，再重新进行编译执行。解释方式则需要保留源代码，程序纠错和维护十分方便，只要存在解释器，源代码可以在任何操作系统上运行，可移植性好；缺点就是始终要保留源代码，源代码丢失则无法运行程序。

采用编译方式执行的语言又称为静态语言，例如 C 语言和 Java 语言等，采用解释方式执行的语言又称为脚本语言，如 JavaScript、PHP、Python 语言等。

2.2　Python 语言概述

2.2.1　Python 语言简介

Python 语言是由荷兰人 Guido van Rossum(吉多・范罗苏姆)在 1989 年发明的一种面向对象的解释型高级语言。

Python 语言的设计非常优雅、明确、简单。在网络上流传着这样一句话叫“人生苦短，我用 Python”，对于实现同样的功能，Python 语言的代码量是其他语言的 1/5 左右。

Python 语言具有丰富和强大的库，能够把使用其他语言制作的各种模块(尤其是 C/C++)很轻松地联结在一起，被称为“胶水”语言。

2.2.2　Python 语言的发展

Python 语言于 1989 年诞生，但是最早的可用版本诞生于 1991 年，在之后的近 20 年间又经历了 Python 2 到 Python 3 的演化过程。

2000 年 10 月，Python 2.0 版本发布，开启了 Python 广泛应用的新时代。

2010 年，Python 2.x 系统发布了最后一个版本，主版本号为 2.7，用于终结 2.x 系列版本的发展，并且不再进行重大改进。

2008 年 12 月，Python 3.0 版本发布，这个版本的解释器内部完全采用面向对象的方式实现，在语法层面做了很多重大改进。

2016 年，所有 Python 重要的标准库和第三方库都已经在 Python 3.x 版本下进行演进和发展，Python 语言版本升级过程宣告结束。

2.2.3 Python 语言的特点

Python 语言的主要特点如下：

(1) 语法简洁：实现相同功能，Python 语言的代码行数仅相当于其他语言的 1/10～1/5。

(2) 平台无关：Python 程序可以在任何安装 Python 解释器的计算机环境中执行。

(3) 黏性扩展：Python 语言本身提供了良好的语法和执行扩展接口，能够整合各种程序代码。

(4) 开源理念：Python 语言倡导的开源软件理念为该语言发展奠定了坚实的群众基础。

(5) 通用灵活：可用于编写各领域的应用程序，从科学计算到数据处理，再到人工智能、机器人等。

(6) 强制可读：Python 语言通过强制缩进来体现语句间的逻辑关系，显著提高了程序的可读性。

(7) 支持中文：Python 3.0 解释器采用 UTF-8 编码表达所有字符信息，处理中文时更加灵活且高效。

(8) 模式多样：Python 语言支持面向过程和面向对象两种编程方式。

(9) 类库丰富：Python 拥有几百个内置类和函数库，在安装 Python 解释器时一同安装到计算机中，同时还拥有十几万个第三方函数库，在需要使用时用户可以随时安装。

2.2.4 Python 的应用领域

Python 语言功能非常强大，依据它的特点和优势在很多领域都能大显身手。具体应用如下：

(1) Web 开发。Python 语言在 Web 开发上有 Django、Flask、Tornado 等众多框架的支持。国内豆瓣、知乎、美团等公司都使用 Python 做基础设施。

(2) 数据分析与科学计算。在数据分析和科学计算方面，Python 有着众多的第三方库的支持，如 NumPy、Pandas、Matplotlib 等。这些库可以非常方便地帮助数据分析人员完成数据分析和可视化的操作。

(3) 人工智能和机器学习。Python 之所以应用广泛，其实也是借助了人工智能的迅速发展。Python 中的第三方库 Tensorflow、Keras、PyTorch 等在人工智能和机器学习领域可以快速地实现模型的构建、训练和部署。

(4) 自动化测试和运维。Python 是一种简单、易学的脚本语言，它的第三方库 Selenium 在自动化测试和运维领域也发挥着举足轻重的作用。

(5) 网络爬虫。随着大数据和数据挖掘的兴起，爬虫这项技术在互联网中发挥了非常重要的作用。Python 以速度快的特点，可以在互联网上爬取大量的数据，而这些数据正是大数据和数据挖掘进行后续操作的基础。

(6) 游戏开发。Python 在游戏领域也有很多的应用，例如《文明 6》就是使用 Python 语言编写的。

2.3　Python 的开发工具

在安装 Python 解释器的时候，同时也安装了 Python 自带的集成开发学习环境 IDLE(Integrated Development Learning Environment)。在“开始”位置，找到以 P 开头的应用程序 Python 3.11，单击 IDLE(Python 3.11 64-bit)，即可打开 IDLE 窗口，如图 2-4 所示。IDLE 窗口如图 2-5 所示，最上面是菜单栏，提示符“>>>”之前是 Python 解释器版本的相关信息。

图 2-4　打开 IDLE 集成开发环境

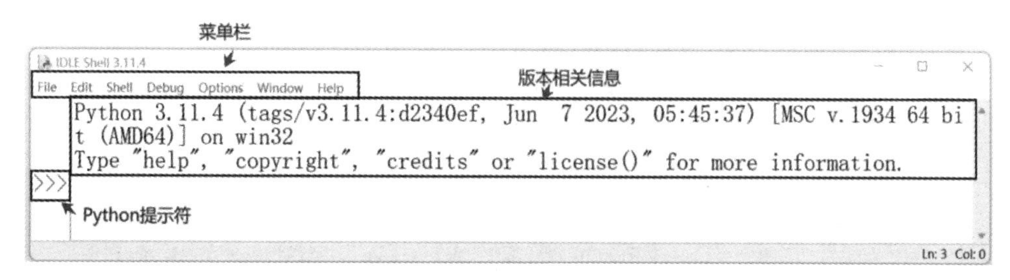

图 2-5　IDLE 窗口

使用 IDLE 可以编写少量的 Python 代码，如果想要更好的体验度，编写大量的 Python

代码，则需要使用第三方开发工具 PyCharm。PyCharm 的窗口由项目管理器和代码编辑区构成，如图 2-6 所示。左侧是项目管理器，包含项目名称、项目所在位置及 Python 文件三个部分。右侧最大的部分是代码编辑区，最上面是常用工具，用于 Python 代码的运行和调试运行。

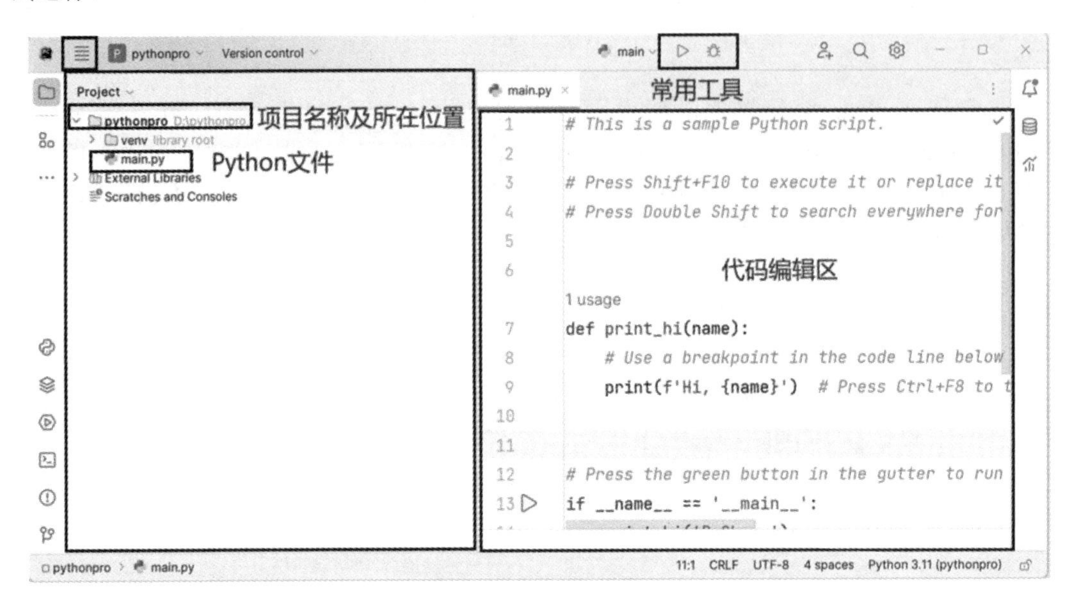

图 2-6　PyCharm 的窗口介绍

在 pythonpro 项目上单击右键，在出现的右键菜单中选择“New”，再选择“Directory”，新建一个“Directory”目录，名称为“chap2”，用于存放第 2 章的代码，统一管理章节的代码文件。新建目录如图 2-7 所示。

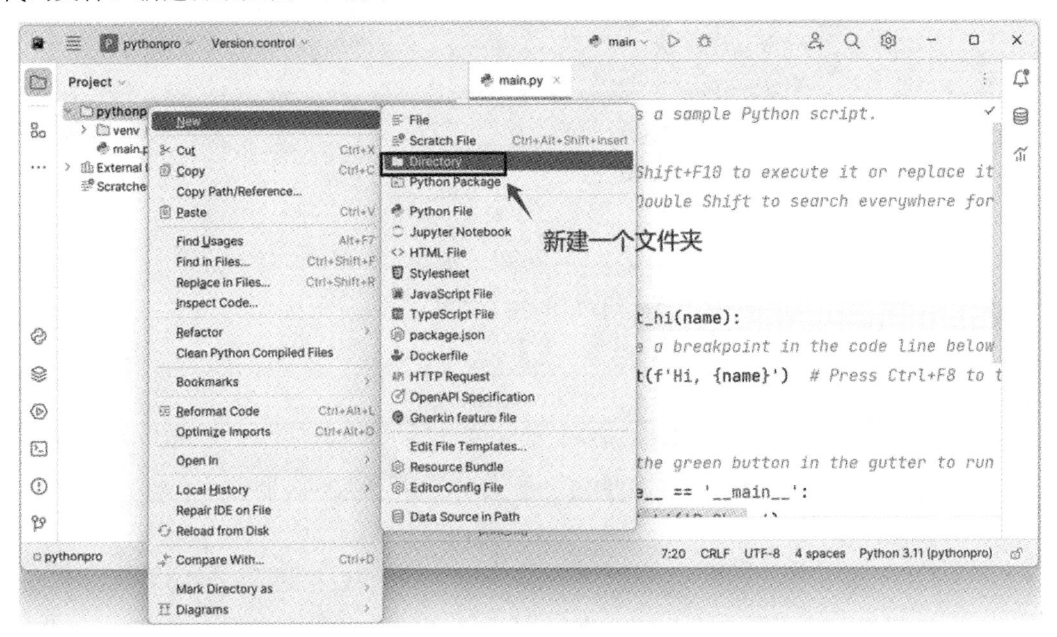

图 2-7　新建目录

在目录“chap2”上单击右键，在右键菜单中选择“New”，再选择“Python File”，将新建一个以.py 结尾的 Python 文件，名称为 demo1，如图 2-8 所示。双击 demo1.py 文件，在代码编辑区编写代码 print('hello, Python')，然后在 demo1.py 文件的空白处单击右键，选择“Run demo1”运行该程序；当在控制台上看到输出“hello, Python”，说明程序运行成功，如图 2-9 所示。

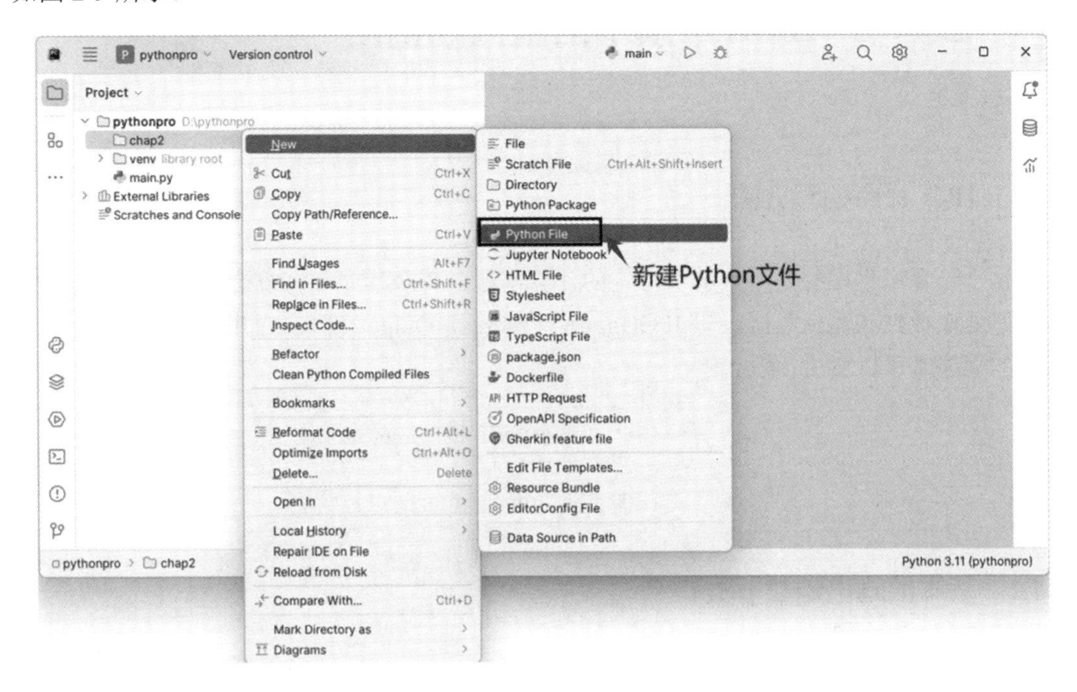

图 2-8　新建 Python 文件

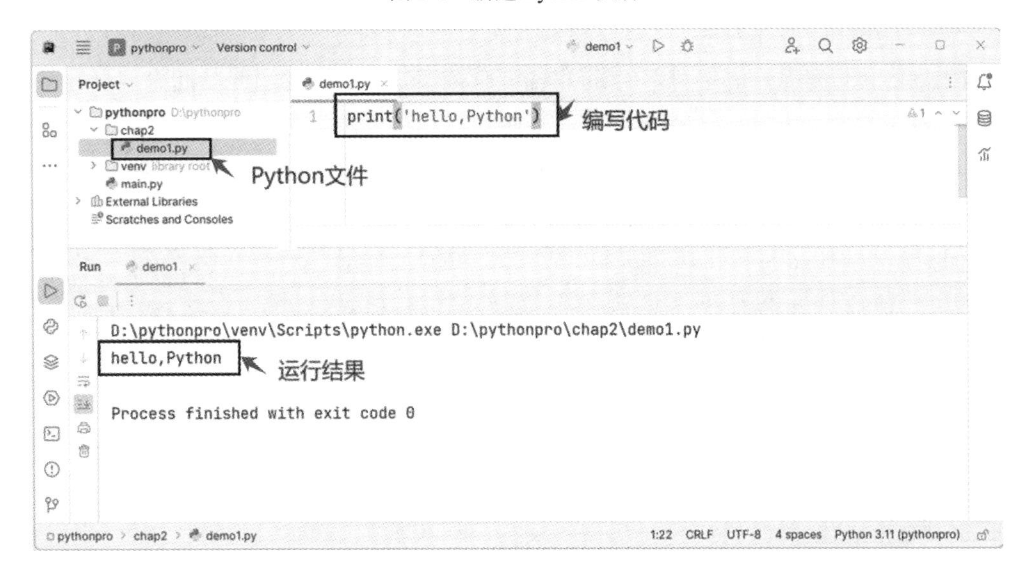

图 2-9　第一个 Python 程序

注意事项： print()中的引号为英文状态下的引号，print 后面的小括号也为英文状态下的小括号。

2.4 Python 中基本的输入和输出

2.4.1 IPO 程序编写方法

每个计算机程序都是用来解决特定的计算问题。每个程序都有统一的运算模式：输入数据、处理数据和输出数据，即 IPO(Input，Process，Output)模式，如图 2-10 所示。无论多大的程序都可以套用该模式。

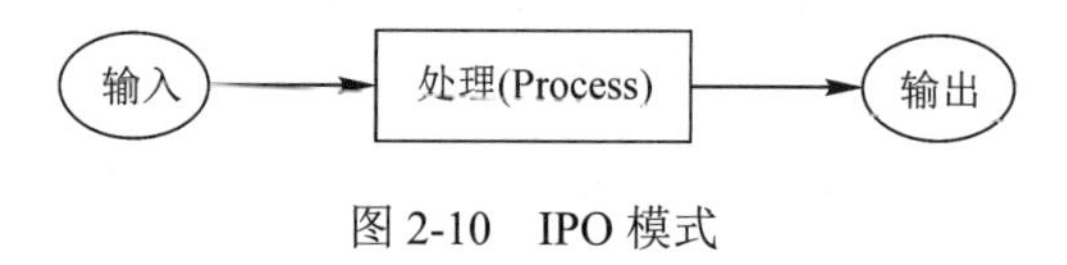

图 2-10　IPO 模式

2.4.2 基本的输出函数 print

在 Python 中，使用内置函数 print()进行程序的输出操作，即 IPO 模式中的 O(Output)输出操作。其语法结构如下：

　　print(输出内容)

输出内容可以是数字、字符串(字符串需要使用英文状态下的引号括起来，引号可以是单引号、双引号、三引号)，此类内容将直接输出；也可以是包含运算符的表达式，此类内容将计算结果输出，如示例 2-1 所示，运行效果如图 2-11 所示。

【示例 2-1】 使用 print 函数进行简单输出。

```
a=100        # 变量 a，值为 100
b=50         # 变量 b，值为 50
print(90)    # 输出数字 90
print(a)     # 输出变量 a 的值，100
print(a*b)   # 输出 a*b 的运算结果，运算结果为 5000
print('北京欢迎你!!!')
print("北京欢迎你!!!")
print("""北京欢迎你!!!""")
print('''北京欢迎你!!!''')
```

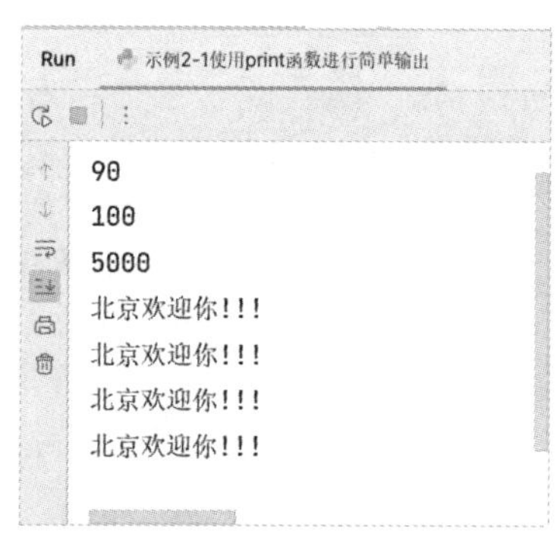

图 2-11　示例 2-1 运行效果图

如果希望一次输出多个内容，而且不换行，则可以使用英文半角的逗号将要输出的内容分隔，如示例 2-2 所示。逗号分隔的内容在输出后默认有一个空格的间距，运行效果如

图 2-12 所示。

【示例 2-2】 不换行一次性输出多个数据。

```
a=100   # 变量 a，值为 100
b=50   # 变量 b，值为 50
print(a,b,"要么出众,要么出局!!!")
```

图 2-12　示例 2-2 运行效果图

除了上述的输出内容之外，Python 还可以通过 ASCII 码(美国信息交换标准码)显示字符，ASCII 码表如图 2-13 所示。此时需要使用 Python 中的内置函数 chr()，将整数转换成对应的符号，如示例 2-3 所示，运行效果如图 2-14 所示。

ASCII码		字符	ASCII码		字符	ASCII码		字符	ASCII码		字符
十进位	十六进位		十进位	十六进位		十进位	十六进位		十进位	十六进位	
32	20	空格	56	38	8	80	50	P	104	68	h
33	21	!	57	39	9	81	51	Q	105	69	i
34	22	"	58	3A	:	82	52	R	106	6A	j
35	23	#	59	3B	;	83	53	S	107	6B	k
36	24	$	60	3C	<	84	54	T	108	6C	l
37	25	%	61	3D	=	85	55	U	109	6D	m
38	26	&	62	3E	>	86	56	V	110	6E	n
39	27	'	63	3F	?	87	57	W	111	6F	o
40	28	(	64	40	@	88	58	X	112	70	p
41	29	)	65	41	A	89	59	Y	113	71	q
42	2A	*	66	42	B	90	5A	Z	114	72	r
43	2B	+	67	43	C	91	5B	[	115	73	s
44	2C	,	68	44	D	92	5C	\	116	74	t
45	2D	-	69	45	E	93	5D	]	117	75	u
46	2E	.	70	46	F	94	5E	^	118	76	v
47	2F	/	71	47	G	95	5F	_	119	77	w
48	30	0	72	48	H	96	60	`	120	78	x
49	31	1	73	49	I	97	61	a	121	79	y
50	32	2	74	4A	J	98	62	b	122	7A	z
51	33	3	75	4B	K	99	63	c	123	7B	{
52	34	4	76	4C	L	100	64	d	124	7C	|
53	35	5	77	4D	M	101	65	e	125	7D	}
54	36	6	78	4E	N	102	66	f	126	7E	~
55	37	7	79	4F	O	103	67	g	127	7F	DEL

图 2-13　ASCII 码表

【示例 2-3】 输出 ASCII 码所对应的字符。

```
print('b')          # 输出字符 b
print(chr(98))      # 输出字符 b
print('C')          # 输出字符 C
print(chr(67))      # 输出字符 C
print(8)            # 输出字符 8
print(chr(56))      # 输出字符 8
print('[')          # 输出[
print(chr(91))      # 输出[
```

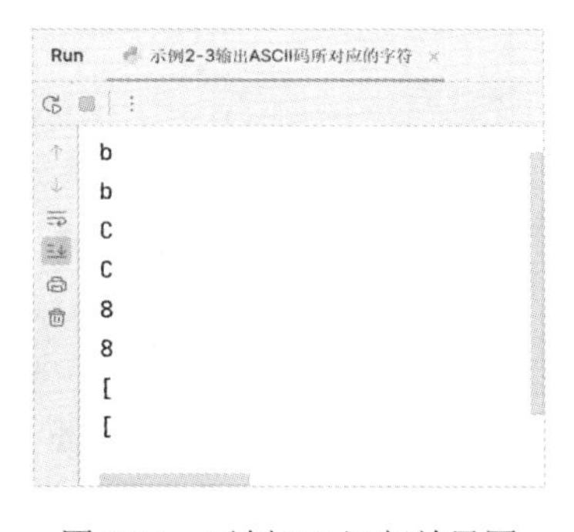

图 2-14　示例 2-3 运行效果图

Python 3.0 以 Unicode 为内部字符编码。Unicode采用双字节16位来进行编码，可编65 536个字符，采用十六进制，4 位表示一个编码。中文的编码范围是 u4e00～u9fa5。使用 print 函数输出中文 Unicode 编码，如示例 2-4 所示，运行效果如图 2-15 所示。

图 2-15　示例 2-4 运行效果图

【示例 2-4】 使用 print 函数输出中文所对应的 Unicode 编码。

```
print(ord('北'))  #  北  这个字的编码(数字) 21271
print(ord('京'))
print('\u5317\u4eac')
```

使用 print()函数不仅可以把数据输出到控制台，还可以输出到文本文件。要想将数据输出到文件需要使用内置函数 open()，该函数的具体使用语法将在后续的章节中讲解。本案例只需按照示例操作即可，如示例 2-5 所示，使用 print()函数将“北京欢迎你”这一字符串输出到文件。运行效果如图 2-16 所示，将在 chap2 中产生一个名称为“note.txt”的文本文件。双击 note.txt 文件将会看到文件中的内容为“北京欢迎你”，如图 2-17 所示。

【示例 2-5】 使用 print 函数将内容输出到文件。

```
fp=open('note.txt','w')          # 打开文件  w-->write
print('北京欢迎你',file=fp)      # 输出到文件中
fp.close()                       # 关闭文件
```

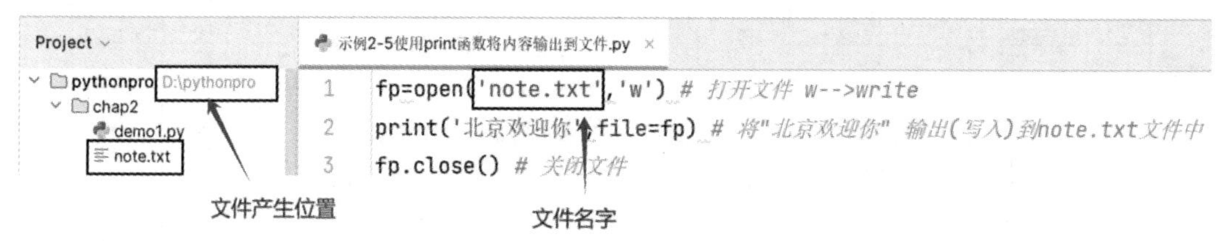

图 2-16　示例 2-5 运行效果图

图 2-17　note.txt 文本文件中的内容

除了进行简单的输出之外，还可以使用 print()函数进行复杂的输出操作。print()函数完整的语法结构如下：

print(value,...,sep=' ', end='\n', file=None)

在示例 2-2 的运行结果中，数据之间默认有一个空格，是因为在 print()函数中 sep 的等号右侧是一个空格。每使用一次 print()函数输出数据之后都会自动换到下一行，是因为 end 的等号右侧的值是一个“\n”。如果希望使用多条 print()函数输出数据并在一行显示，只需要将 end 的值设置成其他字符，例如将 end 的值修改为“--->”，如示例 2-6 所示。修改 print()

函数的结束符，将多条 print()函数的输出结果输出在同一行显示，运行效果如图 2-18 所示。

【示例 2-6】 多条 print 函数输出结果一行显示。

```
print('北京',end='--->')
print('欢迎你')
```

图 2-18　示例 2-6 运行效果图

在进行输出操作时，可以使用“+”连接两个字符串，如示例 2-7 所示，将“北京欢迎你”与“2023”进行连接，运行结果如图 2-19 所示。

【示例 2-7】 使用连接符连接多个字符串。

```
print('北京欢迎你'+'2023')
```

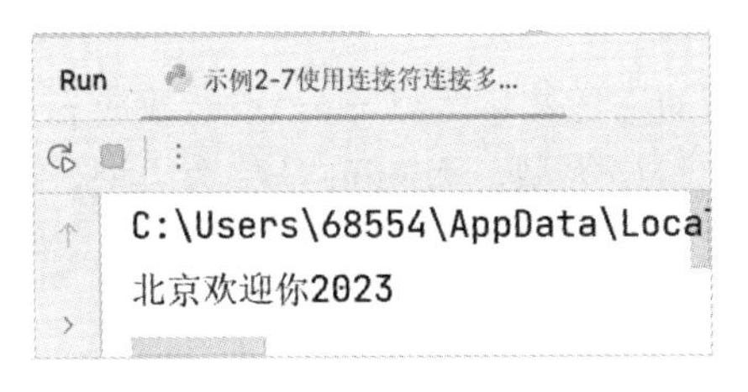

图 2-19　示例 2-7 运行效果图

2.4.3　基本的输入函数 input

IPO 编程方式中的 Input(输入操作)在 Python 中使用内置函数 input()实现。input()函数可以从键盘获取用户的输入数据，并存储到变量中，以备程序后续使用。其语法结构如下：

x = input('提示文字')

在上述语法中使用变量 x 存储从键盘输入的数据，input 括号中“提示文字”可有可无，但为了程序的友好性建议写上。input()函数的基本使用如示例 2-8 所示，从键盘获取用户输入的姓名，并使用 print()函数将姓名输出到控制台上。运行效果如图 2-20 所示。

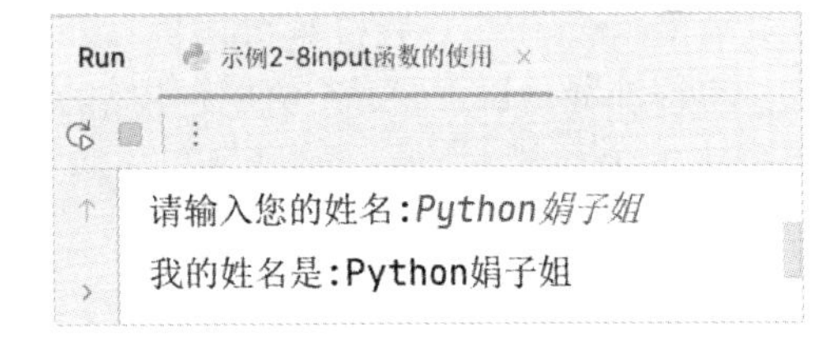

图 2-20　示例 2-8 运行效果图

【示例 2-8】 input 函数的使用。

```
name=input('请输入您的姓名:')
print('我的姓名是:'+name)
```

在示例 2-8 中，“请输入您的姓名”是提示文字，name 是用保存姓名的变量，在使用

print()进行输出的时候，使用了连接符“+”用于连接两个字符串。name 在这里是变量，代表用户输入的数据“Python 娟子姐”，所以在使用时不能对 name 添加引号。

无论用户输入的是字符串还是数字，input()函数统一按照字符串类型进行输出。想要接收整数类型的数字并保存到变量中，则需要使用内置函数 int()将字符串类型转换成整数类型，如示例 2-9 所示，将用户输入的数字串转成整数类型，运行效果如图 2-21 所示。

【示例 2-9】 输入整数类型的数据。

```
num=int(input('请输入您的幸运数字:'))    # 将输入的字符串类型转换成 int(整数)类型
print('您的幸运数字为:',num)
```

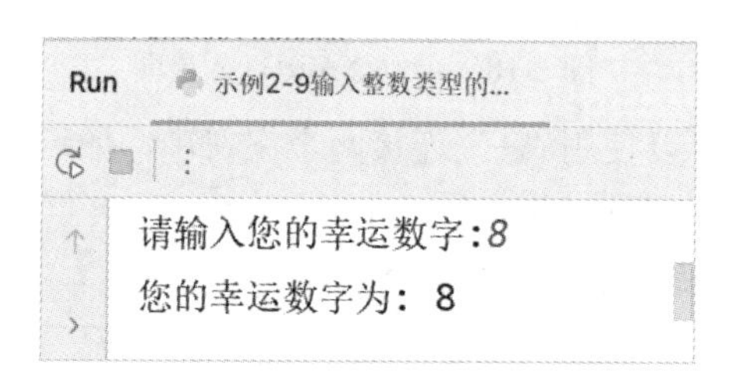

图 2-21　示例 2-9 运行效果图

注意事项：代码 print('您的幸运数字为: ', num)不能改成 print('您的幸运数字为: '+num)，因为'您的幸运数字为: '是字符串类型，而 num 是整数类型，连接符“+”是不能将字符串类型与整数类型进行连接的。

2.5 Python 中的注释

注释是指程序员在代码中对代码功能解释说明的标注性文字，可以提高代码的可读性。注释的内容将被 Python 解释器忽略，不被计算机执行。

在 Python 中可以将注释分为单行注释、多行注释和中文声明注释三类。

单行注释是以“#”作为注释开始的符号，它的作用范围是从“#”开始直到换行为止，如示例 2-10 所示。

【示例 2-10】 单行注释的使用。

```
# 要求从键盘上输入出生年份，要求是 4 位的年份，举例：1990
year=input('请输入您的出生年份')

year=input('请输入您的出生年份') # 要求从键盘上输入出生年份，要求是 4 位的年份，举例：1990
```

在 Python 中，并没有单独的多行注释标记，将包含在一对三引号('''...... '''或" " "......" " ")之间的代码称为多行注释。多行注释的本质实际上就是字符串，如示例 2-11 所示。

【示例 2-11】 多行注释的使用。

```
# coding:utf-8
'''
版权所有:杨淑娟派森信息技术工作室
文件名：示例 2-11 多行注释
创建人：杨淑娟
'''


"""
版权所有：杨淑娟个人
文件名：示例 2-11 多行注释
创建人：杨淑娟
"""
```

中文声明注释用于标识 Python 文件的编码格式，中文声明注释的写法可以是#coding:utf-8、#coding = utf-8 或者#-*-coding:utf-8 -*-，中文声明注释要求写在 Python 文件的第一行。

2.6 代码缩进

缩进是指每行语句开始前的空白区域，用来表示 Python 程序间的包含和层次关系，一般代码不需要缩进，顶行编写且不留空白。但是在类定义、函数定义、流程控制语句以及异常处理语句等，行尾的冒号和下一行的缩进表示一个代码块的开始，而缩进结束则表示一个代码块的结束，如示例 2-12 所示。类的定义与函数的定义都使用到了缩进，该部分的内容将在后续章节中进行讲解。缩进可以使用空格或 Tab 键实现，通常情况下采用 4 个空格作为一个缩进量。

【示例 2-12】 代码缩进。

```
# coding:utf-8
print('hello')
print('world')
# 类的定义
class Student:
    pass

# 函数定义
def fun():
    pass
```

本 章 小 结

本章讲解了程序设计语言、计算机程序以及编程语言的分类。

由于人工智能的发展，Python 几乎成了全民语言，它从最初的 1.0 版发展到现在的 Python 3.X 版经历了 20 多年。它的应用领域也已经发展到 Web 开发、自动化测试、爬虫、数据分析和数据挖掘等领域，掌握 Python 语言是未来发展的趋势。

无论多大的程序，IPO 思想都贯穿始终，输入、处理和输出是程序运行的本质，要求读者要深刻理解该思想，并能应用到编写代码的实际操作过程中。本章讲解了两个非常重要的函数，即输出函数 print()和输入函数 input()，本书中在开始 Web 应用程序开发之前输入与输出就是通过这两个函数进行的，它们是 IPO 思想的重要组成部分。一个好的程序要求注释率达到 50%以上，有的公司甚至要求注释率达到 70%～80%，所以读者在进行代码编写的过程中要养成添加注释的好习惯。

Python 语言采用严格的“缩进”来表示程序逻辑，在后续章节中将继续讲解“缩进”的使用。

第 2 章习题、习题答案及程序源码

第 3 章

数据类型和运算符

本章目标

☆ 掌握 Python 中的保留字与标识符；
☆ 理解 Python 中变量的定义及使用；
☆ 掌握 Python 中基本数据类型的使用；
☆ 掌握数据类型之间的相互转换；
☆ 掌握 eval()函数的使用；
☆ 了解不同的进制数；
☆ 掌握 Python 中常用的运算符及优先级。

3.1　保留字与标识符

3.1.1　保留字

保留字是指在 Python 中被赋予特定意义的一些单词，在开发程序时不可以把这些保留字作为变量、函数、类、模块和其他对象的名称来使用。Python 中常用的保留字有 35 个，如表 3-1 所示。

表 3-1　Python 中的保留字

列 1	列 2	列 3	列 4	列 5	列 6	列 7
and	as	assert	break	class	continue	def
del	elif	else	except	finally	for	from
False	global	if	import	in	is	lambda
nonlocal	not	None	or	pass	raise	return
try	True	while	with	yield	await	async

可以使用内置模块 keyword 中的 kwlist 查询 Python 中的保留字，如示例 3-1 所示，运行效果如图 3-1 所示。

【示例 3-1】 查询 Python 中的保留字。

```
# coding:utf-8
import keyword
print(keyword.kwlist)
```

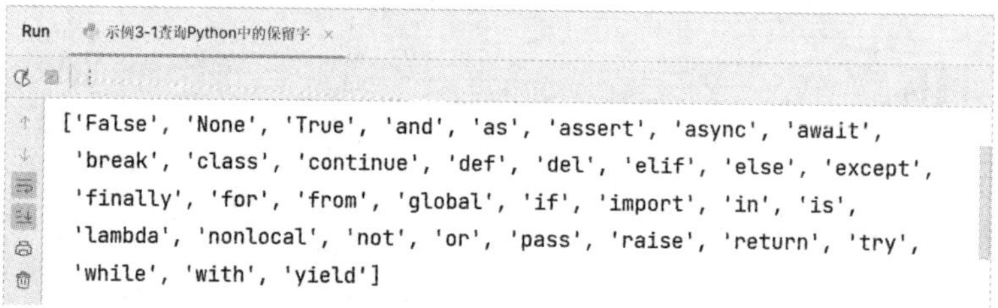

```
Run    示例3-1查询Python中的保留字 ×
['False', 'None', 'True', 'and', 'as', 'assert', 'async', 'await',
 'break', 'class', 'continue', 'def', 'del', 'elif', 'else', 'except',
 'finally', 'for', 'from', 'global', 'if', 'import', 'in', 'is',
 'lambda', 'nonlocal', 'not', 'or', 'pass', 'raise', 'return', 'try',
 'while', 'with', 'yield']
```

图 3-1　查询 Python 中的保留字

Python 中的保留字是严格区分大小写的，如“true”与“True”，首字母大写的 True 是保留字，而 true 则不是保留字。如示例 3-2 所示，在使用保留字作为变量的名称时，程序将抛出“SyntaxError”(语法错误)的异常，如图 3-2 所示。

【示例 3-2】 保留字严格区分大小写。

```
# coding:utf-8
true='真'
True='真'
```

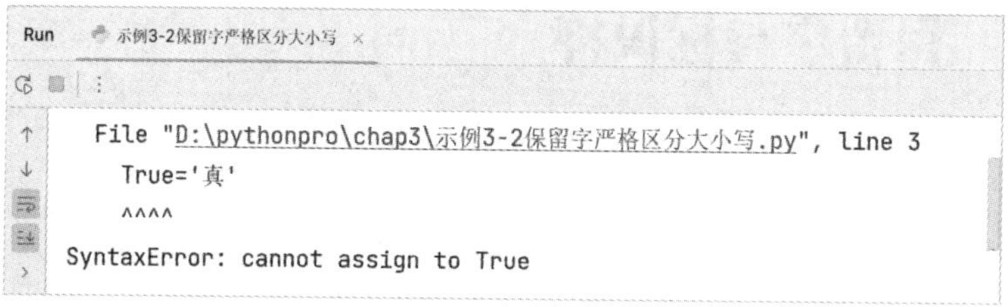

```
Run    示例3-2保留字严格区分大小写 ×
  File "D:\pythonpro\chap3\示例3-2保留字严格区分大小写.py", line 3
    True='真'
    ^^^^
SyntaxError: cannot assign to True
```

图 3-2　示例 3-2 运行效果图

3.1.2　标识符

标识符可以简单地理解为一个名字，它主要用来标识变量、函数、类、模块和其他对象的名称。如示例 3-2 中的 true='真'中的 true 就是一个标识符。标识符的名称也不是随便命名的，需要遵循一定的规则和规范。

Python 标识符的命名规则如下：

(1) 可以是字符(英文、中文)、下画线“_”和数字，并且第一个字符不能是数字。

(2) 不能使用 Python 中的保留字。

(3) 标识符严格区分大小写。

(4) 以下画线开头的标识符有特殊意义；一般应避免使用相似的标识符。

(5) 允许使用中文作为标识符，但不建议使用。

标识符的命名规范如下：

(1) 模块名尽量短小，并且全部使用小写字母，可以使用下画线连接多个单词。例如，game_main 由 game 和 main 两个英文单词组成，中间使用下画线进行连接。

(2) 包名尽量短小，并且全部使用小写字母，不推荐使用下画线。例如，com.ysjpython 是符合规范的包名，而 com_ysjpython 不推荐用作包名。

(3) 类名采用单词首字母大写形式(Pascal 风格)。例如，MyClass 是一个符合标识符规范的类名称。

(4) 模块内部的类采用“_”+ Pascal 风格的类名组成。例如，在 MyClass 类中定义的内部类可以命名为_InnerMyClass。

(5) 函数、类的属性和方法的命名全部使用小写字母，多个单词之间使用下画线连接。

(6) 常量命名时采用全部大写字母，可以使用下画线进行连接。例如，MATH_PI 可以定义为常量的名称。

(7) 使用单下画线“_”开头的模块、变量或函数是受保护的，在使用“from xxx import *”语句从模块中导入时，这些模块、变量或函数不能被导入。

(8) 使用双下画线“__”开头的实例变量或方法是类私有的，在类的外部不允许被访问。

(9) 以双下画线开头和结尾方法的是 Python 中的专用标识。例如，__init__()表示初始化方法。

友情提示：标识符的命名规范中所涉及的专业名称还未介绍，该部分内容可供阅读，后续讲到相关内容时再回过头进行查看即可。

3.2 变量与常量

3.2.1 变量

变量是保存和表示数据值的一种语法元素，可以简单地理解为“名字”。通常可以形象地将内存理解为快递代收点，变量就好比取件码，而快递架上的快递就是变量的值，当我们去取快递时报上快递号，服务人员就会从快递架上快速地找到快递。

变量的语法结构如下：

变量名 = value

Python 是一种动态类型的语言，变量的类型可以随时变化。要想知道变量的数据类型可以使用内置函数 type()进行查看。在 Python 中还允许多个变量指向同一个值，查看一个变量的内存地址可以使用内置函数 id()。如示例 3-3 所示变量的定义和使用，运行效果如图 3-3 所示。

【示例 3-3】 变量的定义和使用。

```
# 创建一个整型变量 luck_number，并为其赋值为 8
luck_number=8

my_name='杨淑娟'  # 字符串类型的变量
print(my_name,'的幸运数字为:',luck_number)
print('luck_number 的数据类型是:',type(luck_number))

# Python 动态修改变量的数据类型，通过赋不同类型的值就可以直接修改变量的类型
# 变量的值可以更改
luck_number='北京欢迎你'  # 修改变量 luck_number 的值
print('luck_number 的数据类型是:',type(luck_number))

# Python 允许多个变量指向同一个值
no=number=1024
print(no,number)
print(id(no))
print(id(number))
```

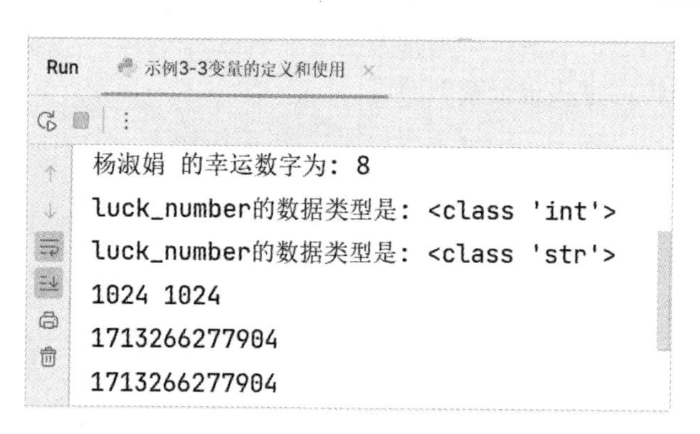

图 3-3　示例 3-3 运行效果图

luck_number 第 1 次被赋值为 8，8 是一个整数，所以 luck_number 的数据类型为 int 类型，第 2 次将 luck_number 的值赋为'北京欢迎你'，'北京欢迎你'是一个字符串，所以再次输出 luck_number 的数据类型为 str 类型。

变量 no 与变量 number 同时被赋值为 1024，在使用内置函数 id()查看对象的内存地址时，两个变量的内存地址相同。

注意事项：示例 3-3 中，no 与 number 的内存地址在运行时可能会与图 3-3 运行效果图中的数字不同，不必介意，这是正常的情况，变量的内存地址由内存的空余空间决定。

变量名是标识符中的一种，除了要遵循标识符的命名规则，还有一些注意事项需要掌握。

变量命名应遵循以下几条规则：

(1) 变量名必须是一个有效的标识符。

(2) 变量名不能使用 Python 中的保留字。

(3) 慎用小写字母 i 和大写字母 O。

(4) 变量名应该见名知意，不建议使用“a”“b”等单字符作为变量名称，要使用有意义的单词作为变量名称，如 my_name 或 height 等。

3.2.2　常量

常量就是在程序运行过程中，值不允许改变的量。在 Python 中没有定义常量的保留字，只有默认的约定俗成，只要是将变量全部使用大写字母和下画线命名，这样的变量就称为常量。如示例 3-4 所示，pi 就是定义一个变量，PI 就是定义一个常量。其实常量在首次赋值后，还是可以被其他代码修改值的，但不建议对常量值进行修改。

【示例 3-4】 常量的定义。

```
# coding:utf-8
pi=3.1415926 #  定义变量 pi
PI=3.1415926 #  定义常量 PI
```

3.3　基本数据类型

3.3.1　数值类型

Python 中的数值类型可分为整数类型、浮点数类型和复数类型。

整数类型表示的数值是没有小数部分的数值，包含正整数、负整数和 0，从理论上来讲整数的取值范围是[-∞，+∞]。整数的表示形式有十进制、二进制、八进制和十六进制，Python 默认的整数表示形式是十进制。表 3-2 为整数的 4 种表示形式。整数类型是 Python 中的不可变数据类型(后续会讲解不可变数据类型与可变数据类型)。整数类型的使用如示例 3-5 所示，使用 print 函数将二进制、八进制和十六进制表示的整数进行输出，结果均是十进制整数，如图 3-4 所示。

表 3-2　整数的 4 种表示形式

进制种类	引导符号	说　　明
十进制	无	默认情况，如 365、786
二进制	0b 或 0B	由整数 0 和 1 组成，如 0b10101、0B10101
八进制	0o 或 0O	由整数 0～7 组成，如 0o763、0O765
十六进制	0x 或 0X	由整数 0～9、字符 a～f 或 A～F 组成，如 0x987A、0X987A

【示例 3-5】 整数的 4 种表示形式。

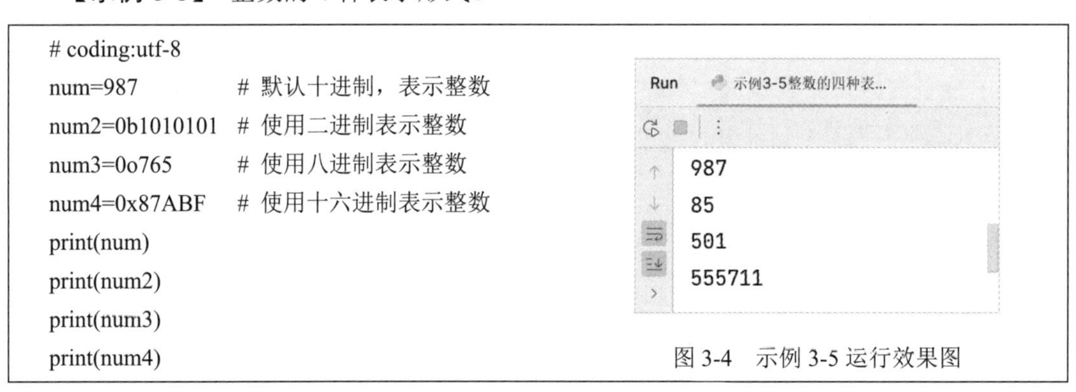

```
# coding:utf-8
num=987            # 默认十进制，表示整数
num2=0b1010101     # 使用二进制表示整数
num3=0o765         # 使用八进制表示整数
num4=0x87ABF       # 使用十六进制表示整数
print(num)
print(num2)
print(num3)
print(num4)
```


图 3-4　示例 3-5 运行效果图

浮点数类型表示带有小数点的数值，由整数部分和小数部分组成。例如，浮点数 3.14 的整数部分是 3，小数部分是 14。Python 中的浮点数类型要求必须带有小数部分，小数部分可以是 0。例如，10.0 就是一个浮点数，而 10 则是一个整数。浮点数还可以使用科学记数法进行表示。

不仅是在 Python 语言中，在其他的编程语言中也会出现类似的情况，即两个浮点类型的数在进行运算时，有一定的概率出现运算结果后增加一些“不确定的”尾数。例如，浮点数 0.1 与浮点数 0.2 在进行相加运算时，结果为 0.30000000000000004。这种情况在 Python 中通常使用内置函数 round()限定运算结果需要保留的小数位数。浮点数类型的使用如示例 3-6 所示，运行效果如图 3-5 所示。

浮点数也是 Python 中的不可变数据类型。

【示例 3-6】 浮点数类型的使用。

```
# coding:utf-8
height=187.6    # 身高
print(height)
print(type(height))   # 输出 height 的数据类型

x=10
y=10.0
print('x 的数据类型是:',type(x))
print('y 的数据类型是:',type(y))

# 科学记数法
x=1.99714E13
```

```
Run    示例3-6浮点数类型的使用
187.6
<class 'float'>
x的数据类型: <class 'int'>
y的数据类型: <class 'float'>
科学记数法: inf x的数据类型: <class 'float'>
0.30000000000000004
0.3
```

图 3-5　示例 3-6 运行效果图

```
print('科学记数法:',x,'x 的数据类型是:',type(x))
# 浮点数不确定的尾数问题
print(0.1+0.2)    # 0.30000000000000004

print(round(0.1+0.2,1))    # 保留 1 位小数
```

Python 中的复数与数学中的复数形式完全一致，由实部和虚部组成。j 是复数的一个基本单位，被定义为 $j=\sqrt{-1}$，又称为“虚数单位”。在 Python 中实数部分使用.real 表示，虚数部分使用.imag 表示。复数类型的使用如示例 3-7 所示，运行效果如图 3-6 所示。

【示例 3-7】 复数类型的使用。

```
# 复数类型在科学计算中十分常见
x=123+456j
print('实数部分:',x.real)
print('虚数部分:',x.imag)
```

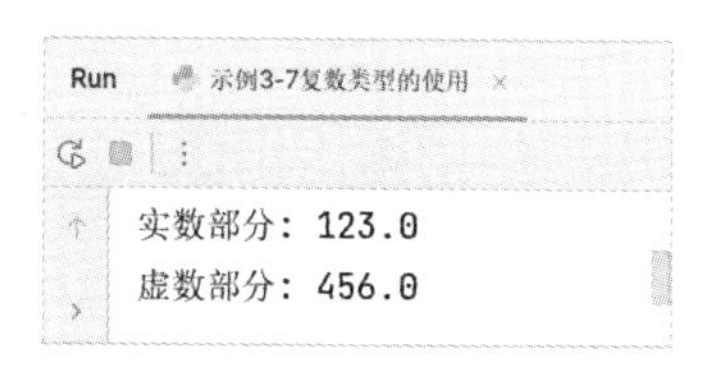

图 3-6　示例 3-7 运行效果图

3.3.2　字符串类型

字符串类型是 Python 中使用最多的数据类型之一。字符串实际上就是连续的字符序列，可以表示计算机所能识别的一切字符。字符串类型与整数类型和浮点数类型一样，都是 Python 中的不可变数据类型。字符串还有个别名，叫“不可变字符序列”(不可变数据类型和可变数据类型的区别将在后续章节讲解)。

在 Python 中字符串是使用引号进行括起来的一段内容，但是引号的使用也有区别，单行字符串使用'……'或"……"括起来，而多行字符串使用'''……'''或"""……"""括起来。字符串类型的使用如示例 3-8 所示，运行效果如图 3-7 所示。

【示例 3-8】 字符串类型的使用。

```
# 单行字符串
city='天津'
address="天津市宝坻区香江大街 3 号"
print(city)
print(address)

print('------------------')
#多行字符串
info='''地址：天津市宝坻区香江大街 3 号
收件人：杨淑娟
手机号：18600000000'''
print(info)

info2="""地址：天津市宝坻区香江大街 3 号
收件人：杨淑娟
```

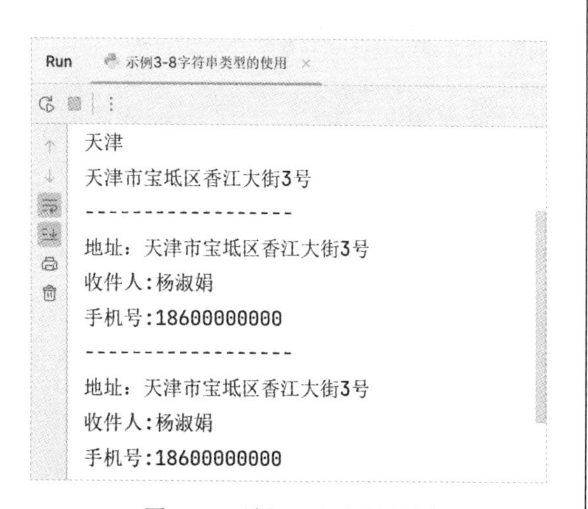

图 3-7　示例 3-8 运行效果图

```
    手机号：18600000000"""
    print('------------------')
    print(info2)
```

转义字符也是字符串类型，只不过是一种特殊的字符串，由反斜杠符(\)和它后面相邻的一个字符组合而成，用于表达一个新的含义，如“\n”表示换行操作。常用的转义字符如表 3-3 所示。

表 3-3　常用的转义字符

转义字符	说　　明
\n	换行符
\t	水平制表位，用于横向跳到下一个制表位
\"	双引号
\'	单引号
\\	一个反斜杠

在含有转义字符串的界定符前加上字符 r 或 R，转义字符会失效，带有 r 或 R 的字符称为原字符。转义字符与原字符的使用如示例 3-9 所示，运行效果如图 3-8 所示，最后两个输出结果中均带有\n。

【示例 3-9】 转义字符和原字符的使用。

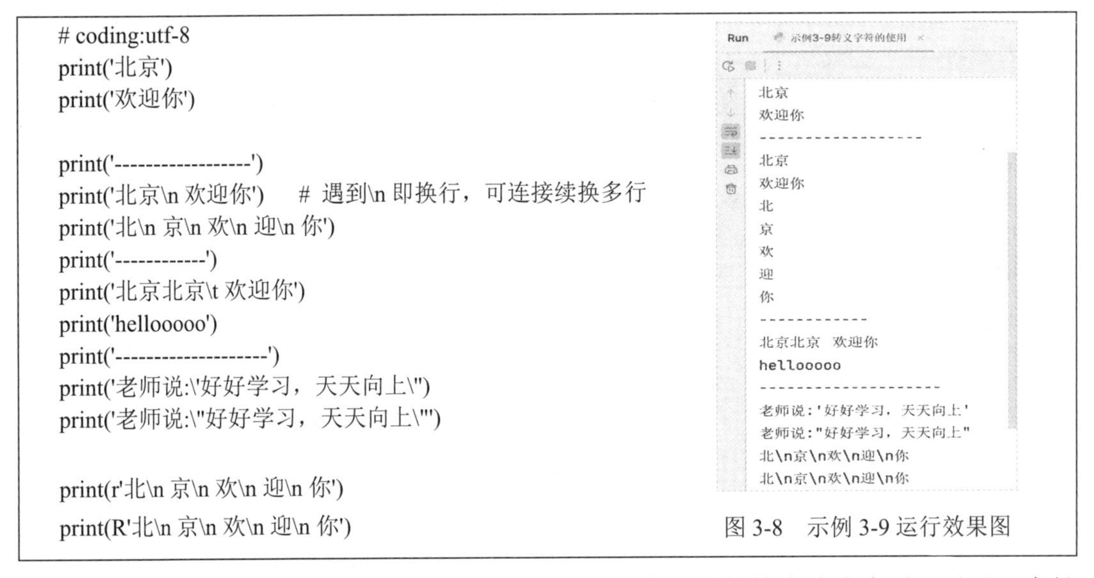

```
# coding:utf-8
print('北京')
print('欢迎你')

print('------------------')
print('北京\n 欢迎你')     # 遇到\n 即换行，可连接续换多行
print('北\n 京\n 欢\n 迎\n 你')
print('------------')
print('北京北京\t 欢迎你')
print('hellooooo')
print('--------------------')
print('老师说:\'好好学习，天天向上\'')
print('老师说:\"好好学习，天天向上\"')

print(r'北\n 京\n 欢\n 迎\n 你')
print(R'北\n 京\n 欢\n 迎\n 你')
```


图 3-8　示例 3-9 运行效果图

字符串又被称为有序的字符序列，对字符串中某个字符的检索称为索引，对于一个长度为 N 的字符串，正向检索的序号(索引)有效范围为[0，N−1]，反向递减的序号(索引)有效范围为[−1，−N]。字符串索引的示意图如图 3-9 所示。

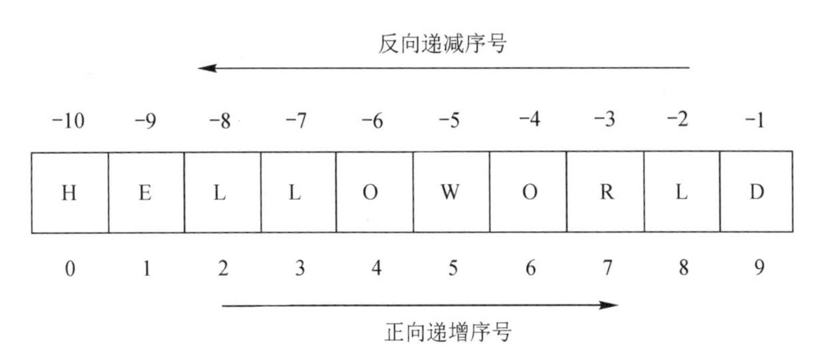

图 3-9　字符串的索引

在字符串索引的基础上可以实现对字符串的切片操作，所谓的切片操作实际上就是对字符串中某个子串或区间的检索。

切片的语法结构如下：

字符串或字符串变量[N:M]

切片操作将从字符串中索引为 N 切到索引为 M(不包含 M)的子字符串。假设要从字符串“HELLOWORLD”中将“LLOWO”从字符串中切出，可以采用正向递增索引的方式或反向递减索引的方式进行实现。如图 3-10 所示，从 −8 切到 −3 不包含 −3，或者从 2 切到 7 不包含 7 都可以得到“LLOWO”。字符串的检索和字符串的切片操作如示例 3-10 所示，运行效果如图 3-11 所示。

−10	−9	−8	−7	−6	−5	−4	−3	−2	−1
H	E	L	L	O	W	O	R	L	D
0	1	2	3	4	5	6	7	8	9

图 3-10　字符串的切片操作

【示例 3-10】 字符串的索引和切片。

```
# coding:utf-8
s='HELLOWORLD'
print(s[0],s[-10])    # 索引 0 和索引-10 表示的是同一个字符

print('北京欢迎你'[4])
print('北京欢迎你'[-1])

print('---------------------')
print(s[2:7])          # 正向递增索引
print(s[-8:-3])        # 反向递减索引
# N 默认从 0 开始
print(s[:5])

#M 默认，是切到字符串的结尾
print(s[5:])
```

图 3-11　示例 3-10 运行效果图

字符串之间可以进行简单的运算或判断操作，常用的字符串操作如表 3-4 所示。字符串类型的操作如示例 3-11 所示，运行效果如图 3-12 所示。

表 3-4　常用的字符串操作

操　作　符	说　　明
x+y	将字符串 x 与 y 连接起来
x*n 或 n*x	复制 n 次字符串 x
x in s	如果 x 是 s 的子串，则结果为 True，否则结果为 False

【示例 3-11】 字符串类型的操作。

```
# coding:utf-8
x='2022 年'
y='北京冬奥会'
print(x+y)          # 拼接字符串 x 与 y
print(10*x)         # x 字符串的内容复制 10 次
print(x*10)

print('北京' in y)   # '北京'是否是'北京冬奥会'的子字符串
print('上海' in y)
```

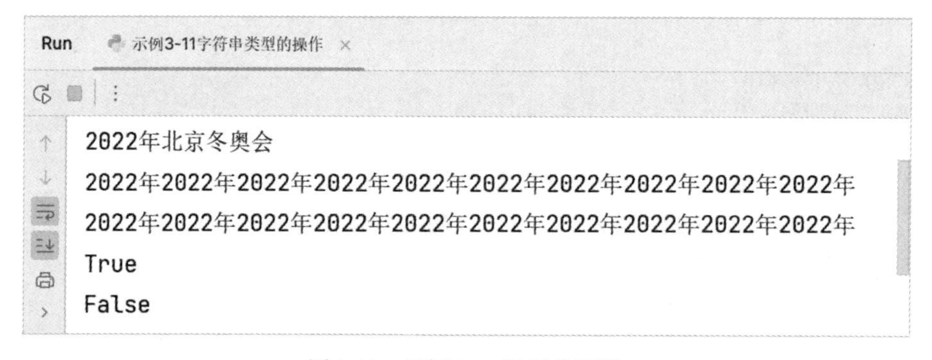

图 3-12　示例 3-11 运行效果图

3.3.3 布尔类型

布尔类型是用来表示“真”值或“假”值的数据类型。例如，北京地铁 1 号线的首班发车时间是 5:00 吗？这个问题只有两种情况：是或不是。是，值为真；不是，值为假。在 Python 中使用标识符 True 或 False 表示布尔类型的值。布尔类型的值还可以转化为整数类型，True 表示整数 1，False 表示整数 0。

在 Python 中有个概念叫“一切皆对象”，一个变量其实就是一个对象。例如，a = 3，可以称 a 为变量，也可以称 a 为对象。每个对象都有一个布尔值，可以使用内置函数 bool() 测试对象的布尔值，如示例 3-12 所示布尔类型的使用，运行效果如图 3-13 所示。

【示例 3-12】 布尔类型的使用。

```
# coding:utf-8
x=True
print(x)
print(type(x))
print(True+10)          # 1+10
print(False+10)         # 0+10

print('----------------------------')
# 测试对象的 bool 值
print(bool(18))                 # True
print(bool(0),bool(0.0))        # False
# 总结，非 0 的数值型布尔值都为 True
print(bool('北京欢迎你'))        # True
print(bool(''))                 # 空字符串的布尔值为 False
print(bool(False))
print(bool(None))
```

图 3-13　示例 3-12 的运行效果图

除了 0 的布尔值为 False，空字符串的布尔值为 False，还有哪些对象的布尔值为 False 呢？布尔值为 False 的情况如下：

(1) False 或者 None。

(2) 数值中的 0，包含 0、0.0 及虚数 0。

(3) 空序列，包含空字符串、空元组、空列表、空字典和空集合。

(4) 自定义对象的实例，该对象的__bool__()方法返回 False 或__len__()方法返回 0。

友情提示： 序列和自定义对象的实例将在后续章节进行讲解。

3.4 数据类型之间的转换

在示例 3-12 中，print(True+10)的输出结果为 11，True 是布尔类型，10 是整数类型，结果 11 是整数类型，所以在这里通过数学运算发生了一个隐式类型的转换，将布尔类型转换成了整数类型参与加法运算。再比如 3 + 4.14 的结果为 7.14，也是通过数学运算将整数类型转成浮点数类型。除了这种隐式的类型转换，还可以通过内置的函数进行显式的类型转换。例如，将字符串类型转换成整数类型要使用内置函数 int()。常用的显式类型转换函数如表 3-5 所示。显式类型转换函数的使用如示例 3-13 所示，运行效果如图 3-14 所示。

表 3-5　常用的显式类型转换函数

函　数	说　　明
int(x)	将 x 转换为整数类型
float(x)	将 x 转换为浮点数类型
str(x)	将 x 转换为字符串类型
chr(x)	将整数 x 转换为一个字符
ord(x)	将一个字符 x 转换为其对应的整数值
hex(x)	将一个整数 x 转换为一个十六进制字符串
oct(x)	将一个整数 x 转换为一个八进制字符串
bin(x)	将一个整数 x 转换为一个二进制字符串

【示例 3-13】 数据类型之间的转换。

```
# coding:utf-8
x=10
y=3
z=x/y               # 执行除法运算，将运算的结果赋值给 z
print(z,type(z))    # 隐式转换，通过运算隐式地转换了结果的数据类型

# float 类型转换成 int 类型，只保留整数部分
print('float 类型转换成 int 类型',int(3.14))
print('float 类型转换成 int 类型',int(3.9))
print('float 类型转换成 int 类型',int(-3.14))
print('float 类型转换成 int 类型',int(-3.9))
```

```
# 将 int 类型转换成 float 类型
print('将 int 类型转换成 float 类型',float(10))

#将 str 类型转换成 int 类型
print(int('100')+int('200'))

#将 str 类型转换成 float 类型
print('将 str 类型转成 float 类型',float('3.14'))

#将 str 转换成 int 或 float 类型报错的情况
#print(int('18a'))          #ValueError: invalid literal for int() with base 10: '18a'
#print(int('3.14'))         #ValueError: invalid literal for int() with base 10: '3.14'

#将 str 转换成 float 类型报错的情况
#print(float('45a.987'))    #ValueError: could not convert string to float: '45a.987'

#chr()与 ord()函数
print(ord('杨'))            #26472，将字符“杨”转换成对应的整数值
print(chr(26472))           #杨　将整数值转换成对应的字符

# 进制之间的转换操作十进制与其他进制之间的转换
print('十进制转换成十六进制:'+hex(26472))
print('十进制转换成八进制:'+oct(26472))
print('十进制转换成二进制:'+bin(26472))
```

```
Run    示例3-13数据类型之间的转换 ×
3.3333333333333335 <class 'float'>
float类型转换成int类型 3
float类型转换成int类型 3
float类型转换成int类型 -3
float类型转换成int类型 -3
将int类型转换成float类型 10.0
300
将str类型转成float类型 3.14
26472
杨
十进制转换成十六进制:0x6768
十进制转换成八进制:0o63550
十进制转换成二进制:0b110011101101000
```

图 3-14　示例 3-13 运行效果图

在将 str 类型转换成 int 或 float 类型时会有一些报错的情况，如果待转换的字符串中含有非数字的情况，则转换结果将抛出异常。例如，示例 3-13 中 print(int('18a'))，在字符串 '18a' 中有一个非数字的字符 a，那么转换将无法进行，会抛出一个 ValueError(值错误)的异常；print(float('45a.987'))同样转换失败，因为字符串 '45a.987' 中含有一个非数字的字符 a。

在数字串 '3.14' 转换成 int 类型时同样会抛出 ValueError 的异常，因为数字串 '3.14' 实际上是一个非整数的数字串，所以无法直接转换成 int 类型。可以先使用 float('3.14')将数字串转换成 float 类型的 3.14，最后再使用 int(3.14)将 3.14 转换成整数类型的 3。

3.5 eval 函数

eval()函数是 Python 中的内置函数，用于去掉字符串最外侧的引号，并按照 Python 语句方式执行去掉引号后的表达式。其语法结构如下：

变量 = eval(字符串)

eval()函数经常和 input()函数一起使用，用来获取用户输入的实际类型的转换。eval()函数的使用如示例 3-14 所示，将 input()的结果转成实际的数据类型，运行效果如图 3-15 所示。

【示例 3-14】 eval 函数的使用。

```
# coding:utf-8
s='3.14+3'
print(s,type(s))
x=eval(s)    # 执行了加法运算
print(x,type(x))

# eval()函数经常和 input()函数一起使用，用来将字符串中的数据转换成实际所表示的数据类型
age=eval(input('请输入您的年龄:'))        # 将字符串类型转换成了 int 类型，相当于 int(age)
print(age,type(age))

height=eval(input('请输入您的身高:'))     # 将字符串类型转换成了 float 类型，相当于 float(height)
print(height,type(height))
# hello='北京欢迎你'
# print(hello)
# 使用 eval 报错的情况
print(eval('hello'))   # NameError: name 'hello' is not defined. Did you mean: 'help'?
```

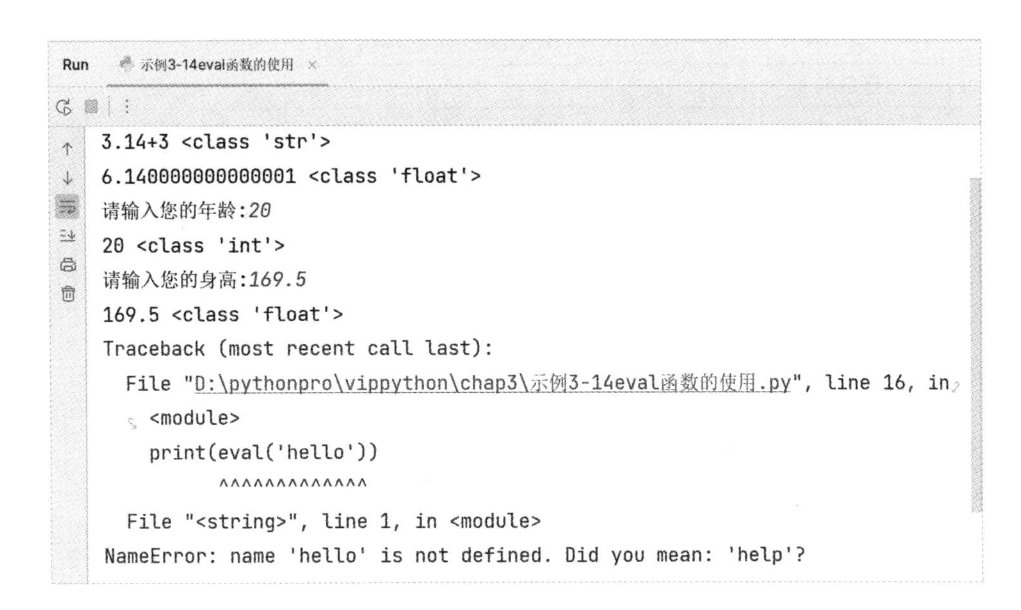

图 3-15　示例 3-14 运行效果图

字符串 '3.14 + 3' 使用 eval()函数之后去掉了左右的引号变成了 3.14 + 3，进行了浮点数与整数的相加运算。代码 input('请输入您的年龄：')，从键盘录入的年龄是一个字符串类型的数字串，通过 eval()函数转换成了 int 类型；输入的身高同样是一个数字串，通过 eval()函数转换成了 float 类型，可见 eval()函数可以将字符串中的数据转换成实际所表示的数据类型。为什么 eval('hello')程序抛出了 NameError 的异常呢？因为去掉字符串 'hello' 左右的引号后只剩下 hello，它在 Python 中表示一个变量，而这个变量在 Python 中没有定义，所以程序报错。

3.6　Python 中的运算符

运算符不仅在 Python 语言中有，在其他的编程语言中也有，大同小异。常用的运算符有算术运算符、赋值运算符、比较运算符、逻辑运算符和位运算符等。

3.6.1　算术运算符

算术运算符是用于处理四则运算的符号，如用于加法运算的加号(+)，用于减法运算的减号(-)等，常用的算术运算符如表 3-6 所示。常用的算数运算符的使用如示例 3-15 所示，运行效果如图 3-16 所示。

表 3-6　常用的算术运算符

运算符	说　明	示　例	结　果
+	加	1+1	2
−	减	1−1	0
*	乘	2*3	6
/	除	10/2	5.0
//	整除	10//3	3
%	取余	10%3	1
**	幂运算	2**4	16

【示例 3-15】 算术运算符的使用。

```
# coding:utf-8
print('加法:',1+1)
print('减法:',1-1)
print('乘法:',2*3)
print('除法:',10/2)  # 发生了隐式转换
print('取余:',10%3)
print('整除:',10//3)
print('幂运算:',2**4)  # 2*2*2*4

print(10/0)  # ZeroDivisionError: division by zero
```

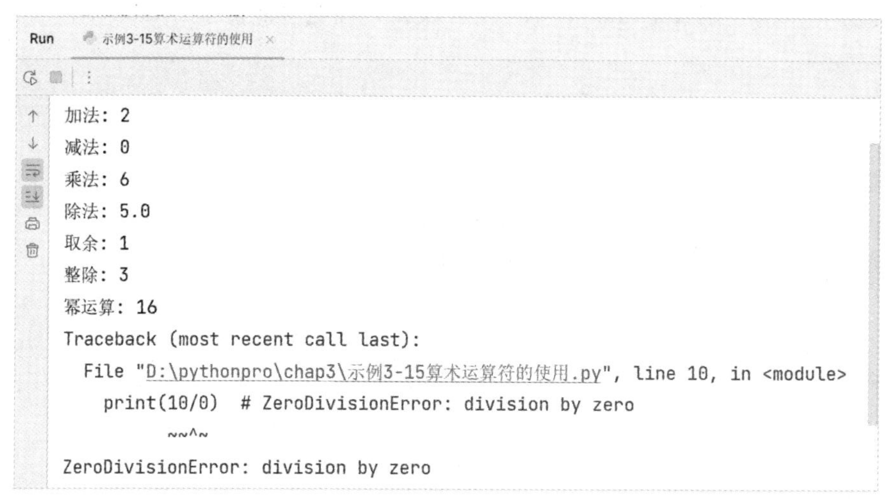

图 3-16　示例 3-15 运行效果图

示例 3-15 在运行时抛出了一个 ZeroDivisionError(被 0 除的错误)的异常，因为在算术运算中除数不能为 0。在进行 10/2 的除法运算时，结果为 5.0 发生了隐式类型转换。

算术运算符之间也存在优先级的问题，在没有括号的情况下先乘除后加减，同级运算符从左到右进行计算，如果有括号则需要先计算括号中的表达式，例如 3*(2 + 5)需要先计算加法，再计算乘法。

算术运算符的优先级由高到低的是：
第一级：**；
第二级：*、/、%、//；
第三级：+、−。

3.6.2　赋值运算符

赋值运算符主要用于为变量进行赋值操作。赋值运算符在 Python 中使用一个“=”表示，例如：a = 3，表示将右边的值 3 赋值给左边的变量 a。在基础的赋值运算符的基础上还产生了一些扩展的赋值运算符，如表 3-7 所示。赋值运算符的使用如示例 3-16 所示，运行效果如图 3-17 所示。

表 3-7　赋值运算符及扩展赋值运算符

运算符	说　明	示　例	展开形式
=	简单的赋值运算	x = y	x = y
+ =	加赋值	x+ = y	x = x + y
− =	减赋值	x− = y	x = x − y
*=	乘赋值	x* = y	x = x*y
/=	除赋值	x/ = y	x = x/y
%=	取余赋值	x% = y	x = x%y
**=	幂赋值	x** = y	x = x**y
//=	整除赋值	x// = y	x = x//y

【示例 3-16】 赋值运算符的使用。

```
# coding:utf-8
x=20          # 直接赋值，直接将 20 赋值给左侧的变量 x
y=10
x=x+y         # 将 x+y 的和赋值给 x，x 的值为 30
print(x)
x+=y
print(x)      # 40
x-=y          # 相当于 x=x-y
print(x)      # 30
x*=y          # x=x*y
print(x)      # 300
x/=y          # x=x/y
print(x)      # 30.0
x%=2          # x=x%2
print(x)      # 0.0
z=3
y//=z         # y=y//z
```

```
print(y)        # 3

y**=2           # y=y**2
print(y)

# Python 支持链式赋值
a=b=c=100    # 相当于执行了 a=100，b=100，c=100
print(a,b,c)

#Python 支持系列解包赋值
a,b=10,20   # 相当于执行了，a=10，b=20
print(a,b)

print('-----------如何交换两个变量的值----------------')

b,a=a,b     # 将 a 的值赋给了 b，将 b 的值赋给了 a
print(a,b)
```

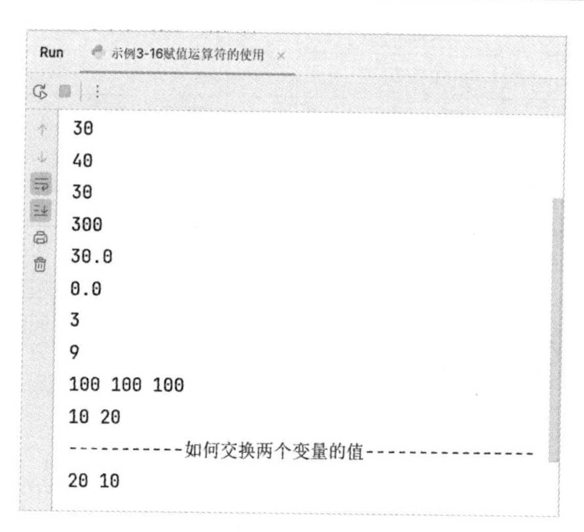

图 3-17　示例 3-16 运行效果图

代码中“a = b = c = 100”，这是 Python 中的链式赋值，将 3 个变量 a、b、c 指向同一个值。代码“a，b = 10，20”是 Python 中的系列解包赋值，相当于执行了两个赋值语句 a = 10 和 b = 20；要想交换两个变量 a 和 b 的值，再使用一次系列解包赋值即可，即 b，a = a，b。

3.6.3　比较运算符

比较运算符也称关系运算符，用于对变量或表达式的结果进行大小、真假等比较，如果比较结果为真，则值为 True；如果比较结果为假，则值为 False。常用的比较运算符如表 3-8 所示。比较运算符的使用如示例 3-17 所示，运行效果如图 3-18 所示。

表 3-8　常用的比较运算符

运算符	说　明	示　例	结　果
>	大于	98>90	True
<	小于	98<90	False
= =	等于	98= =90	False
!=	不等于	98!=90	True
>=	大于或等于	98> =98	True
<=	小于或等于	98< =98	True

【示例 3-17】 比较运算符的使用。

```
# coding:utf-8
print('98 大于 90 吗？',98>90)
print('98 小于 90 吗?',98<90)
print('98 等于 90 吗?',98==90,'98 等于 98 吗?',98==98)
print('98 不等于 90 吗?',98!=90,'98 不等于 98 吗？',98!=98)
print('98 大于等于 98 吗？',98>=98)
print('98 小于等于 98 吗',98<=98)
```

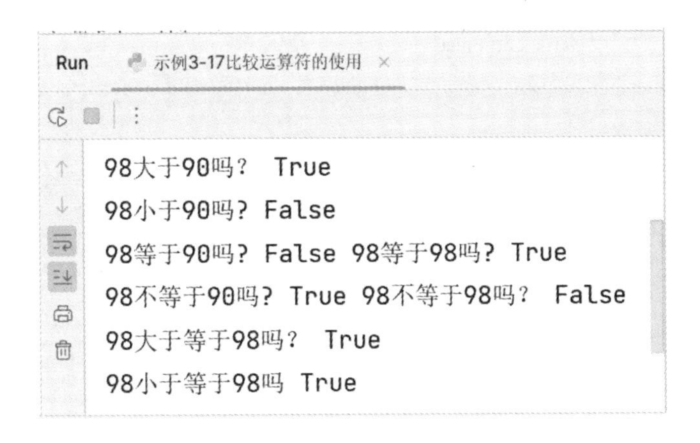

图 3-18　示例 3-17 运行效果图

3.6.4　逻辑运算符

逻辑运算符是对真和假两种布尔值进行运算，运算的结果仍是一个布尔值。Python 中支持的逻辑运算符如表 3-9 所示。

表 3-9　Python 中的逻辑运算符

运算符	说　明	用　　法	结合方向
and	逻辑与	表达式 1 and 表达式 2	从左到右
or	逻辑或	表达式 1 or 表达式 2	从左到右
not	逻辑非	not 表达式	从右到左

使用逻辑运算符进行逻辑运算的结果如表 3-10 所示。逻辑运算符的使用如示例 3-18 所示，运行结果如图 3-19 所示。

表 3-10　逻辑运算符进行逻辑运算的结果

表达式 1	表达式 2	表达式 1 and 表达式 2	表达式 1 or 表达式 2	not 表达式 1
True	True	True	True	False
True	False	False	True	False
False	False	False	False	True
False	True	False	True	True

【示例 3-18】 逻辑运算符的使用。

```
# coding:utf-8
print(True and True)
print(True and False)
print(False and False)
print(False and True)
print('-------------------------------------')
print(8>7 and 6>5)          # True and True
print(8>7 and 6<5)          # True and False
print(8<7 and 10/0)         # 当第 1 个表达式为 False 时，不计算第 2 个表达式

print('-------------------------------------')
print(True or True)
print(True or False)
print(False or False)
print(False or True)
print('-------------------------------------')
print(8>7 or 10/0)          # 当第 1 个表达式为 True 时，不计算第 2 个表达式

print('-------------------------------------')
print(not True )
print(not False)
print(not (8>7))
```

逻辑运算符通常用来连接多个比较运算符的计算结果，如示例 3-18 中的“8>7and 6<5”，需要先计算 8>7 的结果为 True，再计算 6<5 的结果为 False，最后计算 True and False 的结果为 False。还有两句代码需要注意：第 1 句“8<7 and 10/0”中的 0 是不可以作除数的，为什么在这句代码中没有抛出异常呢？因为 8<7 的结果为 False，and 之后的表达式将不再计算。第 2 句“8>7 or 10/0”为什么也没有抛出异常呢？因为 8>7 的结果为 True，or 后面的表达式 10/0 也没有参与计算。

Run　示例3-18逻辑运算符的使用 ×

```
True
False
False
False
------------------------------------
True
False
False
------------------------------------
True
True
False
True
------------------------------------
True
------------------------------------
False
True
False
```

图 3-19　示例 3-18 运行效果图

3.6.5　位运算符

位运算是把操作数转成二进制数来进行计算的，关于位运算的操作读者了解即可。

位运算可分为按“位与”运算(&)、按“位或”运算(|)、按“位异或”运算(^)、按“位取反”运算(~)、“左移位”运算(<<)和“右移位”运算(>>)等。

按“位与”运算(&)是先计算两个操作数的二进制数，将两个二进制数位对齐，对应数位都是 1 时，结果数位才是 1，否则为 0。图 3-20 所示为按“位与”运算的计算过程。

```
    0000  0000  0000  1100
&   0000  0000  0000  1000
--------------------------
    0000  0000  0000  1000
```

图 3-20　“位与”运算过程

按“位或”运算(|)是先计算两个操作数的二进制数，将两个二进制数位对齐，对应数位都是 0 时，结果数位才是 0，否则为 1。图 3-21 所示为按“位或”运算的计算过程。

```
    0000  0000  0000  0100
|   0000  0000  0000  1000
--------------------------
    0000  0000  0000  1100
```

图 3-21　“位或”运算过程

按“位异或”运算(^)是先计算两个操作数的二进制数，将两个二进制数位对齐，两个操作数据的二进制相同(同时为 0 或同时为 1)，结果才为 0，否则为 1。图 3-22 所示为按“位异或”的运算过程。

	0000	0000	0001	1111
^	0000	0000	0001	0110
	0000	0000	0000	1001

图 3-22　“位异或”运算过程

按“位取反”运算(~)只有一个操作数，将操作数中对应的二进制数 1 修改为 0，0 修改为 1 即可，如图 3-23 所示。

~	0000	0000	0111	1011
	11111	1111	1000	0100

图 3-23　“位取反”运算过程

“左移位”运算(<<)是将一个二进制数向左移动指定的位数，左边(高位端)溢出的位被丢弃，右边(低位端)的空位用 0 补充。左移一位相当于乘以 2，左移两位相当于乘以 2 的 2 次幂，依次类推，“左移位”的运算过程如图 3-24 所示。

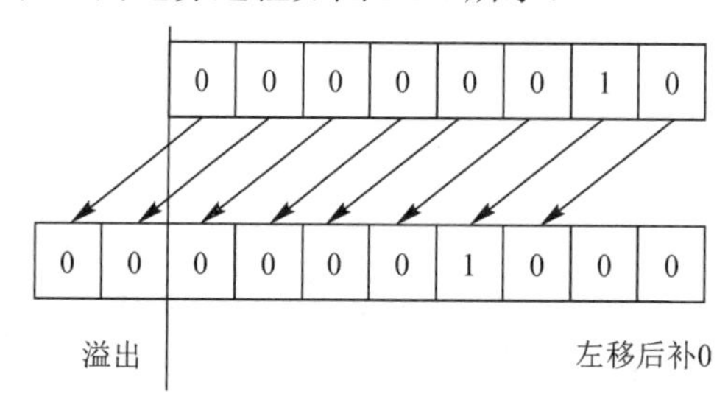

图 3-24　“左移位”运算过程

“右移位”运算 (>>)是将一个二进制数向右移动指定的位数，右边(低位端)溢出的位被丢弃，对于左边(高位端)的空位端，如果最高位是 0(正数)，则左侧空位填 0；如果最高位是 1(负数)，则左侧空位填 1。“右移位”的运算过程如图 3-25 所示。右移一位相当于除以 2，右移两位相当于除以 2 的 2 次幂，依次类推。

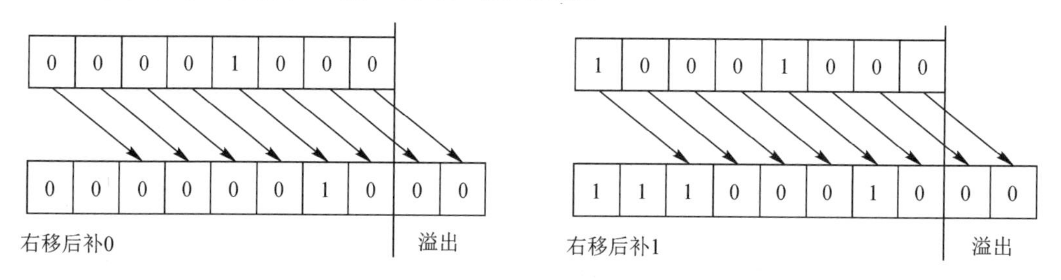

图 3-25　“右移位”运算过程

关于位运算的操作如示例 3-19 所示，运行效果如图 3-26 所示。

【示例 3-19】 位运算。

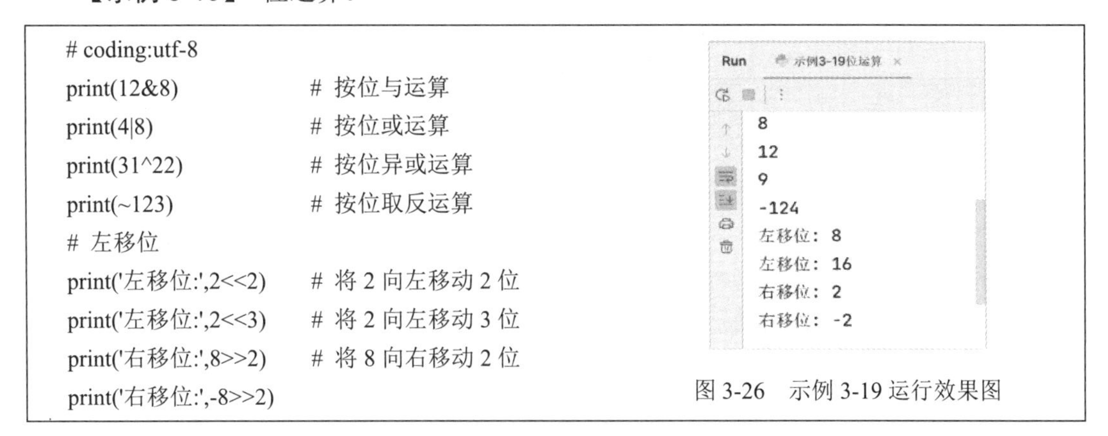

```
# coding:utf-8
print(12&8)              # 按位与运算
print(4|8)               # 按位或运算
print(31^22)             # 按位异或运算
print(~123)              # 按位取反运算
# 左移位
print('左移位:',2<<2)    # 将 2 向左移动 2 位
print('左移位:',2<<3)    # 将 2 向左移动 3 位
print('右移位:',8>>2)    # 将 8 向右移动 2 位
print('右移位:',-8>>2)
```


图 3-26　示例 3-19 运行效果图

3.6.6　运算符的优先级

各种运算符进行组合运算时，也是有一定先后顺序的，表 3-11 列出了 Python 中运算符的优先级。幂运算(**)的优先级最高，赋值运算符的优先级最低，如果在运算中有小括号要先计算小括号中的表达式。

表 3-11　运算符的优先级

运　算　符	说　　明
**	幂运算
~、+、-	取反、正号和负号
*、/、%、//	算术运算符
+、-	算术运算符
<<、>>	位运算符中的左移位和右移位
&	位运算符中的按位与
^	位运算符中的异或
|	位运算符中的按位或
<、<=、>、>=、!=、==	比较运算符
=	赋值运算符

本 章 小 结

本章介绍了保留字，这些被赋予特定意义的单词在编写代码时要慎用。保留字严格区分大小写，这部分内容了解即可。在编写代码的过程中一旦使用了保留字，程序将会报错，需要及时修改过来。“万丈高楼平地起”，本章讲解的内容都是编写 Python 程序的基本要素，对于标识符的命名规则和规范要求，每一位编写代码的人员必须牢记在心。

变量是程序运行过程中可以改变的量，是真正的编写代码的基本要素，在以后的程序编写过程中将离不开变量的使用。掌握 Python 中的数据类型就是掌握编写程序的灵魂，只有明确变量的类型，才可以确定变量能做的事情，各种数据类型之间可以进行相互转换。字符串类型是数据类型中的重中之重，该类型中的索引取值、切片等操作必须会使用。

算术运算符、赋值运算符、比较运算符、逻辑运算符在后续的学习过程中都会使用到，而位运算符了解即可。

第 3 章习题、习题答案及程序源码

第 4 章
程序的流程控制

本章目标

☆ 了解程序的描述方式；
☆ 了解程序的组织结构；
☆ 掌握顺序结构；
☆ 掌握循环结构 for 与 while；
☆ 掌握程序跳转语句 break 和 continue；
☆ 掌握 pass 空语句。

4.1　程序的描述方式

在编写代码之前，先来描述一下程序，以理清思路。常用的描述方式有三种：自然语言、流程图和伪代码。

自然语言就是使用人类语言直接描述程序。例如，要计算一个圆的周长和面积，就可以使用 IPO 描述法进行描述，如图 4-1 所示。

输入：圆半径 r
处理：
圆面积：$S=\pi*r^2$
圆周长：$L=2*\pi*r$
输出：圆面积 S、周长 L

图 4-1　IPO 模式描述计算圆的周长和面积

流程图是用一系列图形、流程线和文字说明描述程序的基本操作和控制流程，主要适用于较短的算法。流程图有 7 种基本元素，如图 4-2 所示。起止框表示程序的开始和结束，通常使用圆角矩形或者椭圆形表示。判断框用于条件的判断，将决定程序的走向，使用菱形表示。处理框用于表示程序一个单独的操作步骤。平行四边形用于表示输入和输出操作。注释框用于为流程图添加注释。流向线表示程序的执行方向。如果一页画不下整个流程图可以使用连接点进行连接程序，连接点使用正圆形表示。对于计算圆的周长和面积的问题，使用流程图描述，如图 4-3 所示。程序开始，输入半径 *r*，计算圆的面积和周长是程序的处理部分，最后对计算结果进行输出，程序正常运行结束。

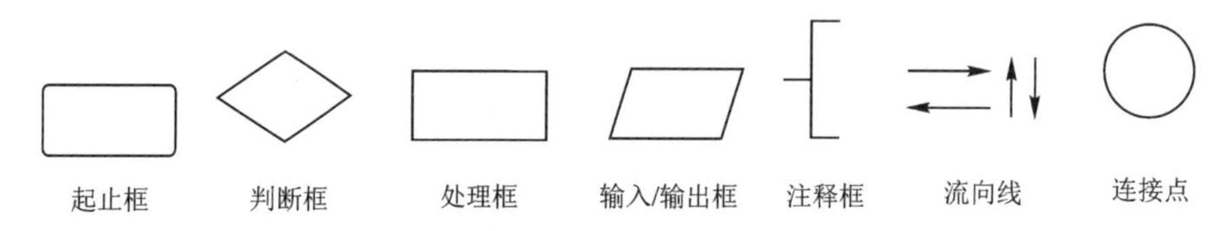

图 4-2　流程图的 7 种基本元素

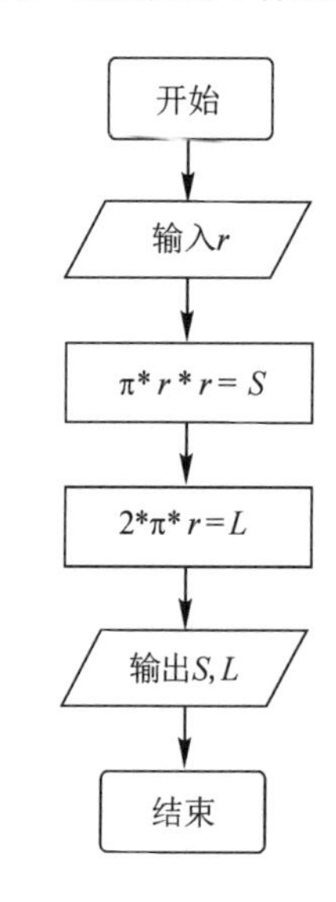

图 4-3　流程图描述圆的周长和面积

伪代码是介于自然语言和编程语言之间的一种算法描述语言。如果程序比较小，可以直接使用代码描述，如图 4-4 所示。使用 input()函数输入圆的半径，使用变量 S 存储圆的面积，使用变量 L 存储圆的周长，最后使用 print()函数对圆的面积和周长进行打印输出。

```
r=eval(input('请输入圆的半径：' ))
S=3.14*r*r        # 面积
L=2*3. 14*r     # 周长
print('圆的面积是：',  S, '周长是：',  L)
```

图 4-4　计算圆的面积和周长

4.2　程序的组织结构

无论程序是大还是小，都由 3 种结构构成，分别是顺序结构、选择结构和循环结构。顺序结构是指程序从上到下依次执行，流程图如图 4-5 所示。选择结构又称为分支结构，流程图如图 4-6 所示，程序从上到下执行遇到表达式进行判断，表达式的判断结果为 True，执行语句 1；表达式的判断结果为 False，执行语句 2。循环结构的流程图如图 4-7 所示，程序从上到下执行，遇到表达式进行条件判断，表达式的判断结果为 True，执行语句 1，然后又回到表达式处继续判断，如果表达式的判断结果依然为 True，则继续执行语句 1，直到表达式的判断结果为 False，循环结构执行完毕。

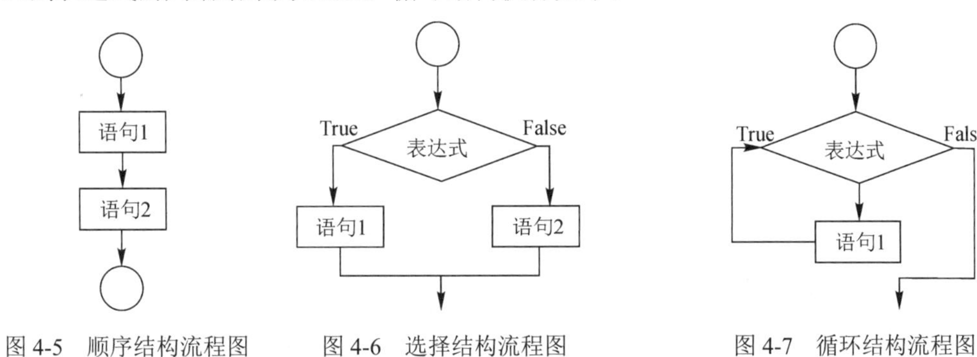

图 4-5　顺序结构流程图　　图 4-6　选择结构流程图　　图 4-7　循环结构流程图

4.2.1　顺序结构

顺序结构是按照程序语句的自然顺序，从上到下依次执行每条语句的程序。它是程序中最基础的语句，赋值语句、输入/输出语句、模块导入语句等都是顺序结构的语句。顺序结构的操作如示例 4-1 所示，其包含变量的赋值及输入、输出操作，运行效果如图 4-8 所示。

【示例 4-1】 顺序结构的语句。

```
# 赋值运算符的执行顺序，从右到左
a,b,c,d='room'    # 字符串分解赋值
print(a)
print(b)
print(c)
print(d)


print('----------输入输出语句，也是典型的顺序结构------------')
```

```
name=input('请输入您的姓名:')
age=eval(input('请输入您的年龄:'))
lucky_number=eval(input('请输入您的幸运数字:'))
print('姓名:',name)
print('年龄:',age)
print('幸运数字:',lucky_number)
```

```
r
o
o
m
----------输入输出语句，也是典型的顺序结构------------
请输入您的姓名:Python娟子姐
请输入您的年龄:18
请输入您的幸运数字:8
姓名: Python娟子姐
年龄: 18
幸运数字: 8
```

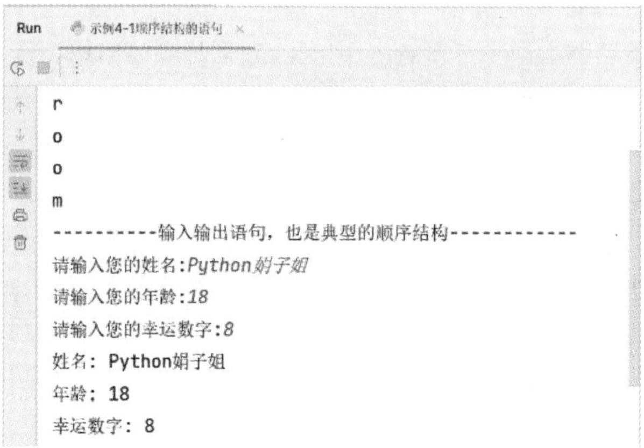

图 4-8　示例 4-1 运行效果图

4.2.2　选择结构

选择结构也称为分支结构，是按照表达式的判断结果选择执行不同的代码段。在 Python 中有单分支结构 if、双分支结构 if…else 和多分支结构 if…elif…else。

单分支结构 if 的语法结构如下：

```
if 表达式:
        语句块
```

if 翻译成中文是“如果”的意思，而 if 语句则可以使用中文关联词“如果……就……”来表示。单分支结构的程序流程图如图 4-9 所示。如果表达式的值为 True，就执行语句，如果表达式的值为 False，就跳过语句，继续执行后面的代码。单分支结构的使用如示例 4-2 所示，运行效果如图 4-10 所示。

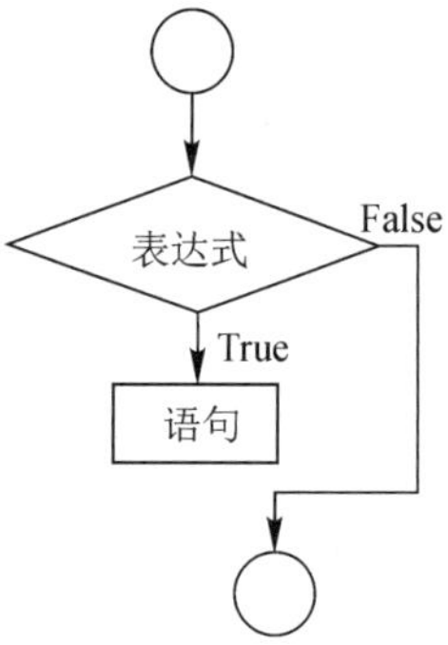

图 4-9　单分支结构流程图

【示例 4-2】　单分支结构 if。

```
number=eval(input('请输入您的 6 位中奖号码:'))
# 使用 if 语句
if number == 987654:
    print('恭喜您，中奖了')

if number != 987654:
    print('您未中本期大奖')
print('----以上 if 判断的表达式，是通过比较运算符计算出来的，结果是布尔类型--------')
```

```
n=98      # 赋值
if n%2:   # 98%2 的余数为 0，0 的布尔值为 False，非 0 的布尔值为 True
    print(n,'为奇数')

if not n%2:   # 98%2 的余数为 0，0 的布尔值为 False，not False，结果为 True
    print(n,'为偶数')

print('-------判断一个字符串是不是空字符串-----------')
x=input('请输入一个字符串:')   # 空字符串的布尔值为 False，非空字符串的布尔值为 True

if x:
    print('x 是一个非空字符串')

if not x:
    print('x 是一个空字符串')
print('----------表达式也可以是一个单纯的变量-----------------------')
flag=eval(input('请输入一个布尔类型的值:True 或 False'))
if flag:   # flag 是一个布尔值类型的变量，值为 True 或 False
    print('flag 的值为 True')

if not flag:
    print('flag 的值为 False')

print('---使用 if 语句时，如果语句块只有一句代码，可以将语句块直接写在冒号的后面---')
a=10
b=5
if a>b:max=a
print('a 和 b 的最大值为：',max)
```

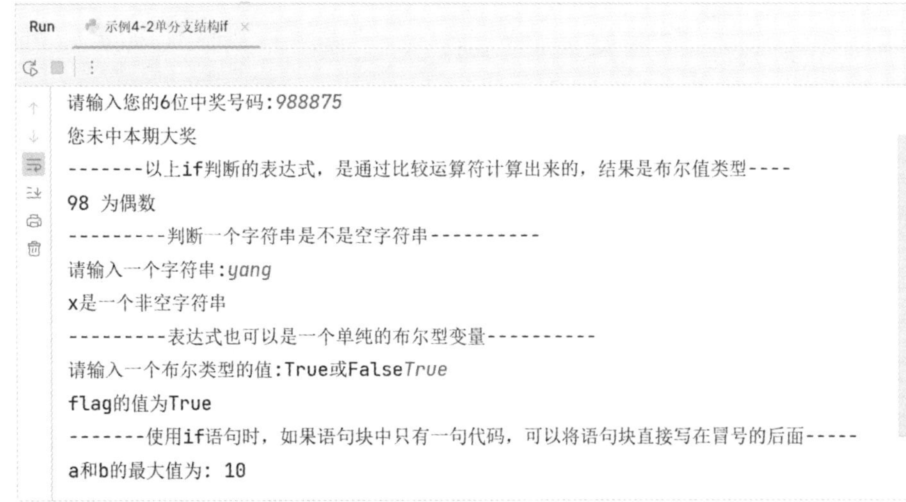

图 4-10　示例 4-2 运行效果图

示例 4-2 中使用比较运算符“==”与“!=”，将 987654 和变量 number 的值进行比较，结果为布尔类型，第 1 个 if 判断的结果为 False，语句块 print('恭喜您，中奖了')没有被执行。第 2 个 if 判断的结果为 True，执行了语句块 print('您未中本期大奖')。第 3 个 if 判断，利用的是对象的布尔值，n%2 的余数只有 1 和 0 两种情况，1 的布尔值为 True，0 的布尔值为 False，通过判断对象的布尔值来判断整数 n 是奇数还是偶数。第 4 个 if 判断，not n%2 是对余数的布尔值进行取反操作。即余数为 0 的布尔值为 False，not False 结果为 True，这样的数为偶数；余数为 1 的布尔值为 True，not True 结果为 False，这样的数为奇数。第 5 个 if 和第 6 个 if 同样是利用对象的布尔值进行条件判断的，空字符串的布尔值为 False，非空字符串的布尔值为 True，本示例中录入的字符串为“yang”，是一个非空字符串，所以布尔值为 True，执行输出“x 是一个非空字符串”。条件判断的表达式还可以是一个单纯的变量，第 7 个 if 和第 8 个 if 判断的就是单个变量的值，本示例从键盘录入了 True，使用 eval() 函数将字符串“True”转成了布尔值类型的 True，再进行判断，执行了输出“flag 的值为 True”。在示例 4-2 中还有一句代码是这样写的即 if a>b:max = a，这个语句块的代码只有一句，是将 a 的值赋给 max，在单分支结构中如果语句块只有一句代码，可以将语句块直接写在冒号的后面。

在 if 的语法结构中语句块是有缩进的，而且是必须缩进的，因为在 Python 中使用缩进来严格控制程序的逻辑结构。如果在语句块中有多句代码，则多句代码的缩进要保持一致。

if…else…语句是 Python 中的双分支结构，可以使用中文关联词“如果…否则…”来表示。双分支结构的流程图如图 4-11 所示。如果表达式的值为 True，执行语句 1，否则执行语句 2。

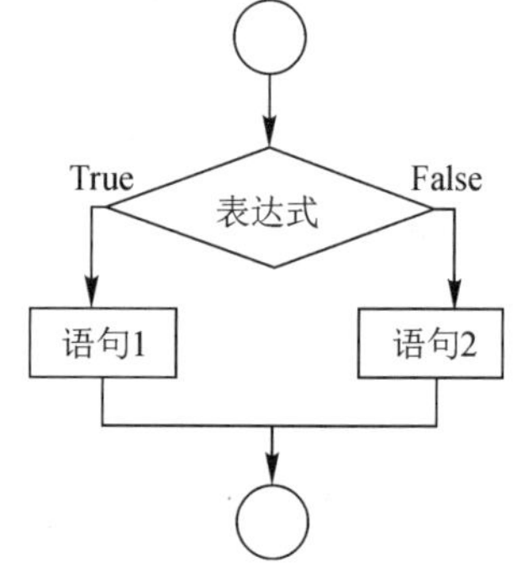

图 4-11　双分支结构流程图

双分支结构的语法结构如下：

```
if    表达式:
      语句 1
else:
      语句 2
```

双分支结构的使用如示例 4-3 所示，通过录入的数据判断是否中奖，运行效果如图 4-12 所示。

【示例 4-3】 双分支结构 if…else…。

```
number=eval(input('请输入您的 6 位中奖号码:'))
# if...else
if number == 987654:
    print('恭喜您中奖了')
else:
    print('您未中本期大奖')


print('以上代码还可以使用条件表达式简化---')
 # number==987654 为 True 时，将 "恭喜您中奖了" 赋值给变量 result，否则将 '您未中本期大奖' 赋值给变量 result
```

```
result='恭喜您中奖了' if number==987654 else '您未中本期大奖'
print(result)

print('恭喜您中奖了' if number==987654 else '您未中本期大奖')
```

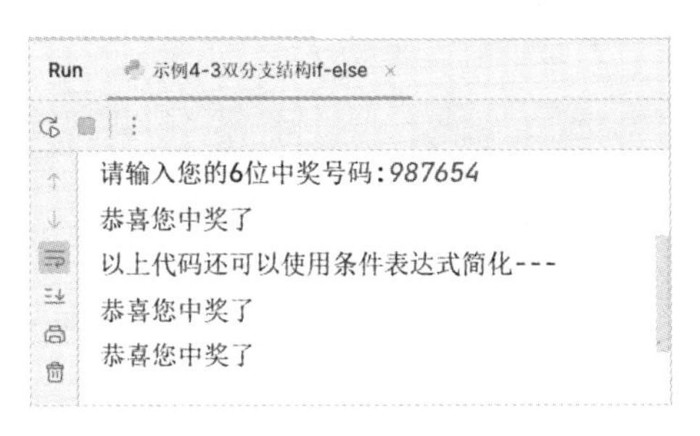

图 4-12　示例 4-3 运行效果图

示例 4-3 中将输入的号码 987654 与中奖号码进行比较，if 判断结果为 True，执行了语句 1 的输出“恭喜您中奖了”。简单的 if…else…可以使用条件表达式进行简化，在示例 4-3 中“if number==987654”判断的结果为 True 时，将“恭喜您中奖了”赋值给变量 result，否则将“您未中本期大奖”赋值给变量 result，最后将 result 的值进行输出。而最后一句代码更加简洁，“if number==987654”判断的结果为 True 时，将直接输出“恭喜您中奖了”，否则会输出“您未中本期大奖”。

多分支结构是多选一执行的情况，程序流程图如图 4-13 所示。程序执行时首先判断表达式 1 的值是否为 True，如果为 True 则执行语句 1，整个多分支结构执行结束，后续有多少判断都将不再执行。如果表达式 1 的值为 False，将继续判断表达式 2 的值，如果表达式 2 的值为 True，则执行语句 2，整个分支结构执行结束，依次类推，当所有的表达式判断结果都为 False 时，则会执行 else 中的语句块。else 是多分支中的可选结构，可以不写。

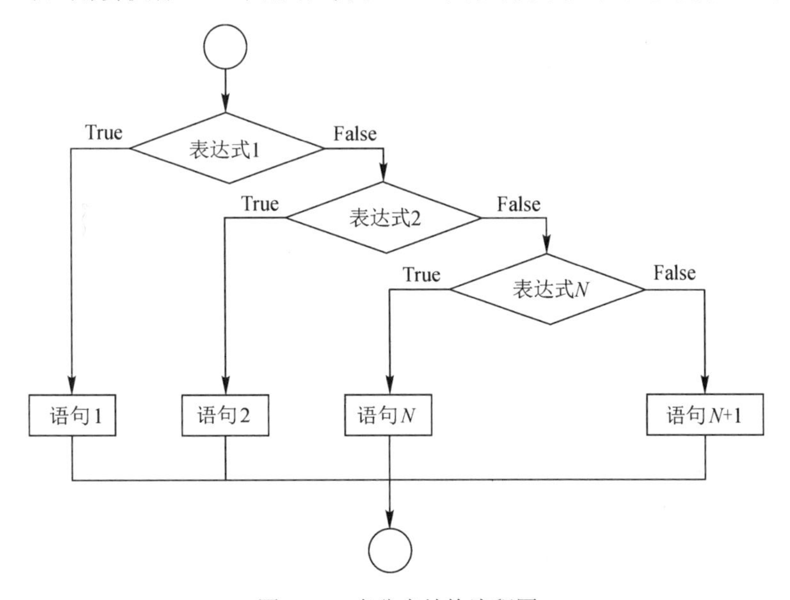

图 4-13　多分支结构流程图

多分支结构的语法结构如下：

```
if 表达式 1:
        语句块 1
elif 表达式 2:
        语句块 2
…
elif 表达式 n:
     语句块 n
[else:
        语句块 n+1]
```

使用多分支结构实现学员成绩的等级评测，如示例 4-4 所示，运行效果如图 4-14 所示。

【示例 4-4】 多分支结构的使用。

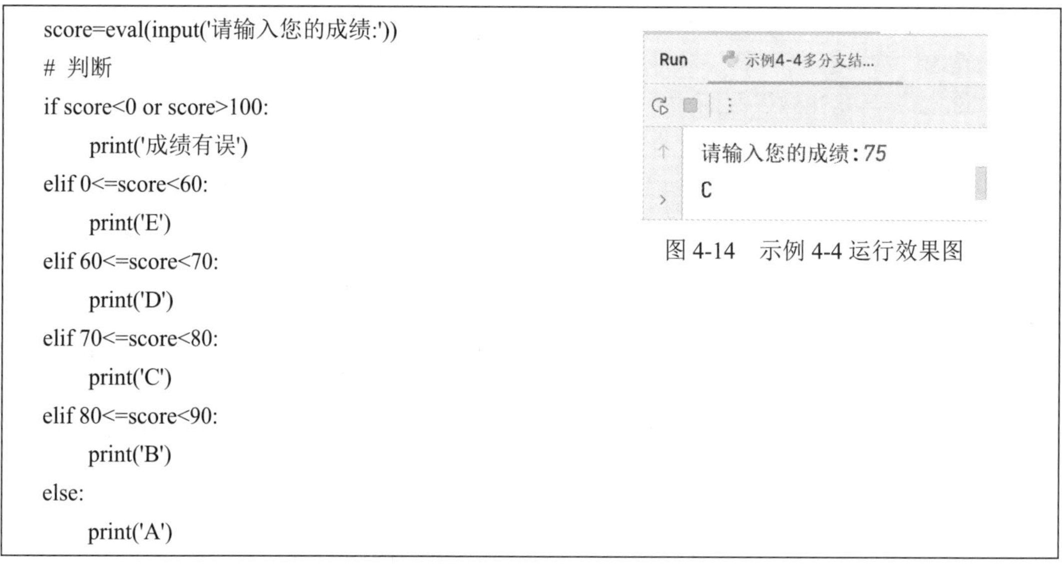

```
score=eval(input('请输入您的成绩:'))
# 判断
if score<0 or score>100:
    print('成绩有误')
elif 0<=score<60:
    print('E')
elif 60<=score<70:
    print('D')
elif 70<=score<80:
    print('C')
elif 80<=score<90:
    print('B')
else:
    print('A')
```


图 4-14　示例 4-4 运行效果图

用户从键盘输入的成绩是 75，程序首先执行“if score<0 or score>100”的判断，判断结果为 False，继续判断第 2 个表达式“0<=score<60”，判断结果依然为 False，再进行第 3 个表达式的判断“60<=score<70”，判断结果依然为 False，再进行第 4 个表达式的判断“70<=score<80”，判断结果为 True，执行输出 C，后续所有判断将不再执行，多分支结构执行完毕，程序到此结束。

单分支结构、双分支结构和多分支结构在实际开发中是可以互相嵌套使用的，内层的分支结构将作为外层分支结构的语句块使用，如图 4-15 所示。单分支结构嵌套双分支结构 if…else，当表达式 1 的值为 True 时再进行判断表达式 2 的值，表达式 2 的值为 True，执行语句块 1，否则执行语句块 2。双分支结构 if…else 嵌套双分支结构 if…else，首先判断表达式 1 的值，当表达式 1 的判断结果为 True 时，再进行判断表达式 2 的值，表达式 2 的值为 True 执行语句块 1；表达式 2 的值为 False 执行语句块 2。当表达式 1 的判断结果为 False 时执行 else 部分，继续判断表达式 3 的值，如果表达式 3 的值为 True，执行语句块 3，否则执行语句块 4。使用嵌套 if 实现是不是酒驾的判断，如示例 4-5 所示，运行效果如图 4-16

和图 4-17 所示。

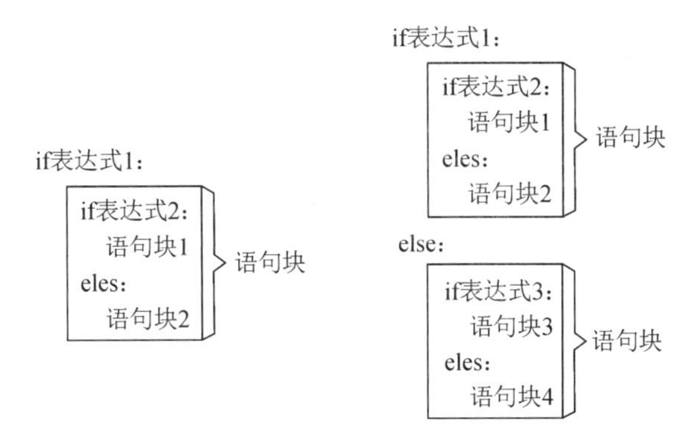

图 4-15　嵌套 if

【示例 4-5】 嵌套 if 的使用。

```
answer=input('请问，您喝酒了吗？ y/n')
if answer=='y':    # 代表喝酒了
    proof=eval(input('请输入酒精含量:'))
    if proof<20:
        print('构不成酒驾，祝您一路平安')
    elif proof<80:
        print('已构成酒驾标准，请不要开车')
    else:
        print('已达到醉驾标准，请千万不要开车')
else:    # 代表没有喝酒的情况
    print('你走吧，没你啥事儿')
```

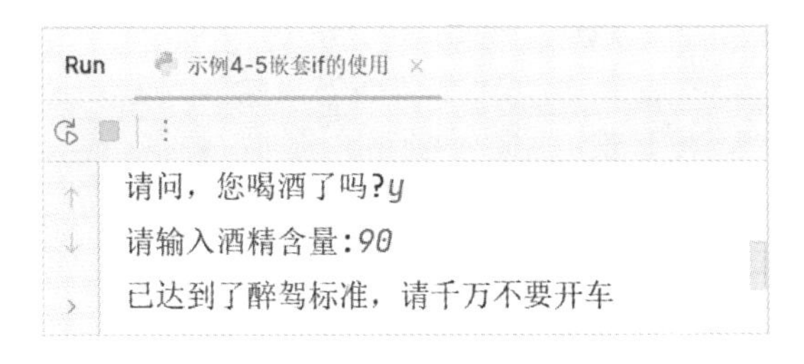

图 4-16　示例 4-5 运行效果图

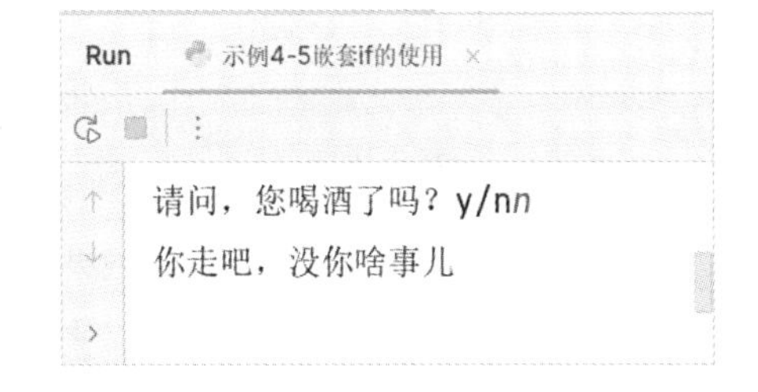

图 4-17　示例 4-5 运行效果图

图 4-16 中输入“y”代表喝酒了，外层判断条件为 True，将执行内层的分支结构，输入酒精含量 90，内层“if proof<20”判断条件为 False，执行判断“elif proof<80”判断结果为 False，即所有的条件判断都为 False，将执行 else 部分的输出：“已达到醉驾标准，请千万不要开车”。图 4-17 中“请问，您喝酒了吗？”，输入“n”表示没有喝酒，外层 if 判断条件为 False，将执行 else 部分，输出“你走吧，没你啥事儿”。

在进行条件判断时，如果判断的条件不止一个，可以使用逻辑运算符 and、or 连接多个条件。在使用 and 连接多个条件判断时，只有同时满足多个条件，才能执行 if 后面的语句块。程序流程图如图 4-18 所示，一个大的表达式由两个小的表达式组成，表达式 1 的判断结果为 True 并且表达式 2 的判断结果也为 True，整个大的表达式结果才为 True，将执行语句块。示例 4-6 演示了模拟登录的操作，只有用户名和密码的判断结果同时为 True，才会登录成功，否则提示“用户名或密码不正确”，运行效果如图 4-19 和图 4-20 所示。

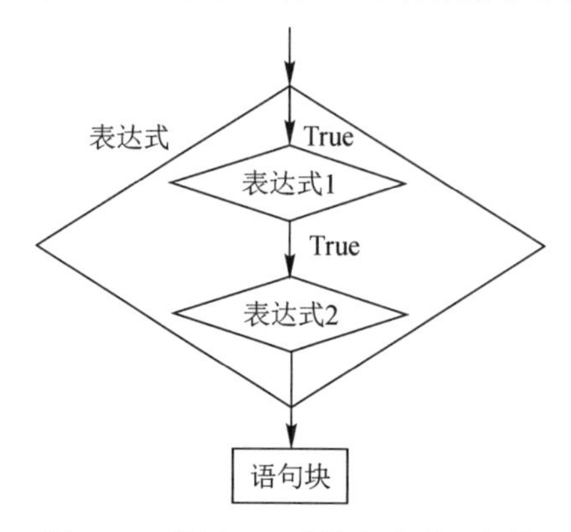

图 4-18　使用 and 连接多个判断条件

【示例 4-6】 使用 and 连接多个选择条件。

```
user_name=input('请输入您的用户名:')
pwd=input('请输入您的密码:')
if user_name=='ysj' and pwd=='888888':
    print('登录成功')
else:
    print('用户名或密码不正确')
```

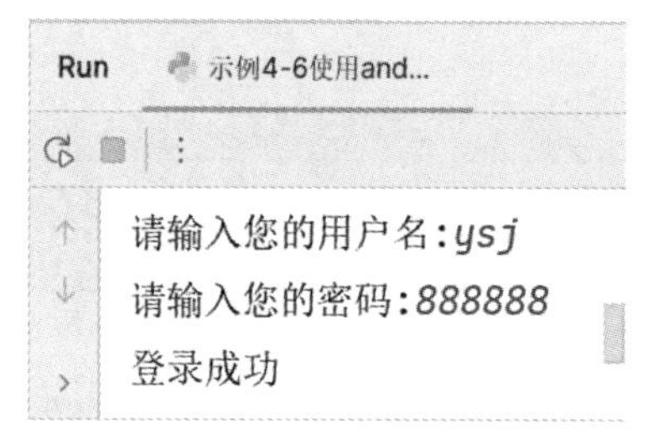

图 4-19　示例 4-6 运行效果图

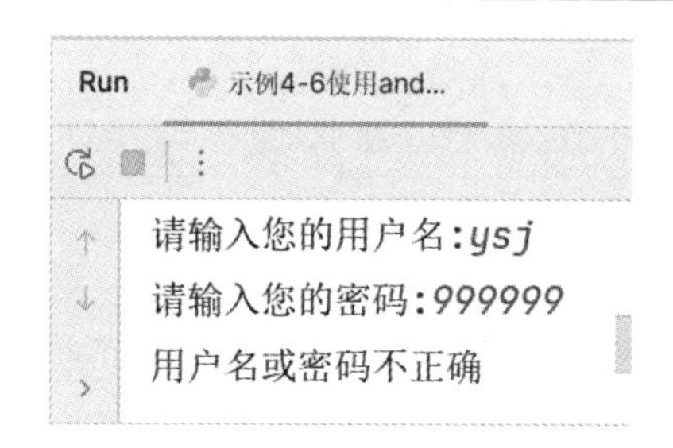

图 4-20　示例 4-6 运行效果图

图 4-19 中输入用户名“ysj”，密码输入“888888”，用户名和密码判断结果均为 True 时，执行输出“登录成功”。图 4-20 中用户名输入“ysj”，密码输入“999999”，当判断 pwd=='888888' 时结果为 False，整个 if 的条件判断结果为 False，执行了 else 部分的输出，输出“用户名或密码不正确”。

使用 or 连接多个判断条件时，只要满足多个条件中的一个，就可以执行 if 后面的语句块。如图 4-21 所示，大的表达式由表达式 1 和表达式 2 组成，表达式 1 或者表达式 2 的判断结果中有一个为 True 将执行语句块，当表达式 1 和表达式 2 的判断结果都为 False 时，语句块不会被执行。使用 or 连接多个选择条件判断输入的成绩是否在有效范围(成绩的有效范围是 0～100 分，当低于 0 或高于 100 时都是无效的成绩)，如示例 4-7 所示，运行效果如图 4-22 和图 4-23 所示。

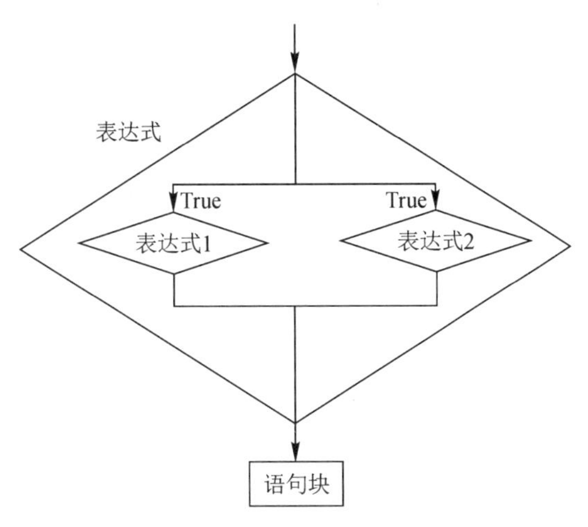

图 4-21　使用 or 连接多个判断条件

【示例 4-7】 使用 or 连接多个选择条件。

```
core=eval(input('请输入您的成绩:'))
if score<0 or score>100:
    print('成绩无效')
else:
    print('您的成绩为:',score)
```

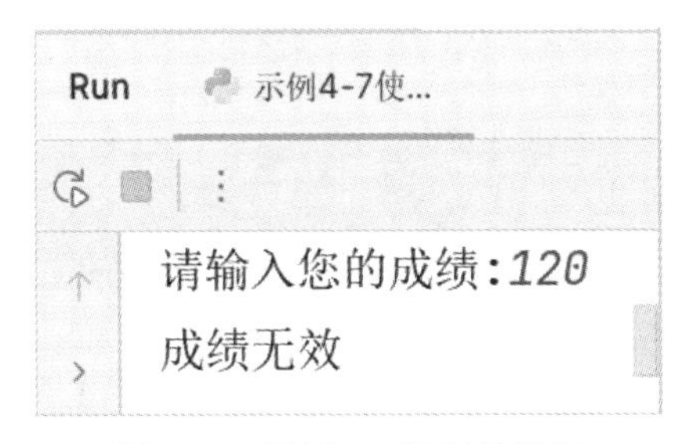

图 4-22　示例 4-7 运行效果图

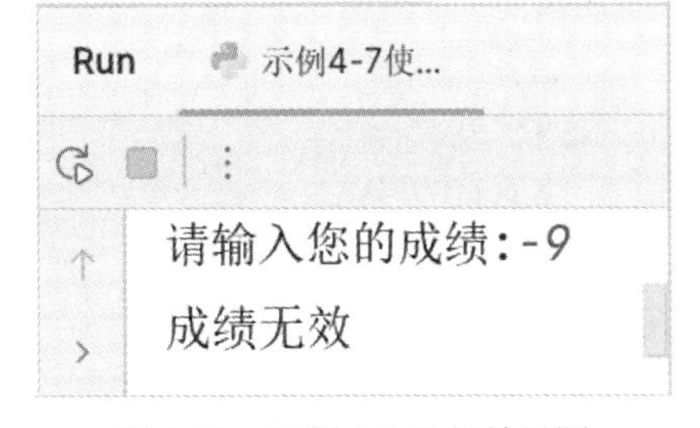

图 4-23　示例 4-7 运行效果图

图 4-22 输入的成绩为 120，120<0 的判断结果为 False，再去判断 120>100，判断结果为 True，两个表达式中一个判断结果为 True，将执行输出“成绩无效”。图 4-23 中，输入的成绩为-9，-9<0 的结果为 True，第 2 个表达式-9>100 将不执行判断，直接执行输出“成绩无效”。当用户输入的成绩在 0 到 100 之间时，将执行 else 部分的输出。

Python 3.11 除了在性能上有了巨大的提升之外，还增加了许多新的特性。Python 中虽然没有 switch 表达式，但是模式匹配可以被简单地认为是 switch 的加强版，它可以简化复杂的条件逻辑。

模式匹配的语法结构如下：

```
match　变量:
    case　值 1:
        语句 1
    case　值 2:
```

        语句 2
    …
    case 值 *N*:
        语句 *N*

首先将变量的值与第 1 行 case 中的值 1 进行匹配，如果变量的值与值 1 相等，则执行语句 1，match 结构执行结束；如果变量的值与 case1 的值不相等，将对变量的值与第 2 行 case 中的值 2 进行匹配。如果变量的值与值 2 相等，则执行语句 2，match 结构执行结束。如果变量的值与所有的 case 中的值进行匹配都没有相等的，那么 match 结构正常执行结束，不执行任何语句。使用模式匹配实现成绩等级的匹配，如示例 4-8 所示，运行结果如图 4-24 所示。

【示例 4-8】 Python 3.11 新特性-模式匹配。

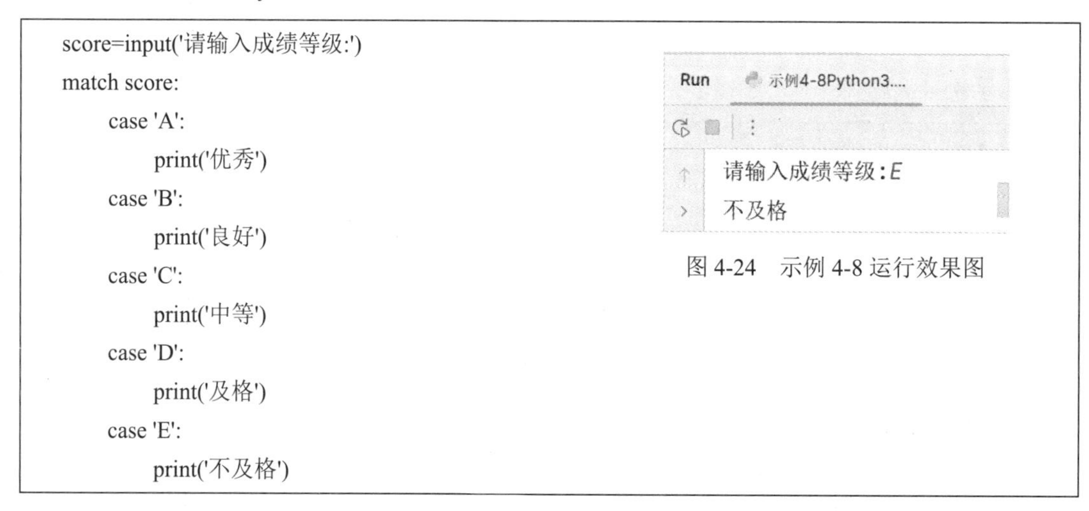

```
score=input('请输入成绩等级:')
match score:
    case 'A':
        print('优秀')
    case 'B':
        print('良好')
    case 'C':
        print('中等')
    case 'D':
        print('及格')
    case 'E':
        print('不及格')
```


图 4-24 示例 4-8 运行效果图

4.2.3 循环结构

循环结构是用于重复执行某些语句的一种结构。在 Python 中循环结构分两类，一类是遍历循环结构 for，一类是无限循环结构 while。

遍历循环 for 的语法结构如下：

    for 循环变量 in 遍历对象:
        语句块

程序运行时，首先判断遍历对象中是否有元素，如果有元素，则取出一个元素赋值给循环变量，执行语句块操作，直到所有的元素都从遍历对象中取出，循环执行结束。程序流程图如图 4-25 所示。

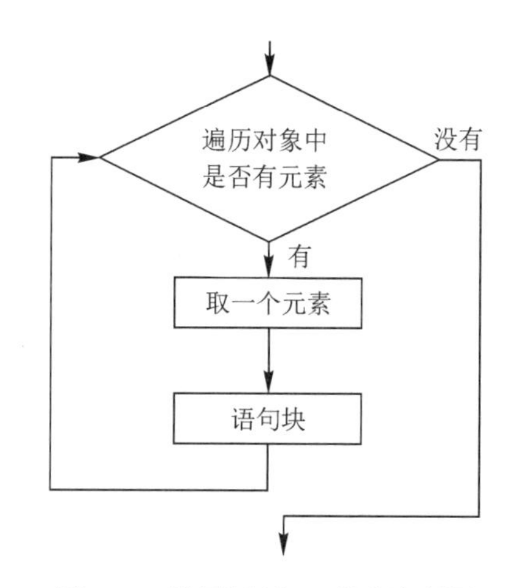

图 4-25 遍历循环 for 程序流程图

for 循环的遍历对象可以是字符串、文件、组合数据类型、range()函数等。range()函数是 Python 中的内置函数，用于产生[n，m)的整数序列，序列中包含 n 但是不包含 m，例如

range(0，4)将产生 0，1，2，3 的整数序列；其中 n 如果省略，默认为 0，如 range(4)和 range(0，4)的结果相同。使用遍历循环 for 结构遍历字符串和 range()函数产生的整数序列，如示例 4-9 所示，运行效果如图 4-26 所示。

【示例 4-9】 遍历 for 循环的使用。

```
# 遍历字符串
for i in 'hello':
    print(i)

# range()函数，产生一个[n，m)的整数序列，包含 n，不包含 m
for i in range(1,11):
    # print(i)
    if i%2==0:
        print(i,'是偶数')

# 计算 1-10 之间的累加和
s=0    # 用于存储累加和
for i in range(1,11):
    s+=i    # 相当于 s=s+i
print('1-10 之间的累加和为:',s)

print('--------------100-999 之间的水仙花数----------------------')
'''
153
3*3*3+5*5*5+1*1*1=153
'''
for i in range(100,1000):
    sd=i%10              # 获取个位上的数字
    tens=i//10%10        # 十位上的数字
    hundred=i//100       # 百位上的数字
    if sd**3+tens**3+hundred**3==i:
        print(i)
```

在示例 4-9 中，第 1 个遍历 for 循环遍历的对象是字符串，每次从字符串中取出一个字符赋值给循环变量 i，语句块则是输出 i 的值。第 2 个遍历 for 循环遍历的对象是 range()函数产生的整数序列，包含 1 但是不包含 11，语句块是判断 i 的值是否为偶数，偶数则打印输出。第 3 个遍历 for 循环则是用于计算 1～10 之间的累加和，并输出。第 4 个遍历 for 循环是遍历输出 100～999 之间的水仙花数，首先使用 range()函数产生了一个 100～1000 的整数序列(包含 100 但不包含 1000)，然后在循环的语句块中使用算术运算符计算出 i 这个数的个位上的数字、十位上的数字和百位上的数字，最后使用单分支结构判断个位数字的 3 次方加上十位数字的 3 次方再加上百位数字的 3 次方是否与 i 相等，如果相等则将 i 输出，这样的数就是水仙花数。

Run 示例4-9遍历for循环的使用

```
h
e
l
l
o
2 是偶数
4 是偶数
6 是偶数
8 是偶数
10 是偶数
1-10之间的累加和为: 55
--------------100-999之间的水仙花数----------------------
153
370
371
407
```

图 4-26　示例 4-9 运行效果图

遍历循环还有一种扩展形式 for…else 结构，语法结构如下：

for 循环变量 in 遍历对象:
　　语句块 1
else:
　　语句块 2

else 语句在循环正常结束后才执行，通常与 break 一起使用(break 将在 4.3 章节讲解)。for…else 结构的使用如示例 4-10 所示，计算 1 到 10 之间的累加和，在 else 结构中输出累加和，运行效果如图 4-27 所示。

【示例 4-10】 遍历循环的扩展形式。

```
s=0   # 用于存储累加和
for i in range(1,11):
    s+=i   #   相当于 s=s+i
else:
    print('1-10 之间的累加和为:',s)
```

注意事项：for…else 结构在跳转语句 break 中还会继续学习。

无限循环 while 是通过一个表达式来控制是否要继续反复执行循环体中的语句的一种结构，程序流程图如图 4-28 所示。当表达式的值为 True 时，执行语句块，当表达式的值为 False 时，跳过语句块而执行语句块之后的代码。

图 4-27　示例 4-10 运行效果图

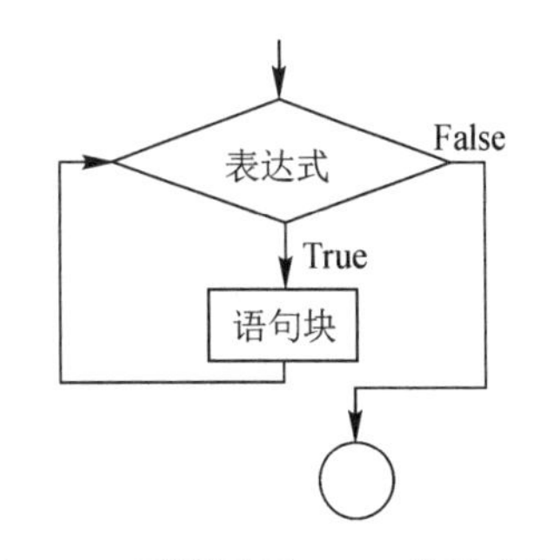

图 4-28　无限循环 while 的程序流程图

while 循环的语法结构如下：

```
while 表达式:
    语句块
```

在使用 while 循环时要记住 4 个步骤必不可少，否则将会出现死循环(循环一直被执行永远无法结束)的情况。while 循环的 4 个步骤分别为：

(1) 初始化变量；

(2) 条件判断；

(3) 语句块；

(4) 改变变量。

无限循环 while 的使用如示例 4-11 所示，运行效果如图 4-29 所示。初始化变量即变量的第一次赋值操作只执行一次，如示例 4-11 中，answer=input('今天要上课吗?y/n')。当 while 表达式的判断结果为 True，执行语句块，输出“好好学习，天天向上”。最后执行改变变量 answer 的值，如果输入“y”，程序将从条件判断处开始执行；如果输入“n”，条件判断结果为 False，整个 while 循环执行结束。

【示例 4-11】 无限循环 while 的使用。

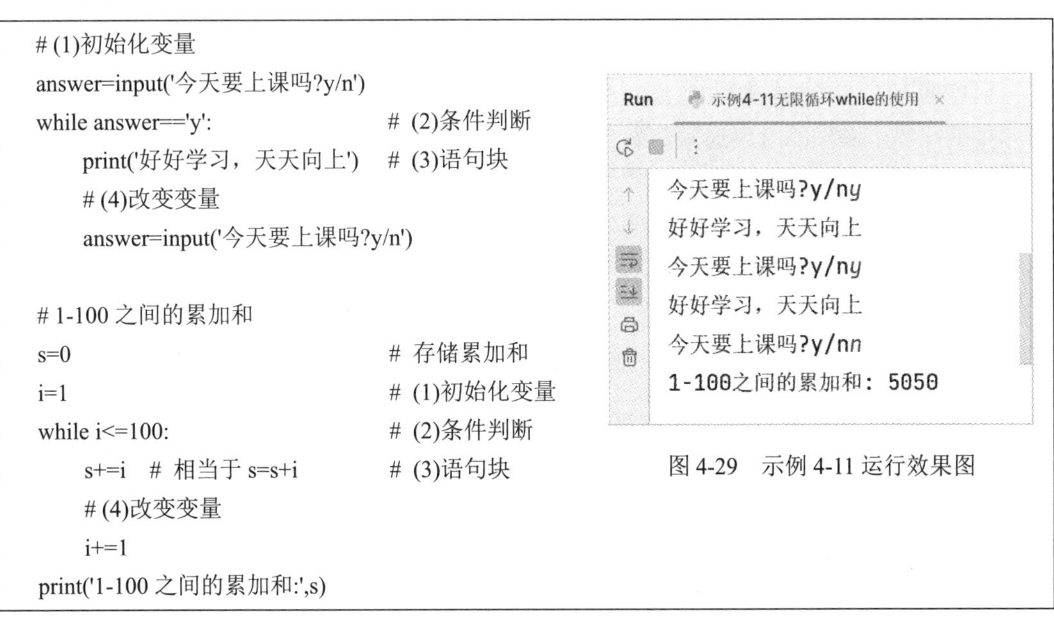

```
# (1)初始化变量
answer=input('今天要上课吗?y/n')
while answer=='y':                  # (2)条件判断
    print('好好学习，天天向上')     # (3)语句块
    # (4)改变变量
    answer=input('今天要上课吗?y/n')

# 1-100 之间的累加和
s=0                                 # 存储累加和
i=1                                 # (1)初始化变量
while i<=100:                       # (2)条件判断
    s+=i  # 相当于 s=s+i            # (3)语句块
    # (4)改变变量
    i+=1
print('1-100 之间的累加和:',s)
```


图 4-29　示例 4-11 运行效果图

示例 4-11 中的第 2 个 while 循环，初始化变量是 i = 1，条件判断是 i<=100，条件判断结果为 True，执行语句块 s + = i，最后执行改变变量 i + = 1。当 i = 101 时，条件判断为 False，整个 while 循环执行结束，执行 while 循环之后的输出语句，输出“1-100 之间的累加和:5050”。

注意事项：在 while 循环中，初始化的变量与条件判断的变量和改变的变量通常为同一个变量。如示例 4-11 中第 1 个 while 循环初始化的变量是 answer，条件判断的变量也是 answer，最后改变的变量也是 answer。第 2 个 while 循环中初始化变量是 i，条件判断的变量也是 i，最后改变的变量也是 i。

无限循环 while 也有扩展形式，语法结构如下：

```
while 表达式:
        语句块 1
else:
        语句块 2
```

与 for…else 结构相同，while 中的 else 语句也只在循环正常结束之后才执行，通常与 break 一起使用(break 将在 4.3 章节讲解)。使用 while...else 结构实现 1～100 之间的累加和计算并在 else 结构中输出计算结果，如示例 4-12 所示，运行效果如图 4-30 所示。

【示例 4-12】 无限循环 while 的扩展形式。

```
# 1-100 之间的累加和
s=0  # 存储累加和
i=1  # (1)初始化变量
while i<=100:  # (2)条件判断
    s+=i  # 相当于 s=s+i  # (3)语句块
    # (4)改变变量
    i+=1
else:
    print('1-100 之间的累加和:',s)
```

Run　示例4-12无限循环while的扩展形式

1-100之间的累加和: 5050

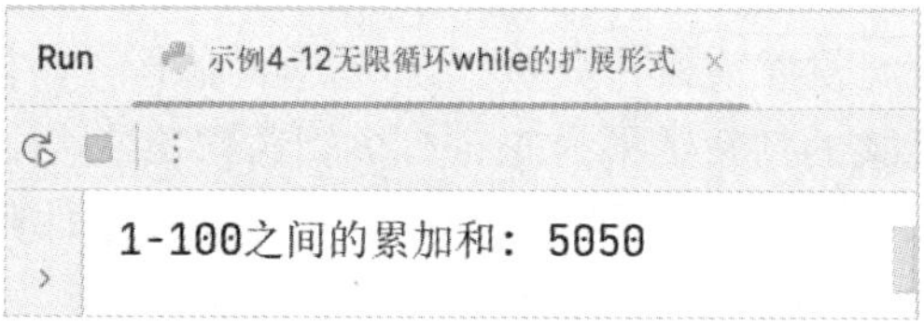

图 4-30　示例 4-12 运行效果图

在进行登录操作的时候通常都有三次机会，三次均输入错误将无法再登录系统，在三次之内用户名和密码正确，则会显示“系统正在登录，请稍候”，如示例 4-13 所示模拟用户登录，运行效果如图 4-31 和图 4-32 所示。

【示例 4-13】 使用无限循环模拟实现登录。

```
i=0  # 统计循环执行的次数
while i<3:  # 0，1，2，当 i=3 时 3<3False，循环执行结束
    user_name=input('请输入您的用户名:')
    pwd=input('请输入您的密码:')
    # 判断
    if user_name=='ysj' and pwd=='888888':
        print('系统正在登录，请稍候')
        # 改变循环条件，退出循环
        i=8  # 判断 8<3 False，循环执行结束
```

```
        else:
            if i<2:
                print('用户名或密码不正确，您还有',2-i,'次机会')
            i+=1  #  改变循环变量

    if i==3: # 当用户或密码输入不正确的时候，循环执行结束时，i 的最大值为 3
        print('对不起，三次均输入错')
```

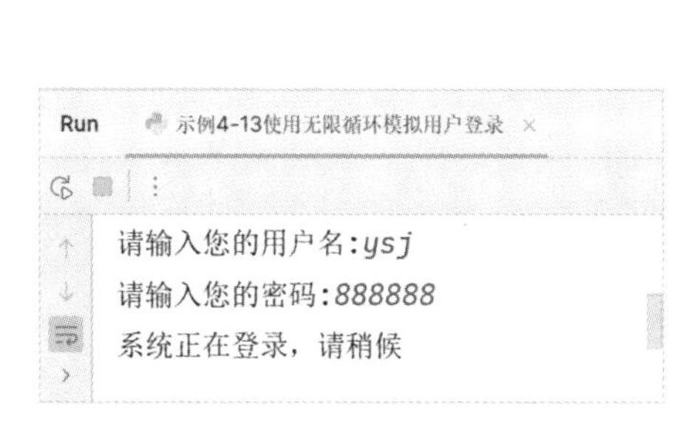

图 4-31　示例 4-13 运行效果图

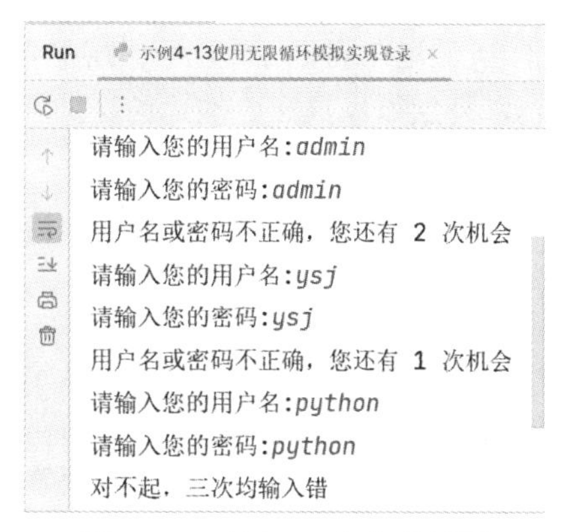

图 4-32　示例 4-13 运行效果图

示例 4-13 中初始化变量 i 的值为 0，条件判断 i<3 结果为 True，执行 while 循环中的语句块，输入用户名和密码，判断 user_name 是否等于 'ysj' 和 pwd 是否等于 '888888'。在图 4-31 中输入的用户名是“ysj”，密码是“888888”，所以 if 的判断条件为 True，执行 if 结构中的语句块，输出“系统正在登录，请稍候”，在改变变量时将 i 赋值为 8，这个时候再去判断 i<3 时，while 的判断条件为 False，while 循环执行结束。i 除了被赋值为 8，其实还可以赋其他的值，只要不是 0、1、2，while 循环都会执行结束，i 的值也不能是 3，一旦将 i 的值赋成 3，那么最后一个 if 条件判断结果为 True，将会输出“对不起，三次均输入错”，与程序逻辑不符。图 4-32 中展示了用户名和密码三次都不正确的情况，程序的执行流程为当 i = 0 时，while 的条件判断为 True，执行输入用户名和密码，将输入的用户名和密码分别与“ysj”和“888888”进行比较，判断结果为 False 时，执行了 else 部分：在 else 中使用了一个嵌套的单分支结构 if，作用是判断还有几次机会。i + = 1 是 while 循环的改变变量部分。当 i 从 0 变到 2 时输入的用户名和密码都不正确。当 i = 3 时，while 的条件判断为 False，整个 while 循环执行结束，这个时候三次机会均已用完，最后的一个单分支结构 if 是与 while 结构并列的，用于判断是否输出“对不起，三次均输入错”。

循环结构也可以互相嵌套，在一个循环结构中嵌套另外一个完整的循环结构就称为嵌套循环，理论上可以无限嵌套，但实际开发中建议循环嵌套不要超过三层。在嵌套循环结构中，内层的循环结构实际上是在给外层的循环结构作语句块部分。如图 4-33 所示，while 循环嵌套一个 while 循环，当外层循环表达式 1 的判断表结果为 True，再执行内层 while 循环表达式 2 的判断；for 循环可以嵌套另外一个 for 循环，内层 for 循环是外层 for 循环的语句块部分。其实 while 循环也可以嵌套 for 循环，for 循环也可以嵌套 while 循环。

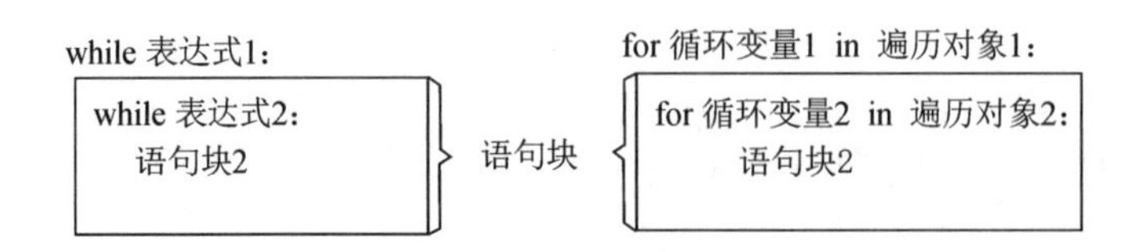

图 4-33　嵌套循环

嵌套循环通常用于输出一些图形，例如长方形、三角形、菱形等，如图 4-34 所示。第一个图形是一个 3 行 4 列的长方形，外层循环执行 3 次输出 3 行，内层循环执行 4 次输出 4 颗星，4 颗星在同一行输出，内层循环执行完毕之后再进行换行。第 2 个图形是一个直角三角形，外层循环执行 5 次，内层循环执行次数与行数有关，第 1 行内层循环执行 1 次，第 2 行内层循环执行 2 次，依此类推，第 5 行内层循环执行 5 次输出 5 颗星，所以输出的个数与行数二者相等，长方形和直角三角形的实现如示例 4-14 所示。

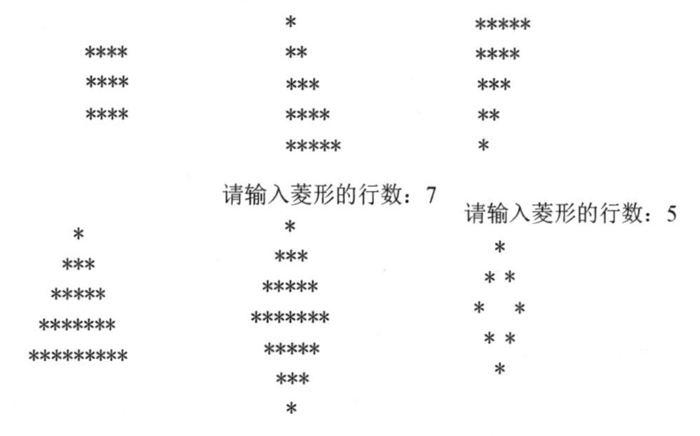

图 4-34　嵌套循环案例效果图

【示例 4-14】 长方形和直角三角形。

```
#3 行 4 列
for i in range(1,4):
    for j in range(1,5):
        print('*',end='')
    # 换行
    print()
print('------------------------------')
for i in range(1,6):
    for j in range(1,i+1):    # *的个数与行数相同 range(1,2)，range(1,3)，range(1,4)……
        print('*',end='')
    print()    # 换行
```

外层循环执行一次，内层循环要完整地执行一轮。在示例 4-14 中，外层循环 i = 1 时，内层循环 j 从 1 变到 4，输出了 4 颗星，由于 end 被赋予了空字符串，所以 4 颗星会在同一行输出，当 j = 5 时，内层循环执行结束，一个空的 print()可以实现换行操作，将在第 2 行开始继续输出 4 颗星。外层循环一共执行 3 次，所以是一个 3 行 4 列的长方形。

第 2 个 for 循环 i 执行 5 次，所以会输出 5 行，每行星星的个数与行数有关，第 1 行输出 1 颗星，第 2 行输出 2 颗星，依次类推；内层循环执行的次数与行数有关，是一个非固定的值，当外层循环 i 的值发生改变时，内层循环的循环次数也会随之改变。当 i = 1 时，内层循环 range 为 range(1,2)，循环将执行一次，输出 1 颗星，内层循环执行结束，执行换行操作。当 i = 2 时，内层循环执行 2 次，所以 range 为 range(1,3)，输出 2 颗星，内层循环执行结束，执行换行操作。依次类推，当 i = 5 时，内层循环 range 为 range(1,6)，输出 5 颗星，内层循环执行结束，执行换行操作，外层循环 i=6 时，外层循环结束。

倒三角形外层循环执行 5 次，内层循环的执行次数也与外层循环有关，外层循环执行第 1 次时，内层循环执行了 5 次输出了 5 颗星，外层循环执行第 2 次时，内层循环执行了 4 次输出了 4 颗星，依此类推，当外层循环执行第 5 次时，内层循环执行了 1 次输出 1 颗星。等腰三角形是由 1 个倒着的“空白”三角形和 1 个等腰三角形构成。倒三角形和等腰三角形的实现如示例 4-15 所示。

【示例 4-15】 倒三角形和等腰三角形。

```
# 倒直角三角形
# 1-->5 (次)(1,6)   2-->4 次(1,5)    3-->3 次(1,4)    4   -->2 次(1,3)    5-->1 次   (1,2)
for i in range(1,6):
    for j in range(1,7-i):
        print('*',end='')
    print() # 换行

# 等腰三角形
'''
&&&&        *
&&&         ***
&&          *****
&           *******
*********
'''
print('--------------------------')
for i in range(1,6):
    # 倒三角形
    for j in range(1, 6- i):
        print(' ', end='')
    # 1，3，5，7 的三角形   range(1,2),range(1,4),range(1,6),range(1,8), range(1,10)
    for k in range(1,i*2):
        print('*',end='')
    print()
```

示例 4-15 中的等腰三角形实际上是由 2 个三角形组成，等腰三角形一共是 5 行，所以外层循环要执行 5 次，内层有两个并列的 for 循环，内层循环中的第 1 个 for 循环用于打印输出一个由“空格”组成的倒三角形，倒三角形的行数为 4 行，内层循环中的第 2 个 for

循环用于输出一个由 1、3、5、7、9 颗星组成的三角形，第 1 行输出 1 颗星，第 2 行输出 3 颗星，第 3 行输出 5 颗星，输出的个数与行数的关系为：2*行数-1。为什么 range(1,i*2) 中并没有减 1 呢？因为 range(N，M)函数产生的是包含 N，但不包含 M 的整数序列。两个内层 for 循环全部执行完毕之后再执行换行操作。

菱形的实现如示例 4-16 所示。菱形的上半部分是 1 个等腰三角形，下半部分是 1 个倒着的等腰三角形，只有行数为奇数才可以输出菱形，如果是偶数行，则需要重新执行输入菱形的行数。

【示例 4-16】 菱形。

```
row=eval(input('请输入菱形的行数'))
while row%2==0:
    print('重新输入菱形的行数')
    row = eval(input('请输入菱形的行数'))
top_row=(row+1)//2   # 上半部分的行数
# 上半部分
for i in range(1,top_row+1):
    # 倒三角形
    for j in range(1, top_row+1- i):
        print(' ', end='')
    # 1，3，5，7 的三角形   range(1,2) , range(1,4)     range(1,6)    ,range(1,8)
    for k in range(1,i*2):
        print('*',end='')
    print()

# 下半部分
bottom_row=row//2
for i in range(1,bottom_row+1):
    # 直角三角形
    for j in range(1,i+1):
        print(' ',end='')

    # 倒三角形      range(1,6)    ,range(1,4)     range(1,2)
    for k in range(1,2*bottom_row-2*i+2):
        print('*',end='')
    print()
```

示例 4-16 用于输出一个菱形，菱形的中间一行最长，所以只有行数为奇数才可以输出菱形。示例 4-16 的第 1 个 while 循环就是用于控制用户输入行数，如果用户输入的是偶数，则执行 while 循环重新输入行数；如果用户输入的是奇数，则 while 循环判断条件结果为 False，跳过 while 而执行 while 后续的代码。后续的代码由两个部分组成，一部分是菱形的上半部分，另一部分是菱形的下半部分，菱形的上半部分是 1 个等腰三角形，可参考示例 4-15 实现。菱形的下半部分是由 1 个“空白”直角三角形和 1 个倒三角形组成，所以在菱形下半部分的循环中有两个并列的 for 循环，一个用于输出由“空格”组成的直角三角形，另外一个 for 循环用于输出倒三角形。假设菱形的总行数为 7 行，那么菱形下半部分的行数为 3 行，第 1 行输出 5 颗星，第 2 行输出 3 颗星，最后一行输出 1 颗星，每行输出的“*”的颗数与行数的关系为 2*bottom_row-2*i + 2 − 1，但由于 range(N，M)不包含 M 的关系，所以 range 函数中 M 参数并没有减 1。

空心菱形是每行只输出第一颗星和最后一颗星，其余部分输出空格，所以只需要在输出星的部分加个判断即可。空心菱形的实现如示例 4-17 所示。

【示例 4-17】 空心菱形。

```
row = eval(input('请输入菱形的行数'))
while row % 2 == 0:
    print('重新输入菱形的行数')
    row = eval(input('请输入菱形的行数'))

top_row = (row + 1) // 2   # 上半部分的行数
# 上半部分
for i in range(1, top_row + 1):
    # 倒三角形
    for j in range(1, top_row + 1 - i):
        print(' ', end='')
    # 1，3，5 的三角形   range(1,2) , range(1,4)     range(1,6)
    for k in range(1, i * 2):
        if k = = 1 or k = = i * 2 - 1:
            print('*', end='')
        else:
            print(' ', end='')
    print()

# 下半部分
bottom_row = row // 2
for i in range(1, bottom_row + 1):
    # 直角三角形
    for j in range(1, i + 1):
        print(' ', end='')

    # 倒三角形     range(1,4)    range(1,2)
    for k in range(1, 2 * bottom_row - 2 * i + 2):   #
        if k == 1 or k == 2 * bottom_row - 2 * i + 2 - 1:
            print('*', end='')
        else:
            print(' ', end='')
    print()
```

4.3 程序跳转语句 break 与 continue

在循环执行的过程中可以通过 break 或 continue 控制程序的执行流程。程序跳转语句 break 用于跳(退)出循环结构，通常与 if 一起搭配使用。带有 break 的循环结构执行流程如图 4-35 所示。表达式 1 的判断结果为 True，执行代码，而表达式 2 的判断结果为 True 执行 break 语句直接退出循环结构，继续执行循环之后的代码。表达式 2 的判断结果为 False，执行代码后则回到表达式 1 处继续判断表达式 1 的值，直到表达式 1 的值为 False，循环结构完整地执行结束。

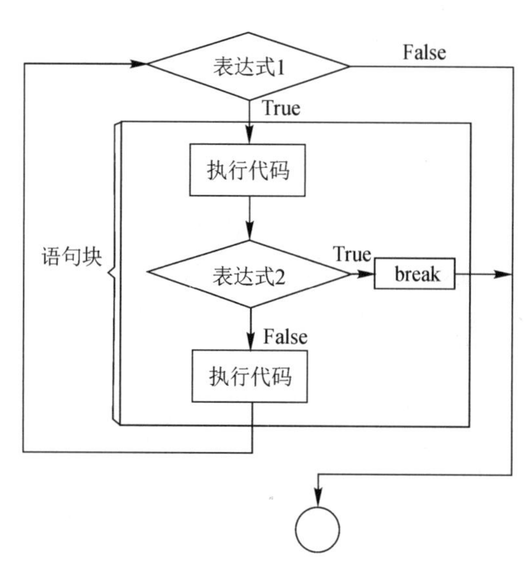

图 4-35　break 在 while 循环中的使用

break 在 while 循环中的语法结构如下：

```
while 表达式 1:
        执行代码
        if  表达式 2:
                break
```

跳转语句 break 在 while 循环中的使用如示例 4-18 所示，输出累加和大于 20 的当前数和用户登录验证，运行效果如图 4-36 和图 4-37 所示。

【示例 4-18】 跳转语句 break 在 while 循环中的使用。

```
s=0    # 存储累加和
i=1
while i<11:
```

```
    s+=i # 计算累加
    if s>20:
        print('累加和大于 20 的当前数：', i)
        break

    i+=1
print('------------------------------')
i=0
while i<3:
    user_name=input('请输入用户名:')
    pwd=input('请输入密码:')
    if user_name=='ysj' and pwd=='888888':
        print('系统正在登录，请稍候...')
        break #直接退出循环
    else:
        if i<2:
            print('用户名或密码不正确，您好还有',2-i,'次机会')
    i+=1 # 改变循环变量
else:
    print('三次均输入错误')
```

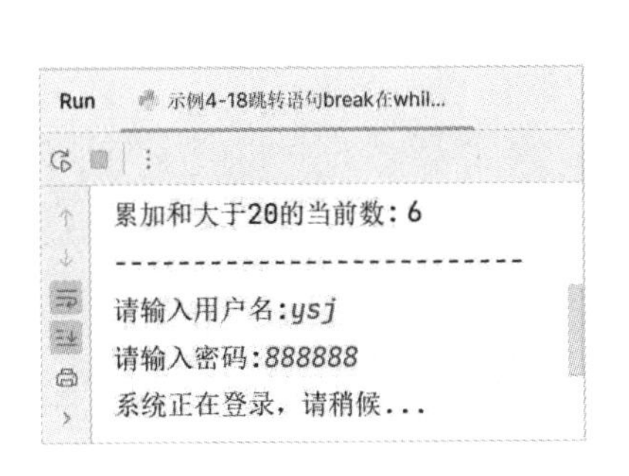

图 4-36　示例 4-18 运行效果图

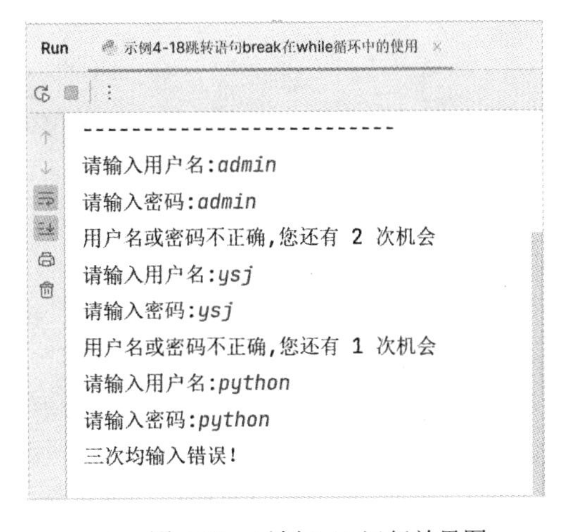

图 4-37　示例 4-18 运行效果图

示例 4-18 中第 1 个 while 循环的功能是用于计算累加和大于 20 的当前数，所以 if 用于对累加和进行判断，当累加到 i = 6 时，累加和为 21，21>20 条件判断为 True，执行 if 中的语句块，输出“累加和大于 20 的当前数：6”，然后执行 break 退出循环，i+=1 不再执行。第 2 个 while 循环用于模拟用户登录操作，最多有 3 次机会，当用户名为“ysj”和密码为“888888”时输出“系统正在登录，请稍候”，执行 break 退出循环，由于执行了 break 操作，循环属于非正常执行结束，这个时候 else 语句是不会执行的，只有循环完整执行满 3 次，才会执行 else 语句。

break 语句不仅可以用在 while 循环中，也可以用在 for 循环中，break 在 for 循环中的执行流程如图 4-38 所示。首先判断遍历对象是否有元素，有元素则取出元素并赋值给循环变量，执行代码，判断表达式的值，如果表达式的值为 True，则退出 for 循环，执行循环之后的代码。表达式的值为 False 则继续执行遍历操作，直到遍历对象中没有元素，循环结构完整地执行结束。

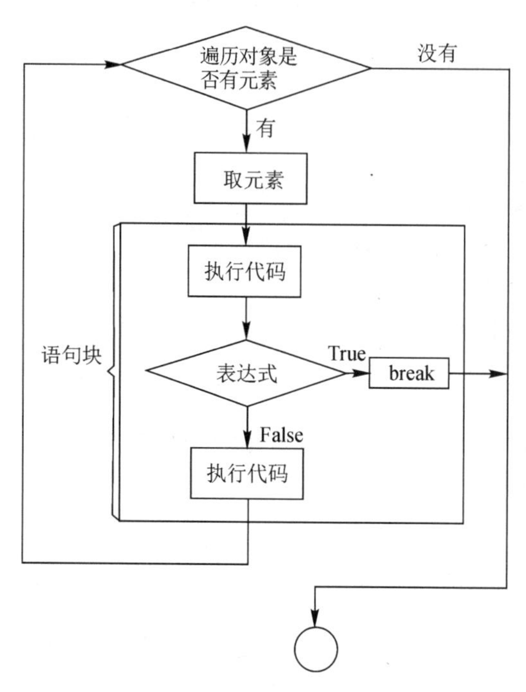

图 4-38　break 在 for 循环中的使用

break 在 for 循环中的语法结构如下：

```
for 循环变量 in 遍历对象:
    执行代码
    if 表达式:
        break
```

跳转语句 break 在 for 循环中的使用如示例 4-19 所示，遍历字符串“hello”，当循环变量 i 的值与“e”相等时 break 结束 for 循环。运行效果如图 4-39 和图 4-40 所示。

【示例 4-19】 break 在 for 循环中的使用。

```
for i in 'hello':
    if i=='e':
        break
    print(i)
print('--------------------------')
for i in range(3):
    user_name = input('请输入用户名:')
    pwd = input('请输入密码:')
```

```
        if user_name == 'ysj' and pwd == '888888':
            print('系统正在登录，请稍候...')
            break   # 直接退出循环
        else:
            if i < 2:
                print('用户名或密码不正确，您好还有', 2 - i, '次机会')
    else:
        print('三次均输入错误')
```

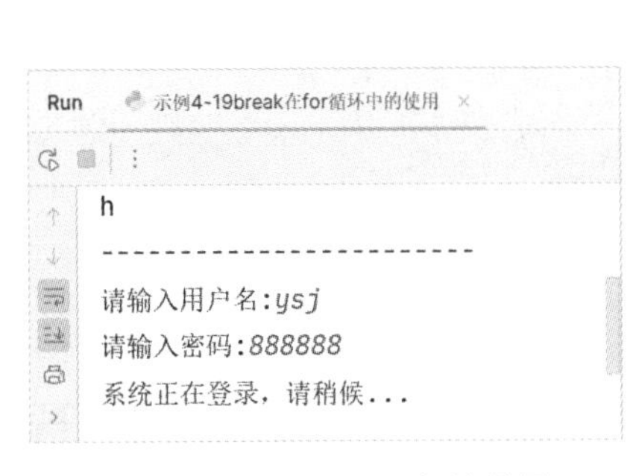

图 4-39　示例 4-19 运行效果图

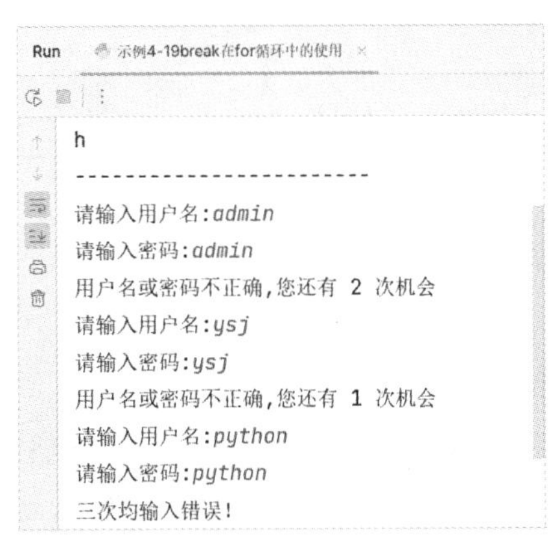

图 4-40　示例 4-19 运行效果图

跳转语句 continue 只能用在循环结构中，与 break 的作用不同，continue 的作用是用于跳过本次循环的后续代码，而继续执行下一次循环操作，continue 在循环中通常也是与 if 一起搭配使用。continue 在 while 循环中的使用流程如图 4-41 所示，表达式 1 的值为 True 执行代码，判断表达式 2 的值，如果为 True 执行 continue 回到表达式 1 继续判断表达式 1 的值，直到表达式 1 的值为 False，循环结构执行结束。使用 while 和 continue 实现 1～100 之间偶数和的计算，如示例 4-20 所示，运行效果如图 4-42 所示。

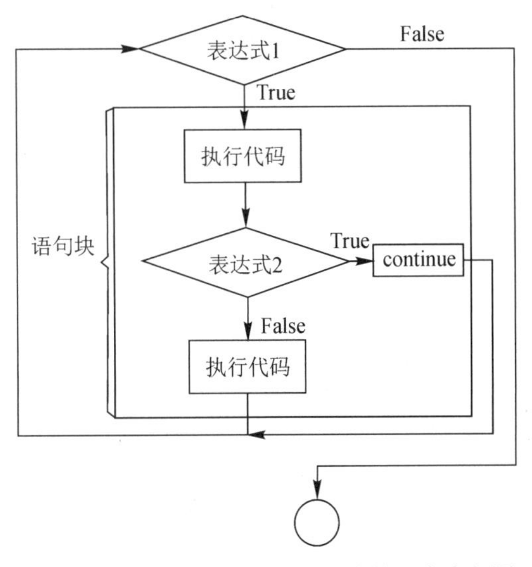

图 4-41　continue 在 while 循环中的程序流程图

【示例 4-20】 跳转语句 continue 在 while 中的使用。

```
s=0
i=1
while i<=100:
    if i%2==1:
        i+=1
        continue
    # 累加求和的代码
    s+=i
    i+=1
print('1-100 之间的偶数和:',s)
```

Run 示例4-20跳转语句continu...

1-100之间的偶数和: 2550

图 4-42　示例 2-20 运行效果图

示例 4-20 用于计算 1～100 之间的偶数和，if 判断 i%2 是否等于 1，等于 1，说明 i 是奇数，后续代码 s + = i 的累加操作和改变变量 i + = 1 的操作被跳过不执行，continue 将跳到条件判断 i<=100 处，所以要在 continue 之前去改变变量，否则程序将是处于死循环状态。

continue 也可应用在遍历循环 for 中，continue 在 for 循环中执行的流程图如图 4-43 所示。如果遍历对象中有元素先取出元素，执行代码，表达式 2 的判断结果为 True 执行 continue 跳转到迭代处，继续判断遍历对象是否有元素，如果遍历对象中没有元素，for 循环执行结束。

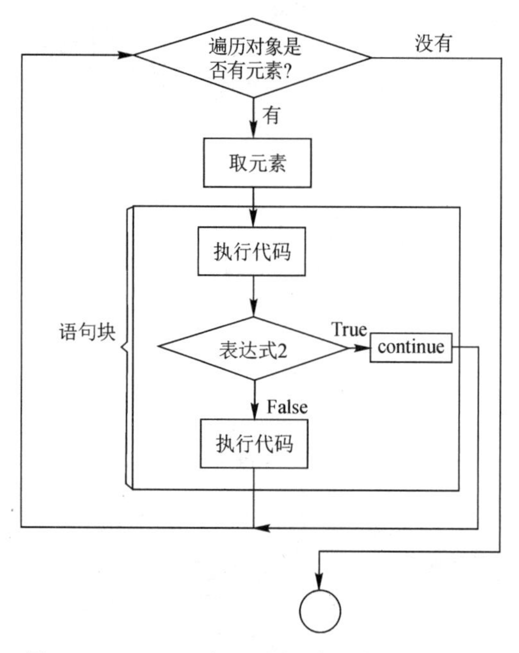

图 4-43　continue 在 for 循环中程序执行流程图

continue 在 for 循环中的语法结构如下：

```
for 循环变量 in 遍历对象:
    执行代码
    if 表达式:
        continue
```

在 for 循环中使用 continue 实现 1～100 的偶数累加和操作，如示例 4-21 所示，程序运行效果与示例 4-20 运行效果相同。

【示例 4-21】 continue 在 for 循环中的使用。

```
s=0
for i in range(1,101):
    if i % 2 == 1:
        continue
    # 累加求和的代码
    s += i
print('1-100 之间的偶数和:',s)
```

在示例 4-21 中，当 i 为奇数时执行 continue，程序跳过语句 s + = i，继续遍历下一次元素。

4.4 空语句 pass

pass 是 Python 中的保留字，英文意思为“通过”，在语法结构中起到占位符作用，使语法结构完整，不报错。一般可用在 if、for、while、函数的定义和类的定义中。pass 语句在 if、while 和 for 中的使用如示例 4-22 所示。

【示例 4-22】 pass 语句在 if、while 和 for 中的使用。

```
if  True:
    pass

while True:
    pass

for i in range(10):
    pass
```

本章小结

本章介绍了程序的描述方法，在正式编写代码之前可以通过自然语言、流程图或伪代码来对程序进行描述，目的是理清程序的逻辑思路，为编写代码进行铺垫。无论多么大的程序，分解开来都是由顺序结构、分支结构和循环结构构成的，三种结构之间可以互相嵌套，但是循环结构的嵌套建议不要超过 3 层，嵌套的层次越多，执行的次数就会越多，程序结构也就越复杂。在循环结构当中可以通过 break 和 continue 两个保留字来控制程序的执行流程。循环结构对于初次接触编程语言的人员来说有一定的难度，这部分内容虽然难理解，但是要求学习者必须要掌握，可以通过大量的练习对循环结构进行巩固。“书读百遍，其义自见”，学习本章最好的方法就是练习、练习、再练习。

本章还介绍了 Python 3.11 的新特征模式匹配 match…case，在 Python 3.11 之前的版本中是没有的，读者在进行练习的时候需要注意一下 Python 解释器的版本问题，如果在练习的过程中语法报错，需要升级 Python 解释器的版本至 Python 3.11。

在本章的最后介绍了一个保留字 pass，该保留字在程序的语法结构中起到占位符的作用。通常在编写代码的初期，对于语法结构中具体的代码还没想好怎么去写，就可以使用 pass 语句来完整语法结构，以保证语法结构正确，程序不报错。

第 4 章习题、习题答案及程序源码

第 5 章

组合数据类型

本章目标

☆ 了解序列和索引的相关概念；
☆ 掌握序列的相关操作；
☆ 掌握列表的相关操作；
☆ 掌握元组的相关操作；
☆ 掌握字典的相关操作；
☆ 掌握集合的相关操作。

5.1　序列和索引

5.1.1　序列

提到序列的概念，大家并不陌生，字符串即被称为有序的字符序列，那什么是序列呢？序列是一个用于存储多个值的连续空间，每个值都对应一个整数的编号，称为索引。除了字符串之外，属于序列结构的还有列表、元组、集合和字典，其中列表和元组是有序序列，集合和字典是无序序列。列表、元组、集合和字典又被称为 Python 中的组合数据类型。

5.1.2　索引

序列中元素的编号就是索引，在Python中序列的索引有正向递增索引和反向递减索引。假设一个序列的长度为 N，那么序列的正向递增索引的有效范围是[0，N−1]，序列的反向递减索引的有效范围是[−N，−1]，如图5-1所示。使用索引检索序列中的元素，如示例5-1所示，运行效果如图5-2所示。

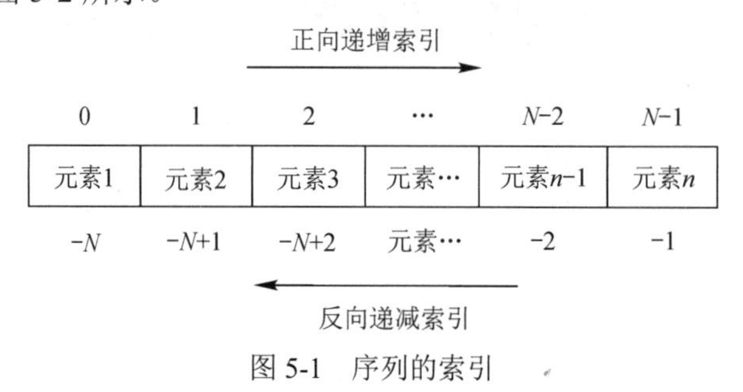

图5-1　序列的索引

【示例5-1】 使用索引检索字符串中的元素。

```
# 正向递增索引
s='helloworld'
for i in range(0,len(s)):
    print(i,s[i],end='\t\t')
print('\n-----------------')
# 反向递减索引
for i in range(-10,0):
    print(i,s[i],end='\t')
```

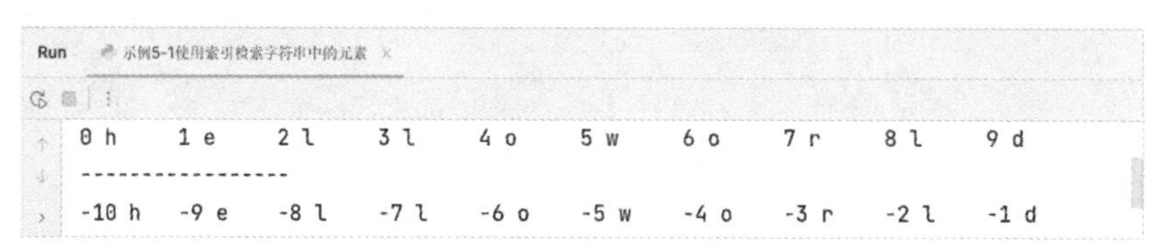

图5-2　示例5-1运行效果图

示例5-1中代码range(−10，0)将产生一个−10～−1的整数序列，包含−10但不包含0。

5.1.3　序列的相关操作

在讲解字符串类型的时候讲到过切片操作，实际上切片操作不仅针对字符串类型，而且可以应用于所有的序列类型。切片操作实际上是访问序列元素的另一种方法，它可以访问一定范围内的元素。通过切片操作可以生成一个新的序列。

切片操作的语法结构如下：

　　序列[start:end:step]

其中：start 表示切片的开始位置(包括开始位置)，如果不指定，则默认为 0。end 表示切片的结束位置(不包括结束位置)，如果不指定，则默认为序列的长度。start 与 end 可以使用 N 和 M 来替代，如 str[N:M)。step 表示步长，如果省略，则默认为 1，当省略步长时，最后一个冒号也可以省略。字符串序列的切片操作如示例 5-2 所示，运行效果如图 5-3 所示。

【示例 5-2】 序列的切片操作。

```
s='HelloWorld'
s1=s[0:5:1]    # 索引从 0 开始，到 5 结束(不包含 5)，步长为 1
print(s1)
# 省略开始位置 start，默认从 0 开始
print(s[:5:1])
# 省略开始位置 start，省略步长 step
print(s[:5])
# 省略结束位置
print(s[0::1])
# 省略结束位置和步长
print(s[5:])
# 更换一下步长
print(s[0:5:2])    # 从 0 开始，到 5 结束(不包含 5)，步长为 2
# 省略开始位置和结束位置，只写步长
print(s[::2])    # 0、2、4、6、8 位置上的元素
# 步长可以为负数
print(s[::-1])
```

图 5-3　示例 5-2 运行效果图

示例 5-2 中的代码“print(s[0:5:2])”表示开始切片的索引位置为 0，切片结束的索引位置为 5(不包含 5)，切片的步长为 2，即从字符串中切出索引为 0、2、4 的元素“Hlo”，字符串切片操作的模拟图如图 5-4 所示。

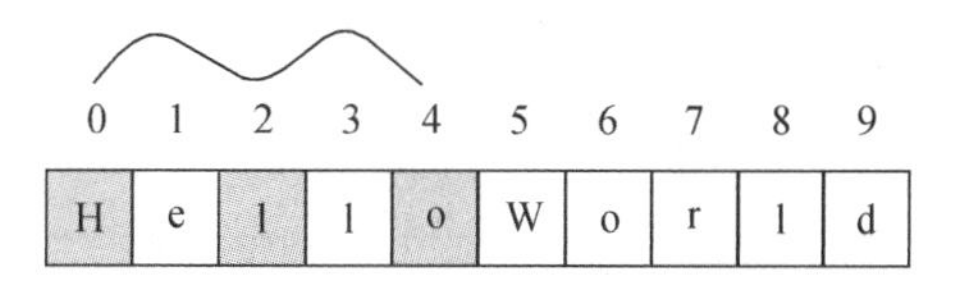

图 5-4　步长为 2 的切片操作

示例 5-2 中最后一句代码为“print(s[::-1])”，由于步长为 -1，所以使用反向递减索引，初始索引默认为 -1，结束索引为-11(不包含-11)，该句代码可用代码“print(s[-1: -11: -1])”进行替换。

在学习字符串时可以使用“+”连接两个字符串，实际上这是序列的相加操作，在进行序列相加操作时要求“+”左右的数据类型要相同。字符串序列的相加操作如图 5-5 所示，将“Hello”和“World”两个字符串序列进行“+”操作，结果为“HelloWorld”。

图 5-5　序列的相加操作

使用数字 *n* 乘以一个序列，将生成一个新的序列，新序列中的内容会被重复 *n* 次。例如，‘-’*40 表示将 '-' 复制 40 次。字符串序列的相加和相乘操作如示例 5-3 所示，运行效果如图 5-6 所示。

【示例 5-3】 序列的相加和相乘操作。

```
s='Hello'
s2='World'
print(s+s2)    # 产生一个新的字符串序列
# 序列的相乘操作
print(s*5)

print('-'*40)
```


图 5-6　示例 5-3 运行效果图

在 Python 中提供了多个操作符和函数用于操作序列，常用的序列操作符和函数如表 5-1 所示。序列的相关操作符和函数的使用如示例 5-4 所示，运行效果如图 5-7 所示。

表 5-1　序列的相关操作符和函数

操作符/函数	说　明
x in s	如果 x 是 s 的元素，则结果为 True，否则结果为 False
x not in s	如果 x 不是 s 的元素，则结果为 True，否则结果为 False
len(s)	序列 s 中元素的个数(即序列的长度)
max(s)	序列 s 中元素的最大值
min(s)	序列 s 中元素的最小值
s.index(x)	序列 s 中第一次出现元素 x 的位置
s.count(x)	序列 s 中出现 x 的总次数

【示例 5-4】 序列的相关操作符和函数的使用。

```
s='helloworld'
print('e 在 helloworld 中存在吗?',('e' in s))
print('v 在 helloworld 中存在吗?',('v' in s))

print('e 不在 helloworld 中存在吗?',('e' not in s))
print('v 不在 helloworld 中存在吗?',('v' not in s))

# 内置的函数
print('len():',len(s))
print('max():',max(s))
print('min():',min(s))
# 序列对象的方法，使用序列的名称 + “.” 调用
print('s.index()',s.index('o'))     # o 第一次出现的位置是索引为 4 的位置
print('s.count()',s.count('o'))     # 统计 o 在字符串序列 s 中出现的次数
```

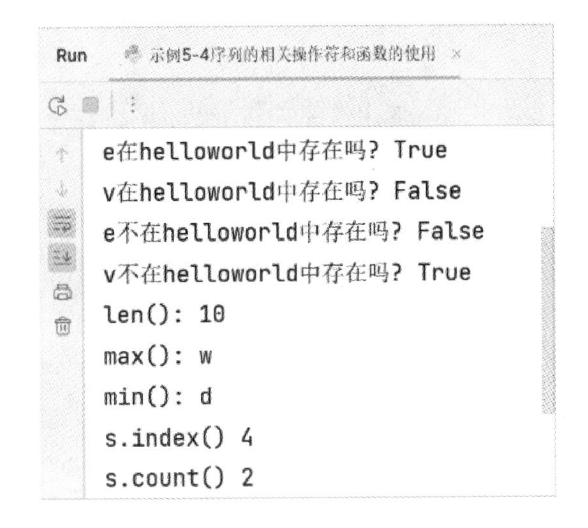

图 5-7　示例 5-4 运行效果图

5.2 组合数据类型

5.2.1　列表类型

列表由一系列按特定顺序排列的元素组成。在 Python 中使用“[ ]”定义列表，元素与

元素之间使用英文的逗号分隔，列表中的元素可以是任意的数据类型。

列表的创建方式有两种：

(1) 使用“[ ]”直接创建列表。语法结构如下：

列表名=[element1,element2,…, elementN]

(2) 使用内置函数 list()创建列表。语法结构如下：

列表名=list(序列)

对于一个不需要的列表，可以使用 del 语句进行删除，语法结构如下：

del 列表名

列表与字符串一样，都是序列中的一种，序列的操作符和函数对列表依然可用。列表的创建与删除如示例 5-5 所示，运行效果如图 5-8 所示。

【示例 5-5】 列表的创建与删除。

```
#直接使用[]创建列表
lst=['hello','world',99.8,100]
print(lst)

#可以使用内置的 list()函数创建列表
lst2=list('helloworld')
lst3=list(range(1,10,2))   # 从 1 开始，到 10 结束(不包含 10)，步长为 2
print(lst2)
print(lst3)

#列表是序列中的一种，对序列操作的运算符、操作符、函数均可使用
print(lst+lst2+lst3)       # 序列中的相加操作
print(lst*3)               # 相乘的操作
print(len(lst))
print(max(lst3))
print(min(lst3))
print(lst2.count('o'))     # 统计 o 的个数
print(lst2.index('o'))     # o 在列表 lst2 中第一次出现的位置

#列表的删除操作

lst4=[10,20,30]
print(lst4)
# 删除列表
del lst4
#print(lst4)               # NameError: name 'lst4' is not defined
```

```
Run    示例5-5列表的创建与删除 ×

['hello', 'world', 99.8, 100]
['h', 'e', 'l', 'l', 'o', 'w', 'o', 'r', 'l', 'd']
[1, 3, 5, 7, 9]
['hello', 'world', 99.8, 100, 'h', 'e', 'l', 'l', 'o', 'w', 'o', 'r', 'l', 'd', 1, 3, 5, 7, 9]
['hello', 'world', 99.8, 100, 'hello', 'world', 99.8, 100, 'hello', 'world', 99.8, 100]
4
9
1
2
4
[10, 20, 30]
```

图 5-8　示例 5-5 运行效果图

示例 5-5 中的代码"lst3 = list(range(1,10,2))"表示将 range(1,10,2)函数产生的对象通过 list()函数转成列表类型，range()函数中的 1 表示起始值，10 表示结束值(不包含 10)，2 表示步长，所以列表中的元素为[1,3,5,7,9]。示例 5-5 中最后一句代码为"print(lst4)"，由于 lst4 已经删除，所以在进行打印输出时，程序将抛出 NameError 的异常(异常的相关操作将在第 7 章中讲解)，在示例 5-5 中将该代码进行了注释。

列表是序列中的一种，所以查看列表中的元素可以使用遍历 for 循环来实现，如示例 5-6 所示列表的遍历操作。除了使用这种最基本的方式遍历列表中的元素，还可以使用 for 循环与 range()函数和 len()函数组合实现遍历操作，如示例 5-6 中的第 2 个 for 循环，range()产生的整数序列作为获取列表元素的索引。第 3 种遍历方式是使用 for 循环与内置函数 enumerate()组合遍历序号和元素。

enumerate()函数的使用语法结构如下：

```
for index, item in enumerate(lst):
    print (index, item)
```

其中：index 用于保存元素的序号(默认是索引)，item 则用于保存迭代到的元素值。使用 enumerate()函数遍历列表元素的操作如示例 5-6 中的第 3 个 for 循环所示，运行效果如图 5-9 所示。

【示例 5-6】 列表的遍历操作。

```
lst=['hello','world','python','php']
# 使用遍历循环 for 遍历列表元素
for item in lst:
    print(item)

# 使用 for 循环、range()函数和 len()函数，根据索引进行遍历
for i in range(len(lst)):
    print(i,'-->',lst[i])

# 使用 for 循环与 enumerate()函数进行遍历
for index,item in enumerate(lst):     # 默认序号从 0 开始
```

```
    print(index,item)

for index,item in enumerate(lst,1):  # 序号从 1 开始
    print(index,item)
```

图 5-9　示例 5-6 运行效果图

示例 5-6 中最后一个 for 循环为“for index,item in enumerate(lst,1)”，表示将序号设置为从 1 开始，但并没有改变索引，索引依然从 0 开始。

Python 中的数据类型可以分为可变数据类型和不可变数据类型，int、float 和 str 都是不可变数据类型，而列表是我们学到的第一个可变数据类型，可变数据类型具有增、删、改、查等相关操作方法。列表的增、删、改、查等相关操作方法如表 5-2 所示。

表 5-2　列表的相关操作方法

列表的方法	说　明
lst.append(x)	在列表 lst 最后增加一个元素
lst.insert(index,x)	在列表中第 index 位置插入一个元素
lst.clear()	清除列表 lst 中所有的元素
lst.pop(index)	将列表 lst 中第 index 位置的元素取出，并从列表中将其删除
lst.remove(x)	将列表 lst 中出现的第一个元素 x 删除
lst.reverse()	将列表 lst 中的元素反转
lst.copy()	拷贝列表 lst 中的所有元素，生成一个新的列表

列表的增、删、改、查等操作如示例 5-7 所示，运行效果如图 5-10 所示。

【示例 5-7】 列表的相关操作。

```
lst=['hello','world','python']
print('原列表:',lst,id(lst))
# 新增元素的操作
lst.append('sql')
print('增加元素之后',lst,id(lst))

# 使用 insert(index,x)在指定的位置插入元素
lst.insert(1,100)
print(lst)

# 列表元素的删除操作
lst.remove('world')
print('删除元素之后的列表',lst,id(lst))

# 使用 pop(index)根据索引移出元素，先将元素取出，再将元素删除
print(lst.pop(1))
print(lst)

# 清除列表中所有的元素 clear()
# lst.clear()
# print(lst,id(lst))

# 列表反向
lst.reverse()
print(lst)

# 列表的拷贝，将产生一个新的列表对象
new_lst=lst.copy()
print(lst,id(lst))
print(new_lst,id(new_lst))

# 列表元素的修改
# 根据索引进行修改元素
lst[1]='mysql'
print(lst)
```

```
Run    示例5-7列表的相关操作 ×
原列表: ['hello', 'world', 'python'] 2553238316928
增加元素之后 ['hello', 'world', 'python', 'sql'] 2553238316928
['hello', 100, 'world', 'python', 'sql']
删除元素之后的列表 ['hello', 100, 'python', 'sql'] 2553238316928
100
['hello', 'python', 'sql']
['sql', 'python', 'hello']
['sql', 'python', 'hello'] 2553238316928
['sql', 'python', 'hello'] 2553240255360
['sql', 'mysql', 'hello']
```

图 5-10　示例 5-7 运行效果图

示例 5-7 中使用 append()方法向列表中添加元素“sql”之后，列表 lst 的 id 值并没有发生改变，这是可变数据类型的特点：元素个数可变，内存地址不变。在示例 5-7 中将清除列表所有元素的代码进行了注释，读者可自行取消注释符号查看程序的运行效果。

在 Python 中对于列表的排序有两种方式，一种是使用列表对象的 sort()方法，另一种是使用内置函数 sorted()。使用列表对象的 sort()方法会对原列表中的元素进行排序，排序之后原列表中元素的顺序将发生改变。

列表对象的 sort()方法的语法结构如下：

lst.sort(key = None, reverse = False)

其中：key 表示排序的规则，默认为 None；reverse 表示排序的方式，即升序或降序，默认为 False，即升序排序。使用 sort()方法对列表进行排序，如示例 5-8 所示，运行效果如图 5-11 所示。

【示例 5-8】 列表的排序操作 sort。

```
lst=[4,56,3,78,40,56,89]
print('原列表:',lst)
#排序，默认是升序
lst.sort()    # lst.sort(reverse=False)
print('升序:',lst)

#排序，降序
lst.sort(reverse=True)
print('降序:',lst)


print('------------------------')
lst2=['banana','apple','Cat','Orange']
print('原列表:',lst2)
#升序排序，先排大写，再排小写
lst2.sort()
print('升序:',lst2)
```

```
#降序，先排小写，后排大写
lst2.sort(reverse=True)
print('降序:',lst2)

#忽略大小写进行比较
lst2.sort(key=str.lower)
print(lst2)
```

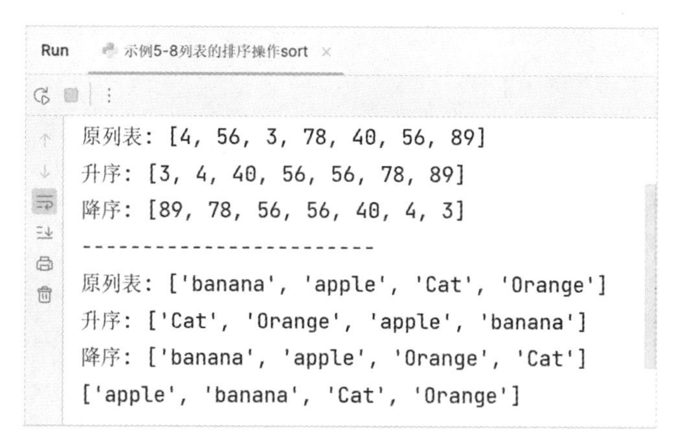

图 5-11　示例 5-8 运行效果图

sort()方法默认对列表进行升序排序，如果希望实现降序排序，则需要将 reverse 的值修改为 True，如示例 5-8 中的代码 lst.sort(reverse = True)实现了对列表 lst 中元素的降序排序。如果列表中的元素是字符串类型，将按照英文字符在 ASCII 码表中对应的整数值排序，大写字母“A”的 ASCII 码值为 65，小写字母“a”的 ASCII 码值为 97，由于大写字母的 ASCII 码值比小写字母的 ASCII 码值小，所以在排序时默认会将大写字母的单词排前，小写字母的单词排后。如果想要忽略大小写进行排序，则需要将所有字母同时转成小写或同时转成大写进行比较。在示例 5-8 中，将列表中所有元素的字母都转成了小写进行比较，代码为 lst2.sort(key = str.lower)，其中 str.lower 指字符串的 lower 方法，作用是将所有字母都转成小写再统一比较大小。

列表排序的第 2 种方法是使用 Python 内置的 sorted()函数。使用 sorted()函数排序后，原列表元素顺序不变，排序后将产生一个新的列表对象。

内置函数 sorted()的语法格式如下：

sorted(iterable,key = None,reverse = False)

其中：iterable 表示排序的对象，如列表；key 表示排序规则；reverse 表示排序的方式，默认是升序排序。使用 sorted()函数对列表进行排序的使用如示例 5-9 所示，运行效果如图 5-12 所示。

【示例 5-9】　列表的排序操作 sorted。

```
lst=[4,56,3,78,40,56,89]
print('原列表:',lst)
```

```
# 排序
asc_lst=sorted(lst)
print('升序:',asc_lst)
print('原列表:',lst)

# 降序
desc_lst=sorted(lst,reverse=True)
print('降序:',desc_lst)
print('原列表:',lst)

lst2=['banana','apple','Cat','Orange']
print('原列表:',lst2)

# 忽略大小写的排序
new_lst2=sorted(lst2,key=str.lower)
print('原列表:',lst2)
print('排序后的列表:',new_lst2)
```

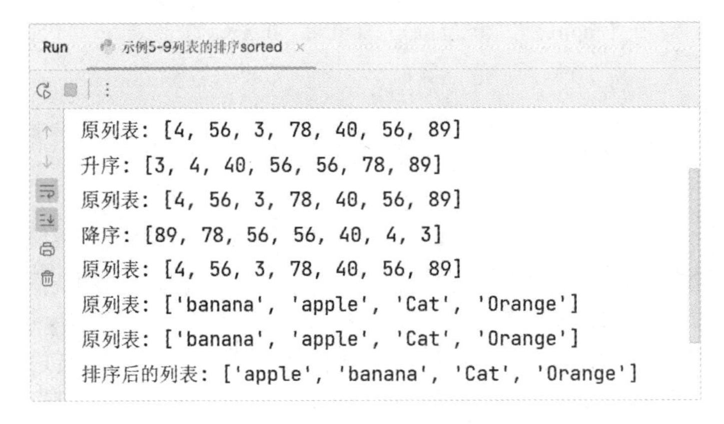

图 5-12　示例 5-9 运行效果图

在进行创建列表对象时，可以直接使用“[]”进行创建，除了直接手动将元素值写在“[]”中，还可以使用列表生成式生成列表中的元素。

生成指定范围数值列表所用的生成式的语法结构如下：

lst = [expression for item in range]

其中：range 是指 range()函数，item 是循环变量，而 expression 表示的是生成的列表中的元素。使用列表生成式创建列表对象的方法如示例 5-10 所示。

还可以在生成指定范围数值列表的基础上，选择符合条件的元素组成新的列表。其语法结构如下：

lst = [expression for item in range if condition]

将满足 if 条件判断的元素作为 lst 列表中的元素，如示例 5-10 中第 4 个列表的创建，运行效果如图 5-13 所示。

【示例 5-10】 列表生成式的使用。

```
import random
lst=[item for item in range(1,11)]
print(lst)

lst=[item*item for item in range(1,11)]
print(lst)

lst=[random.randint(1,100) for _ in range(10)]
print(lst)

# 从列表中选择符合条件的元素组成新的列表
lst=[i for i in range(10) if i%2==0]
print(lst)
```

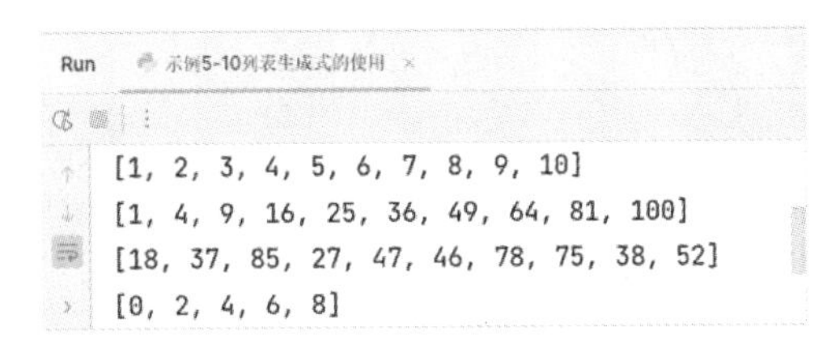

图 5-13　示例 5-10 运行效果图

示例 5-10 中第 3 个列表生成式“lst=[random.randint(1,100) for _ in range(10)]”的 for 循环中循环变量是一个“_”，如果循环的循环体中不需要使用该循环变量，则循环变量可以使用“_”替代。在该示例中，所生成列表中的元素是一个 1～100 的随机数(包含 1 也包含 100)，不需要使用循环变量，循环执行 10 次生成 10 个 1～100 的随机数作为列表中的元素。第 4 个列表生成式采用了条件筛选，range(10)循环将生成 0～9 共 10 个整数，通过 if 判断这 10 个整数是不是偶数，将偶数作为列表中的元素。

列表是一个有序的序列，列表中的元素可以是任意的数据类型，如果列表中的元素依然是一个列表，那么称这样的列表为二维列表。二维列表也被称为表格数据，由行和列组成，如图 5-14 所示。

列

行

城市	环比	同比	定基
北京	103.4	129.8	122.4
上海	103.5	126.7	123.5
广州	100.3	140.3	104.5

图 5-14　表格数据

二维列表的遍历可以使用嵌套循环来实现，外层循环遍历行，内层循环遍历列。

二维列表遍历的语法结构如下：

```
for row in 二维列表:
    for item in row:
        pass
```

二维列表也可以使用列表生成式来生成列表中的元素。如示例 5-11 所示，使用列表生成式生成一个 4 行 5 列的二维列表，运行效果如图 5-15 所示。

【示例 5-11】 二维列表的遍历与列表生成式。

```
# 创建二维列表
lst=[
    ['城市','环比','同比'],
    ['北京',102,103],
    ['上海',104,504],
    ['深圳',100,39]
]
print(lst)

for row in lst:            # 行
    for item in row:       # 列
        print(item,end='\t')
    print() # 换行

# 列表生成式生成一个 4 行 5 列的二维列表
lst2=[[j for j in range(5)] for i in range(4)]
print(lst2)
```

```
Run    示例5-11二维列表的遍历与列表生成式
[['城市', '环比', '同比'], ['北京', 102, 103], ['上海', 104, 504], ['深圳', 100, 39]]
城市 环比 同比
北京 102 103
上海 104 504
深圳 100 39
[[0, 1, 2, 3, 4], [0, 1, 2, 3, 4], [0, 1, 2, 3, 4], [0, 1, 2, 3, 4]]
```

图 5-15　示例 5-11 运行效果图

5.2.2　元组类型

元组也是 Python 中的组合数据类型，与列表不同的是元组是 Python 中的不可变数据类型，它没有增、删、改的一系列操作方法。对于元组类型，只可以使用索引获取元素和使用 for 循环遍历元素。

在 Python 中元组使用()进行定义，元素之间使用逗号进行分隔。元组的创建有两种方式，一种是使用“()”直接创建，另一种是使用内置函数 tuple()创建。元组的删除与列表的删除一致，都是使用 del 语句进行删除。元组也是序列中的一种，所以序列的相关操作对于元组依然可以使用。元组的创建与删除操作如示例 5-12 所示，运行效果如图 5-16 所示。

【示例 5-12】 元组的创建与删除。

```
# 直接使用()创建元组
t=('hello',[10,20,30],'python','world')
print(t)

# 使用内置函数 tuple()创建元组
t=tuple('helloworld')
print(t)

t=tuple([10,20,30,40])
print(t)

t=tuple(range(1,10))
print(t)

# 元组的相关操作
print('10 在元组中是否存在:',(10 in t))
print('10 在元组中不存在:',(10 not in t))
print('max:',max(t))
print('min:',min(t))
print('len:',len(t))
print('t.index:',t.index(1))
print('t.count:',t.count(3))

x=(10)
print(x,type(x))

y=(10,)    # 元组中只有一个元素，逗号不能省略
print(y,type(y))

# 元组的删除
del t
# print(t)
```

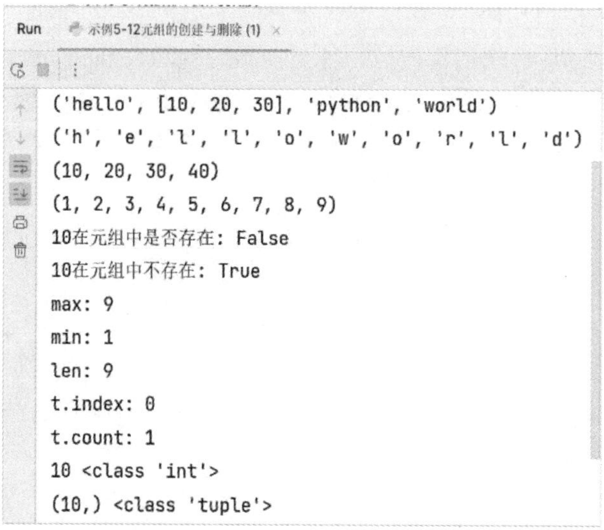

```
Run    示例5-12元组的创建与删除 (1)

('hello', [10, 20, 30], 'python', 'world')
('h', 'e', 'l', 'l', 'o', 'w', 'o', 'r', 'l', 'd')
(10, 20, 30, 40)
(1, 2, 3, 4, 5, 6, 7, 8, 9)
10在元组中是否存在: False
10在元组中不存在: True
max: 9
min: 1
len: 9
t.index: 0
t.count: 1
10 <class 'int'>
(10,) <class 'tuple'>
```

图 5-16　示例 5-12 运行效果图

元组是组合数据类型，元组中的元素可以是任意数据类型，如示例 5-12 中的代码“t = ('hello',[10,20,30],'python','world')”，元组中有字符串类型也有列表类型。元组中如果只有一个元素，逗号也不能省略，如示例 5-12 中的代码“y = (10,)”，y 是元组类型，而代码“x = (10)”，x 的数据类型是 int 类型。示例 5-12 中最后一句输出 print(t)被注释掉了，因为执行了 del t 之后，元组 t 就被删除了，如果输出一个删除之后的元组，程序将抛出异常，读者可自行取消注释符号运行程序查看效果。

元组的遍历操作与列表的遍历操作完全相同，如示例 5-13 所示元组的访问与遍历，运行效果如图 5-17 所示。

【示例 5-13】 元组元素的访问与遍历。

```
t=('python','hello','world')
print(t[0])     # 根据索引访问
t2=t[0:3:2]     # 元组支持切片操作
print(t2)
#  元组的遍历
for item in t:
    print(item)

# for+range()+len()组合遍历
for i in range(len(t)):
    print(i,t[i])

# 使用 enumerate()
for index,item in enumerate(t,1):
    print(index,'--->',item)
```

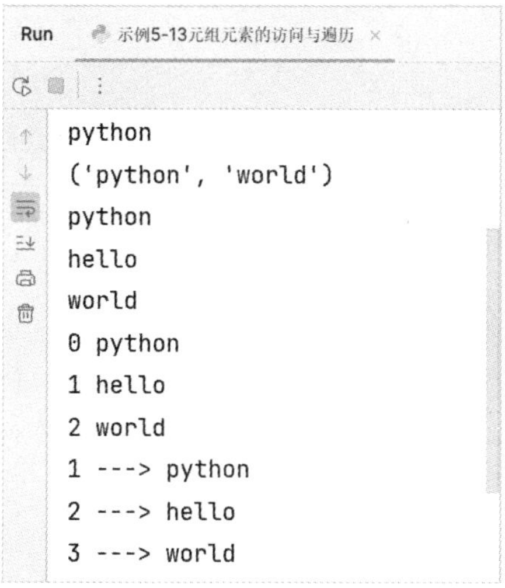

Run　示例5-13元组元素的访问与遍历

```
python
('python', 'world')
python
hello
world
0 python
1 hello
2 world
1 ---> python
2 ---> hello
3 ---> world
```

图 5-17　示例 5-13 运行效果图

列表有生成式，元组也有生成式，不过元组生成式的结果是一个生成器对象，需要转换成元组或列表才能查看到元素内容。如示例 5-14 中代码“t = (i for i in range(1,4))”的结果是一个生成器对象，代码的注释部分用于将生成器对象转成元组类型并遍历查看元组中的元素。代码为什么要注释掉而不执行呢？因为生成器遍历之后，该生成器对象就不存在了，再想重新遍历必须重新创建一个生成器对象。生成器对象中的元素可使用_ _next_ _()方法进行获取，元素获取后生成器对象中就不存在元素了，所以最后一个 for 循环并没有遍历到元素。

【示例 5-14】 元组生成式。

```
t=( i for i in range(1,4))   # 结果是一个生成器对象
print(t)
# t=tuple(t)
# print(t)
# for item in t:
    # print(item)

# _ _next_ _()方法
print(t._ _next_ _())
print(t._ _next_ _())
print(t._ _next_ _())

# t=tuple(t)
# print(t)
print('-------------')
for item in t:
    print(item)
```

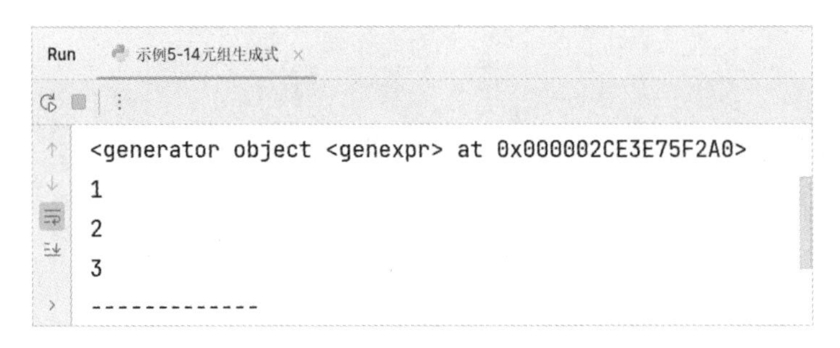

图 5-18　示例 5-14 运行效果图

列表和元组都是 Python 中的有序序列，元组和列表的区别如表 5-3 所示。

表 5-3　元组和列表的区别

元　　组	列　　表
不可变序列	可变序列
无法实现添加、删除和修改元素等操作	append()、insert()、remove()、pop()等方法实现添加和删除列表元素
支持切片访问元素，不支持修改操作	支持切片访问和修改列表中的元素
访问和处理速度快	访问和处理速度慢
可以作为字典的键	不能作为字典的键

5.2.3　字典类型

与列表和元组类型不同，字典类型是根据一个信息查找另一个信息的方式构成了“键值对”，它表示索引用的键(key)和对应的值(value)构成的成对关系，如图 5-19 所示。例如，一个身份证号对应一个人，身份证号作为 key，人这个对象作为 value。

图 5-19　键值对对应关系

由于字典中没有整数索引的概念，要想检索字典中的元素只能通过键。与列表一样，字典也是 Python 中的可变数据类型，具有增、删、改、查等一系列操作方法。与列表不同的是，字典中的元素是无序的(底层使用了 Hash 表)，所以第一个添加到字典中的元素在内存中并不一定处在第一位，而且字典中的键必须是唯一的，如果出现两次相同的 key，那么后出现的 value 将覆盖先出现的 value。最重要的一点是，字典中的键是不可变序列，所以字符串(str)、整数(int)、浮点数(float)和元组可以作为字典中的键，而列表则不可以作为字典中的键。

字典的创建方式有以下两种：

(1) 使用“{}”直接创建字典。其语法结构如下：

d = {key1:value1,key2:value2…}

(2) 使用内置函数 dict()创建字典。在使用内置函数 dict 创建字典时也有两种方式：

① 通过映射函数 zip()创建字典。其语法结构如下：

zip(lst1,lst2)

zip()函数是 Python 中的内置函数，它可以将两个列表或元组中对应位置的元素“压缩”成一个元组，如图 5-20 所示，将 10 和 cat“压缩”成一个元组(10，'cat')。如果两个列表的长度不同，将以长度小的列表为“压缩”基准。

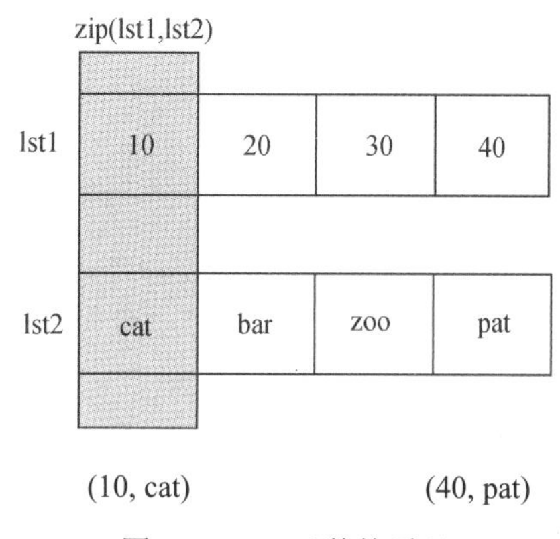

图 5-20　zip 函数的原理

② 通过给定关键字创建字典，参数为 key = value 形式。其语法结构如下：

dict(key1 = value1,key2 = value2…)

字典也是序列中的一种，所以序列的相关操作对于字典依然可以使用。字典的删除与列表的删除相同，都可以使用 del 语句实现。字典的创建与删除如示例 5-15 所示，运行效果如图 5-21 所示。

【示例 5-15】 字典的创建与删除。

```
# 直接使用{}创建字典
d={10:'cat',20:'dog',30:'pet',20:'zoo'}    # key 相同，值进行覆盖
print(d)

# zip 函数的使用
lst1=[10,20,30,40]
lst2=['cat','dog','car','zoo']
zipobj=zip(lst1,lst2)        # 映射函数的结果是一个 zip 对象
# print(zipobj)
# print(list(zipobj))
d=dict(zipobj)
print(d)
```

```
# 使用参数创建字典
d=dict(cat=10,dog=20)    # 注意：参数相当于变量，变量的名字不加引号
print(d)

t=(10,20,30)             # 创建一个元组
print({t:10})

# lst=[10,20,30]         # TypeError: unhashable type: 'list'
# print({lst:10})        # 因为列表是可变数据类型

#字典属于序列类型
print('max:',max(d))
print('min:',min(d))
print('len:',len(d))

# 字典的删除
del d
# print(d)
```

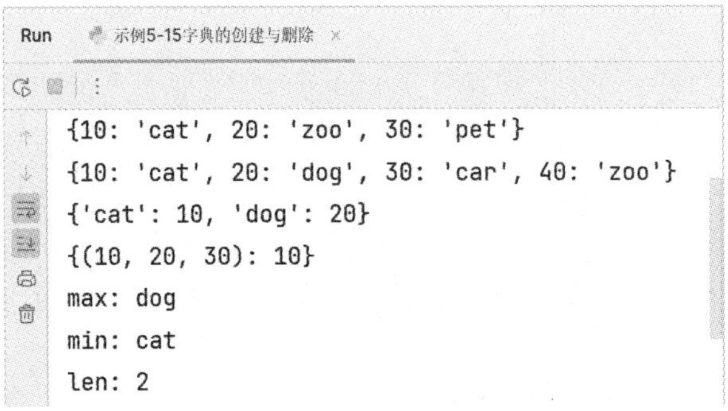

```
Run    示例5-15字典的创建与删除
{10: 'cat', 20: 'zoo', 30: 'pet'}
{10: 'cat', 20: 'dog', 30: 'car', 40: 'zoo'}
{'cat': 10, 'dog': 20}
{(10, 20, 30): 10}
max: dog
min: cat
len: 2
```

图 5-21　示例 5-15 运行效果图

注意事项： 字典中的 key 是无序的，但是示例 5-15 的运行效果图 5-21 中字典的输出结果与添加的顺序一致，这是因为在 Python 3.5 及其之前的版本字典的 key 在输出时无序，但是从 Python 3.6 版本之后 Python 解释器进行了处理，所以才会看到输出的顺序与添加的顺序一致。

字典的索引不是整数序号，而是组成字典元素的键，所以字典的检索是通过键来实现的。

字典取值操作的语法结构如下：

d[key]或 d.get(key)

其中：d 表示字典对象，[key]即根据 key 获取字典中该 key 对应的 value(值)。检索字典元素的另一种方式是使用字典对象的 get()方法。这两种检索字典元素的方式是有区别的。使用“[key]”的形式检索字典中的值，如果 key 不存在，则程序将抛出异常，而使用字典对象的 get()方法在检索字典中的值时，如果 key 不存在，则程序不会抛出异常，而是会输出 None，而且还可以设置键不存在时 value 的默认值。

字典的遍历也有两种方式：

第一种方式是遍历由 key 与 value 组成的元组。其语法结构如下：

```
for item in d.items():
        pass
```

第二种方式是分别遍历 key 和 value。其语法结构如下：

```
for key,value in d.items():
        pass
```

字典元素的获取与遍历操作如示例 5-16 所示，运行效果如图 5-22 所示。

【示例 5-16】 字典元素的获取与遍历。

```
d={'hello':10,'world':20,'python':30}
# 访问字典中的元素
# (1)使用[key]
print(d['hello'])
# (2)使用 d.get(key)
print(d.get('hello'))

# 二者之间是有区别的，如果 key 不存在则 d[key]会报错，而使用 get(key)可以指定默认值
# print(d['java'])      # KeyError: 'java'
print(d.get('java'))     # None
print(d.get('java','不存在'))

# 字典的遍历
for item in d.items():
    print(item)      # key-value 组成的一个元组

#在使用 for 循环遍历时，分别获取 key 和 value
for key,value in d.items():
    print(key,value)
```

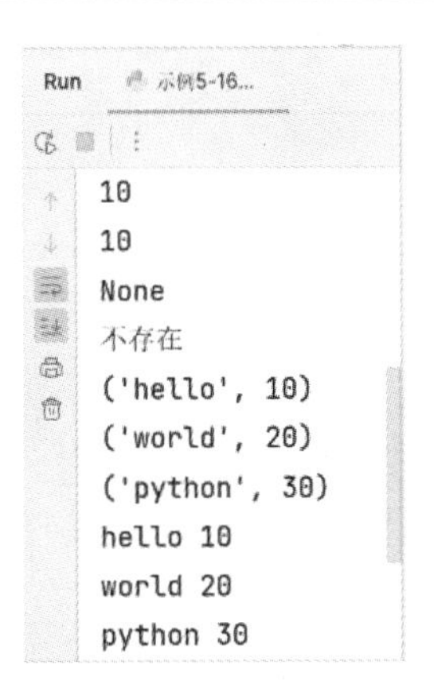

图 5-22　示例 5-16 运行效果图

示例 5-16 中取消注释符号的代码“print(d['java'])”在运行时，程序会抛出 KeyError 的异常，因为在字典中没有名称为“java”的键，读者可取消注释符号自行运行程序查看运行效果。

字典是 Python 中的可变数据类型，除了上面使用到的 get()和 items()两个方法之外，还有单独获取键和值的方法、删除字典元素的方法等。常用的字典相关的操作方法如表 5-4 所示。

表 5-4　字典的相关操作方法

字典的方法	说　明
d.keys()	获取所有的 key 数据
d.values()	获取所有的 value 数据
d.pop(key,default)	key 存在则获取相应的 value，同时删除 key-value 对，否则获取默认值
d.popitem()	随机从字典中取出一个 key-value 对，结果为元组类型，同时将该 key-value 从字典中删除
d.clear()	清空字典中所有的 key-value 对

字典的相关操作方法如示例 5-17 所示，运行效果如图 5-23 所示。

【示例 5-17】 字典的相关操作方法。

```
d={1001:'李梅',1002:'王华',1003:'张峰'}
print(d)
# 向字典中添加数据
d[1004]='张丽丽'    # 直接使用赋值运算符“=”向字典中添加元素
print(d)

# 获取字典中所有的 key
keys=d.keys()    # d.keys()结果是 dict_keys 类型，它是 Python 中的一种数据类型，专用于表示字典的 key
# 如果希望更好地显示数据，可以使用 list 或者 tuple 转成相应的数据类型

print(keys)
print(list(keys))
print(tuple(keys))

# 获取字典中所有的 value
values=d.values()
print(values) # dict_values
print(list(values))
print(tuple(values))

# 字典遍历的时用到的一个方法 items
items=d.items()     # dict_items
print(items)
```

```
print(list(items))    # 列表中的元素是一个元组(key,value)形式
print(tuple(items))  # 元组中的元素是一个元组(key,value)形式

lst=list(items)         # 将字典中的数据转成键-值对的形式，以元组的方式进行展示
print(lst)

# 直接可以使用 dict 函数将[(1001, '李梅'), (1002, '王华'), (1003, '张峰'), (1004, '张丽丽')]转成字典
d=dict(lst)
print(d)

# 使用 pop 函数
print(d.pop(1001))
print(d)
print(d.pop(1008,'不存在'))     # 如果 key 不存在，则结果输出默认值"不存在"

# 随机删除
print(d.popitem())     # 先获取 key-value 对
print(d)

# 清空字典中所有的元素
d.clear()
print(d)

# Python 中一切皆对象，而每一个对象都是一个布尔值
print(bool(d))     # 空字典的 bool 值为 False
```

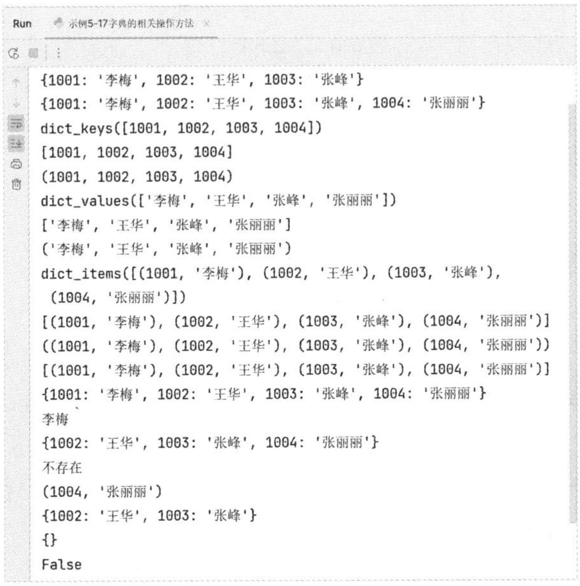

```
Run    示例5-17字典的相关操作方法
{1001: '李梅', 1002: '王华', 1003: '张峰'}
{1001: '李梅', 1002: '王华', 1003: '张峰', 1004: '张丽丽'}
dict_keys([1001, 1002, 1003, 1004])
[1001, 1002, 1003, 1004]
(1001, 1002, 1003, 1004)
dict_values(['李梅', '王华', '张峰', '张丽丽'])
['李梅', '王华', '张峰', '张丽丽']
('李梅', '王华', '张峰', '张丽丽')
dict_items([(1001, '李梅'), (1002, '王华'), (1003, '张峰'),
 (1004, '张丽丽')])
[(1001, '李梅'), (1002, '王华'), (1003, '张峰'), (1004, '张丽丽')]
((1001, '李梅'), (1002, '王华'), (1003, '张峰'), (1004, '张丽丽'))
[(1001, '李梅'), (1002, '王华'), (1003, '张峰'), (1004, '张丽丽')]
{1001: '李梅', 1002: '王华', 1003: '张峰', 1004: '张丽丽'}
李梅
{1002: '王华', 1003: '张峰', 1004: '张丽丽'}
不存在
(1004, '张丽丽')
{1002: '王华', 1003: '张峰'}
{}
False
```

图 5-23　示例 5-17 运行效果图

如果一个列表中的元素由一个一个的元组组成，如[(1001,'李梅'),(1002,'王华'),(1003,张峰'),(1004,'张丽丽')]，那么可以直接使用 dict 函数将其转成字典类型，其中元组的第 1 个元素将作为字典中的键，第 2 个元素将作为字典中的值，如示例 5-17 中的代码“dict(lst)”，将列表转成字典类型。

字典也有生成式，称为字典生成式，可以使用指定范围的数作为 key。

字典生成式的语法结构如下：

d = {key:value for item in range}

也可以使用映射函数 zip 生成字典，zip 函数中的参数可以是列表、元组、字符串等。

使用映射函数实现字典生成式的语法结构如下：

d = {key:value for key,value in zip(lst1,lst2)}

示例 5-18 展示了字典生成式的使用，运行效果如图 5-24 所示。

【示例 5-18】 字典生成式。

```
import random
d={item :random.randint(1,100) for item in range(4)}
print(d)

# 创建两个列表
lst=[1001,1002,1003]
lst2=['陈梅梅','王一一','李丽丽']
d={key:value for key,value in zip(lst,lst2)}
print(d)
```

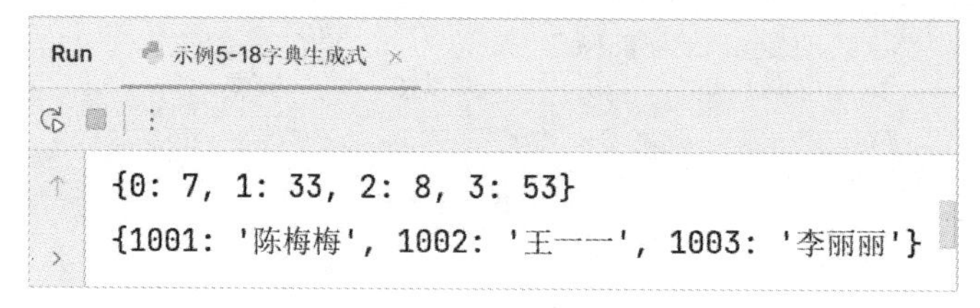

图 5-24　示例 5-18 运行效果图

5.2.4　集合类型

Python 中的集合与数学中集合的概念一致，是一个无序的不重复元素序列，所以集合中的元素要求唯一。由于集合的底层数据结构与字典中 key 的数据结构相同，都是使用了 Hash 表，所以集合只能存储不可变数据类型(字符串、整数、浮点数、元组)的元素。在 Python 中字典使用“{}”定义，集合也使用“{}”定义，元素之间使用英文的逗号进行分隔。集合与列表、字典一样，都是 Python 中的可变数据类型。

集合的创建有两种方式：

第一种是使用“{}”直接创建集合。其语法结构如下：

s = {元素 1,元素 2,…,元素 N}

第二种是使用内置函数 set()。其语法结构如下：

s = set(可迭代对象)

集合的删除与列表、元组、字典的删除操作相同，都是使用 del 语句。集合的创建与删除如示例 5-19 所示，运行效果如图 5-25 所示。

【示例 5-19】 集合的创建与删除。

```
# 使用{}直接创建集合
s={10,20,30,40}
print(s)
# s={[10,20],[30,40]}#TypeError: unhashable type: 'list'
# s={([10,20]),([20,30])}
print(s)

s={}     # 创建的是字典还是集合呢？
print(type(s))     #    <class 'dict'>字典

# 如何创建空集合
s=set()
print(type(s),bool(s))

# 第二种创建集合的方式 set()
s=set('helloworld')
s2=set([10,20,30])
s3=set(range(1,10))
print(s)
print(s2)
print(s3)

# 集合属于序列中的一种
print('max:',max(s3))
print('min:',min(s3))
print('len:',len(s3))

print('9 在集合中是否存在?',(9 in s3))
print('9 在集合中不存在?',(9 not in s3))

# 集合的删除
del s3
# print(s3) #NameError: name 's3' is not defined
```

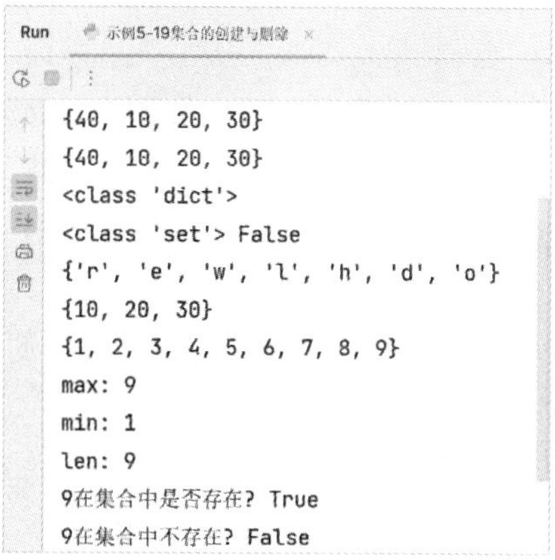

```
Run    示例5-19集合的创建与删除
{40, 10, 20, 30}
{40, 10, 20, 30}
<class 'dict'>
<class 'set'> False
{'r', 'e', 'w', 'l', 'h', 'd', 'o'}
{10, 20, 30}
{1, 2, 3, 4, 5, 6, 7, 8, 9}
max: 9
min: 1
len: 9
9在集合中是否存在? True
9在集合中不存在? False
```

图 5-25　示例 5-19 运行效果图

集合中的元素只能是不可变数据类型，示例 5-19 中代码“s = {[10,20],[30,40]}”将列表作为集合中的元素，程序在运行时会抛出 TypeError 的异常，示例 5-19 中将该句代码进行了注释，可取消注释符号自行运行程序查看运行效果。元组是 Python 中的不可变数据类型，是可以存储到集合中的，但是如果元组中的元素是列表类型，那也是不可以的，程序依然会报错，如示例 5-19 中被注释掉的代码“s = {([10,20]),([20,30])}”。

字典是使用“{}”进行定义，集合也是使用“{}”进行定义，那么直接写“s = {}”到底是字典类型还是集合类型呢？从图 5-25 所示的运行效果中可以看出，直接写一个“{}”创建的是一个空字典，而不是空集合。如果想要创建一个空的集合类型可以这样写：s = set()。示例 5-19 中最后一句代码“print(s3)”被注释掉了，是因为“del s3”将集合 s3 删除了，输出一个被删除了的集合，程序会抛出一个 NameError 的异常，读者可取消注释符号自行运行程序查看运行效果。

Python 中的集合与数学中集合的概念一致，所以 Python 中的集合也有交集、并集、差集和补集的操作，如图 5-26 所示。

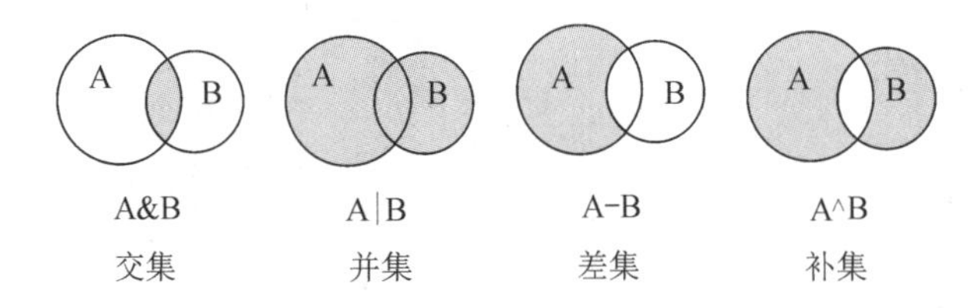

图 5-26　集合类型的操作符

交集是获取集合 A 与集合 B 中共有的元素，即相交的部分。并集是获取集合 A 与集合 B 中两个集合中全部的元素(去重)。差集则是获取集合 A 中与集合 B 不相交的部分，补集则是获取集合 A 与集合 B 中不相交的元素。集合操作符的使用如示例 5-20 所示，运行效果如图 5-27 所示。

【示例 5-20】 集合的操作符。

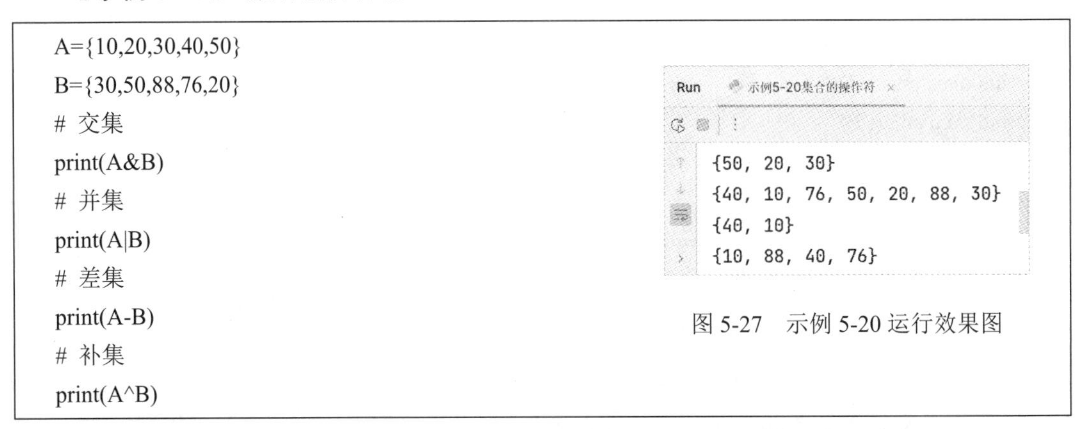

```
A={10,20,30,40,50}
B={30,50,88,76,20}
# 交集
print(A&B)
# 并集
print(A|B)
# 差集
print(A-B)
# 补集
print(A^B)
```


图 5-27　示例 5-20 运行效果图

集合是 Python 中的可变数据类型，具有增、删元素的相关操作方法，集合的相关操作方法如表 5-5 所示。

表 5-5　集合的相关操作方法

集合的方法	说　明
s.add(x)	如果 x 不在集合 s 中，则将 x 添加到集合 s 中
s.remove(x)	如果 x 在集合中，则将其删除；如果不在集合中，则程序会抛出异常
s.clear()	清除集合中所有的元素

集合的遍历可以使用 for 与 enumerate()函数来实现。集合也有生成式，语法结构与列表生成式的语法结构完全相同。集合的相关操作如示例 5-21 所示，运行效果如图 5-28 所示。

【示例 5-21】 集合的相关操作。

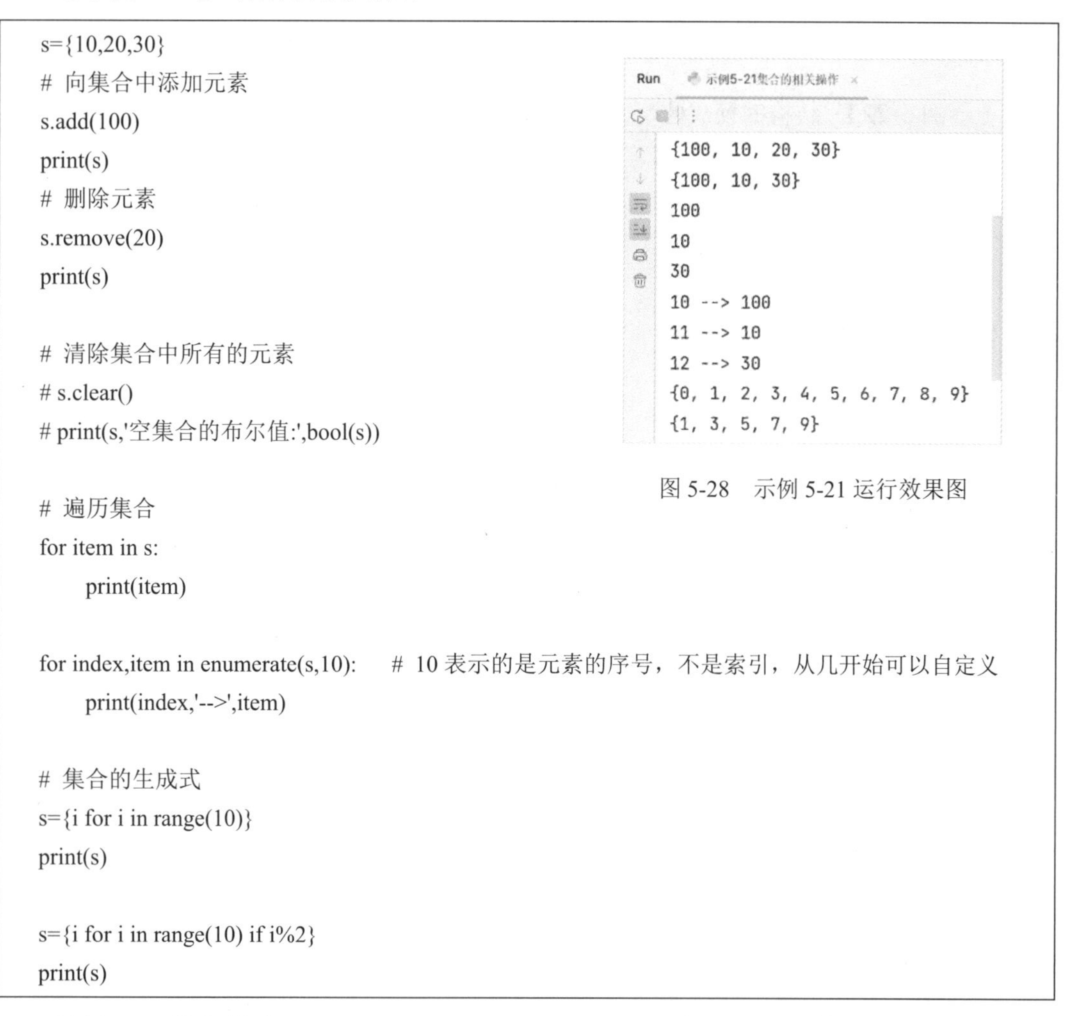

```
s={10,20,30}
# 向集合中添加元素
s.add(100)
print(s)
# 删除元素
s.remove(20)
print(s)

# 清除集合中所有的元素
# s.clear()
# print(s,'空集合的布尔值:',bool(s))

# 遍历集合
for item in s:
    print(item)

for index,item in enumerate(s,10):    # 10 表示的是元素的序号，不是索引，从几开始可以自定义
    print(index,'-->',item)

# 集合的生成式
s={i for i in range(10)}
print(s)

s={i for i in range(10) if i%2}
print(s)
```


图 5-28　示例 5-21 运行效果图

示例 5-21 的代码“for index,item in enumerate(s,10)”中，10 表示的是元素的序号，不是索引，集合是无序的，所以没有索引，元素的序号可自定义从几开始。

列表、元组、字典、集合都是 Python 中的组合数据类型，它们之间既有共同点也有差异，它们的区别如表 5-6 所示。

表 5-6　列表、元组、字典、集合的区别

数据类型	序列类型	元素是否可重复	是否有序	定义符号
列表 list	可变序列	可重复	有序	[]
元组 tuple	不可变序列	可重复	有序	()
字典 dict	可变序列	key 不可重复， value 可重复	无序	{key:value}
集合 set	可变序列	不可重复	无序	{}

在前面的章节中讲过 Python 3.11 引入了模式匹配的功能。在模式匹配的基础上，结构模式匹配可以针对整个数据结构匹配模式，如示例 5-22 所示，运行效果如图 5-29 和图 5-30 所示。

【示例 5-22】 结构的模式匹配。

```
data=eval(input('请输入要匹配的数据:'))
match data:
    case {'name':'ysj','age':20}:
        print('字典')
    case [10,203,40]:
        print('列表')
    case (10,20,40):
        print('元组')
    case _:
        print('相当于多重 if 中的 else')
```

Run　示例5-22结构的模式匹配

请输入要匹配的数据:{'name':'ysj','age':20}
字典

图 5-29　示例 5-22 运行效果图

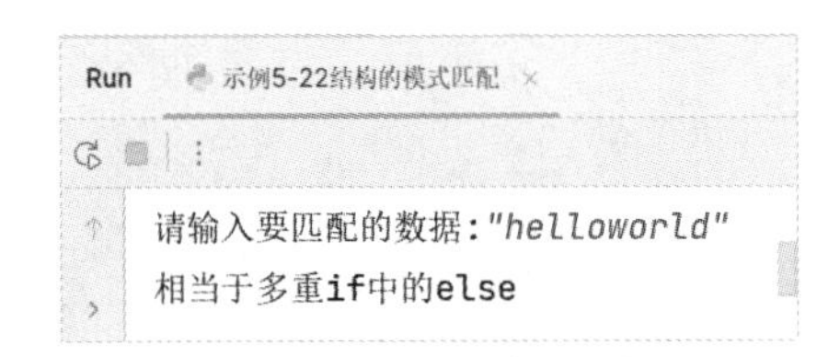

图 5-30　示例 5-22 运行效果图

示例 5-22 中从键盘接收的数据是字符串类型，使用 eval 进行了实际类型的转换，将转换之后的数据使用 match 进行匹配，如果匹配的结果是字典，则执行输出 print('字典')；如果匹配的结果是列表，则执行输出 print('列表')；如果所有的 case 都不匹配，则执行 case _。

在结构匹配的过程中，是不允许对集合进行结构匹配的，读者可自行验证。

Python 3.11 中引入了合并字典的“|”运算符，这种操作简化了字典合并的操作。如示例 5-23 所示，使用“|”合并字典，运行效果如图 5-31 所示。

【示例 5-23】 合并字典运算符。

```
d1={'a':10,'b':20}
d2={'c':40,'d':50,'b':60}
merged_dict=d1|d2    # 合并字典运算符 |
print(merged_dict)
```

```
Run    示例5-23合并字典运算符 ×
{'a': 10, 'b': 60, 'c': 40, 'd': 50}
```

图 5-31　示例 5-23 运行效果图

Python 3.11 不仅可以使用模式匹配，还可以将执行同步迭代和模式匹配一起操作，这种操作可以通过简洁和可读的方式从多个可迭代对象中提取和处理元素。同步迭代和匹配的操作如示例 5-24 所示，使用 for 循环与 zip 函数遍历出迭代变量 f 和 c，再使用 match 对遍历的变量 f 和 c 进行整体匹配，运行效果如图 5-32 所示。

【示例 5-24】同步迭代。

```
fruits=['apple','orange','pear','grape']
counts=[10,3,4,6]
for f,c in zip(fruits,counts):
    match f,c:
        case 'apple',10:
            print('10 个苹果')
        case 'orange',3:
            print('3 个桔子')
        case 'pear',4:
            print('4 个梨')
        case 'grape',6:
            print('6 串葡萄')
```

图 5-32　示例 5-24 运行效果图

本章小结

变量只能存储一个元素(值)，而本章介绍的组合数据类型可以存储多个元素(值)，在编写程序时如果需要存储的同类型元素有很多就可以选用组合数据类型。选取哪一个组合数组类型呢？这个需要根据存储元素的特点来决定，如果元素可以重复而且要求有序，在程序的运行过程中元素的个数可能会增多也可能会减少，那么建议使用列表来存储元素。如果存储的元素可重复而且要求有序，但是在程序的运行过程中元素的个数不会发生改变，那么建议使用元组来存储元素。如果存储的元素无序而且不允许重复，则可使用集合来存储元素，最后存储的元素的结构比较复杂时最好采用字典进行存储。

组合数据类型在以后的编程开发中使用的频率非常高，几乎在每个程序中都会应用到它们，所以掌握 Python 中的组合数据类型以及每种类型的特点，对以后的开发非常有帮助。

Python 3.11 新增的结构模式匹配，要熟练操作，它可以简化代码的编写。每一个新版本的产生或多或少都有一些新的特性，掌握这些新特性也是程序员应具备的能力之一。

第 5 章习题、习题答案及程序源码

第 6 章

字符串及正则表达式

本章目标

☆ 掌握字符串的常用操作；
☆ 熟练格式化字符串的使用；
☆ 掌握字符串的编码和解码；
☆ 掌握数据的验证；
☆ 掌握数据的处理；
☆ 掌握正则表达式的使用。

6.1 字符串

6.1.1 字符串的常用操作

字符串是 Python 中的不可变字符序列，也是 Python 中非常重要的数据类型。在 Python 中一切皆对象，字符串对象本身有一些非常好用的方法，如大小写转换、统计字符个数、字符串检索等，如表 6-1 所示。

表 6-1　字符串的相关处理方法 1

方 法 名	说　　明
str.lower()	将 str 字符串全部转成小写字母，结果为一个新的字符串
str.upper()	将 str 字符串全部转成大写字母，结果为一个新的字符串
str.split(sep=None)	把 str 按照指定的分隔符 sep 进行分隔，结果为列表类型
str.count(sub)	结果为 sub 这个字符串在 str 中出现的次数
str.find(sub)	查询 sub 这个字符串在 str 中是否存在，如果不存在，结果为-1；如果存在，结果为 sub 首次出现的索引
str.index(sub)	功能与 find()相同，区别在于要查询的子串 sub 不存在时，程序报错
str.startswith(s)	查询字符串 str 是否以子串 s 开头
str.endswith(s)	查询字符串 str 是否以子串 s 结尾

字符串的大小写转换、分隔、统计以及字符串的检索的使用如示例 6-1 所示，运行效果如图 6-1 所示。

【示例 6-1】 字符串的相关处理方法 1。

```
# 大小写转换
s1='HelloWorld'
new_s2=s1.lower()        # 全部转成小写
print(s1,new_s2)

new_s3=s1.upper()
print(new_s3)

# 字符串的分隔
s_email='ysj@126.com'
lst=s_email.split('@')     # 分隔符为@
print('邮箱名:',lst[0],'邮件服务器域名:',lst[1])

# 统计子串在指定字符串中出现的次数
print(s1.count('o'))       # o 出现了几次

# 检索操作(查询)
print(s1.find('o'))        # o 首次出现的位置
print(s1.find('p'))        # 没找到，结果为-1

print(s1.index('o'))       # o 首次出现的位置
# print(s1.index('p'))     # ValueError: substring not found

# 判断前缀和后缀
print(s1.startswith('H'))
```

```
print(s1.startswith('p'))


print('demo.py'.endswith('.py'))
print('text.txt'.endswith('.txt'))
```

图 6-1　示例 6-1 运行效果图

示例 6-1 中代码“print(s1.index('p'))”被注释掉了，因为在字符串 s1 中查找子字符串“p”时，其不存在，所以程序会抛出 ValueError 的异常，想要查看运行效果读者可以取消注释符号自行运行程序查看其效果。

字符串替换、居中以及去掉字符串左右指定字符的方法如表 6-2 所示。

表 6-2　字符串的相关处理方法 2

方 法 名	说　　明
str.replace(old,news)	使用 news 替换字符串 str 中所有的 old 字符串，结果是一个新的字符串
str.center(width,fillchar)	字符串 str 在指定的宽度范围内居中，可以使用 fillchar 进行填充
str.join(iter)	在 iter 中的每个元素的后面都增加一个新的字符串 str
str.strip(chars)	从字符串中去掉左侧和右侧 chars 中列出的字符串
str.lstrip(chars)	从字符串中去掉左侧 chars 中列出的字符串
str.rstrip(chars)	从字符串中去掉右侧 chars 中列出的字符串

字符串的替换、居中等方法的使用如示例 6-2 所示，运行效果如图 6-2 所示。

【示例 6-2】 字符串的相关处理方法 2。

```
s='HelloWorld'
# 字符串的替换
new_s=s.replace('o','你好',1)  # 最后一个参数是替换次数，默认是全部替换
print(new_s)


# 字符串在指定的宽度范围内居中
```

```
print(s.center(20))
print(s.center(20,'*'))

# join 方法的使用，在 hello,world 和 Python 每个元素后面都增加了*，结果是一个字符串类型
print('*'.join(['hello','world','Python']))

# 去掉字符串左右的空格
s='     Hello      World      '
print(s.strip())
print(s.lstrip())      # 去除字符串左侧的空格
print(s.rstrip())      # 去除字符串右侧的空格

# 去掉指定的字符
s3='dl-Helloworld'
print(s3.strip('ld'))  # 无论是 dl 还是 ld 都会去掉，与顺序无关
print(s3.lstrip('ld'))
print(s3.rstrip('dl'))
```

图 6-2　示例 6-2 运行效果图

6.1.2　格式化字符串

在字符串输出的过程中可以使用“+”连接两个字符串，要连接其他数据类型的数据，则需要将其转换成字符串类型之后才能连接。实际上可以使用格式化字符串的方式来简化各种数据类型的连接操作。

常用的格式化字符串的方式有 3 种，分别是使用占位符格式化字符串、f-string 格式化字符串和字符串的 format 方法。

使用占位符格式化字符串是比较传统的方式，在其他编程语言中也会看到这样的方式，例如 C 语言。在 Python 中常用的占位符如表 6-3 所示。

表 6-3　Python 中常用的占位符

占位符	说　　明
%s	字符串格式
%d	十进制整数格式
%f	浮点数格式

f-string 格式化字符串是 Python 3.6 新引入的格式化字符串的方式，以“{}”标明被替换的字符，f-string 的使用如示例 6-3 中“(2)f-string 格式化字符串”所示。

使用字符串的 format()方法格式化字符串也是比较常用的方式之一。

format()方法格式化字符串的语法结构如下：

　　模板字符串.format(逗号分隔的参数)

3 种字符串的格式化方式的使用如示例 6-3 所示，运行效果如图 6-3 所示。

【示例 6-3】 格式化字符串。

```
# (1)使用占位符进行格式化
name='马冬梅'
age=18
score=98.5
print('姓名:%s,年龄:%d,成绩:%f' % (name,age,score))
print('姓名:%s,年龄:%d,成绩:%.1f' % (name,age,score))

# (2)f-string 格式化字符串
print(f'姓名:{name},年龄:{age},成绩:{score}')

#(3)使用字符串的 format 方法
print('姓名:{0},年龄:{1},成绩:{2}'.format(name,age,score))

print('姓名:{2},年龄:{0},成绩:{1}'.format(age,score,name))
```

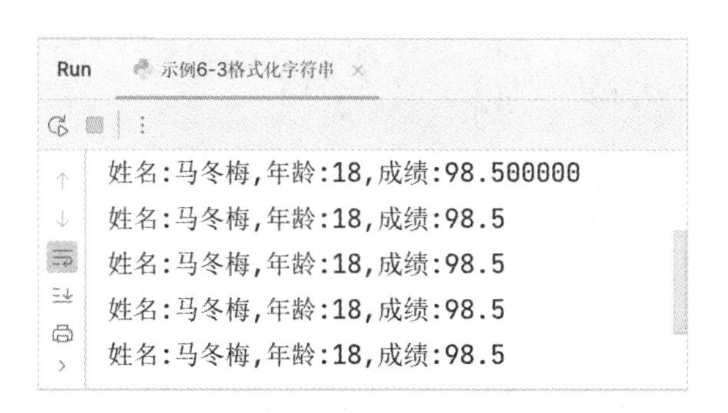

图 6-3　示例 6-3 运行效果图

示例 6-3 中，代码“print('姓名:%s,年龄:%d,成绩:%f' % (name,age,score))”中单独的%是语法固定格式，必须要写；代码中“%.1f”表示对浮点数保留一位小数。在使用 f-string 格式化字符串时，要注意{}是要放到引号中的，作为字符串中的一部分。在使用字符串的 format 方法格式化字符串时，需要注意占位符和实际值的对应关系，{0}对应是 format 中的第 1 个值，{1}对应的是 format 中的第 2 个值，依次类推。示例 6-3 中最后一句代码 “print('姓名:{2},年龄:{0},成绩:{1}'.format(age,score,name))”，{2}对应的是 format 中的 name，{0}对应的是 format 中的 age，{1}对应的是 format 中的 score，占位的序号顺序可变，但序号不能超过值的个数，否则程序将会抛出异常。

使用字符串的 format 方法还可以更精细地控制输出的格式，具体的格式控制说明如表 6-4 所示。“:” 是精确控制输出格式的引导符号；引导符号后可以写填充符，但是要求填充符必须是单个字符；在填充字符后面是元素的对齐方式，有左对齐、右对齐和居中对齐；宽度是指字符串的显示宽度，通常与填充符、对齐方向一起使用。在进行格式化数值型数据时可以使用千位分隔符 “,” 即俗称的 “三位一逗”。“.” 表示精度，通常与 “f” 一起使用，用来限定浮点数所保留的精确位数，例如 “.2f” 表示保留小数点后两位小数；如果 “.” 与单纯的字符串类型一起使用表示的是字符串的最大输出宽度。还可以对整数类型和浮点数类型使用类型控制输出方式。

表 6-4　format 方法详细的格式控制方式说明

格式控制方式	:	填充符	对齐方式	宽度	,	.精度	类型
说明	引导符号	用于填充的单个字符	< 左对齐 > 右对齐 ^ 居中对齐	字符串的输出宽度	数字的千位分隔符	浮点数小数部分的精度或字符串的最大输出长度	整数类型：b\d\o\x\X 浮点数类型：e\E\f\%

format 方法精确控制输出格式的使用如示例 6-4 所示，运行效果如图 6-4 所示。

【示例 6-4】 format 的格式控制。

```
s='helloworld'
print('{0:*<20}'.format(s))  # 字符串的显示宽度是 20，左对齐，空白部分使用*号填充
print('{0:*>20}'.format(s))  # 右对齐
print('{0:*^20}'.format(s))  # 居中对齐

print(s.center(20,'*'))  # 实现居中的效果

# 千位分隔符(只适用于整数和浮点数)
print('{0:,}'.format(9876542456))
print('{0:,}'.format(987668766.976))

# 浮点数小数部分的精度
print('{0:.2f}'.format(3.1425926))
# 或者是字符串类型的最大显示长度
print('{0:.5}'.format('helloworld'))

# 整数类型
```

```
a=425
print('二进制:{0:b},十进制:{0:d},八进制:{0:o},十六进制:{0:x},十六进制:{0:X}'.format(a))

# 浮点数类型
b=3.1415926
print('{0:.2f},{0:.2E},{0:.2e},{0:.2%}'.format(b))
```

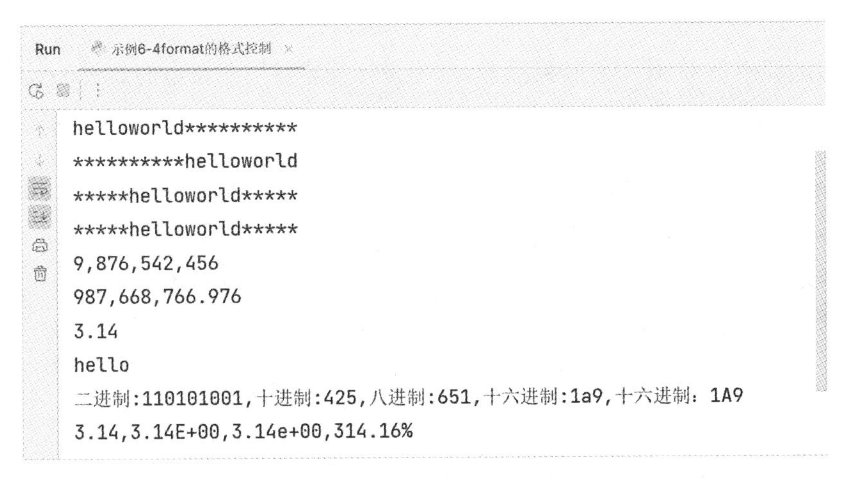

图 6-4　示例 6-4 运行效果图

6.1.3　字符串的编码和解码

小写字母“a”的 ASCII 码值是 97，大写字母“A”的 ASCII 码值是 65，那么字符与整数是怎样对应的呢？有一张表，叫 ASCII 码表。ASCII 码表是最早的字符串编码表，最多可以表示 256 个符号，1 个字符占 1 个字节。

随着计算机的发展，各国家都推出了自己的编码表用于表示自己国家的字符。GBK、GB2312 等就是我国制定的编码标准。在 GBK 和 GB2312 编码表中均规定一个英文字母占 1 个字节，一个中文汉字占 2 个字节。GBK 与 GB2312 最主要的区别就是收录的字符个数不同，GB2312 编码表共收录了 6763 个汉字，而 GBK 编码共收录了 21 886 个汉字和图形符号。中文编码除了 GBK 和 GB2312，还有 UTF-8 编码，UTF-8 编码是国际通用的编码，在 UTF-8 编码中规定一个英文占 1 个字节，一个中文占 3 个字节。

在学习字符串的编码和解码之前，先来认识一下 Python 中两种常用的数据类型：str 类型和 bytes 类型。其中 str 类型表示 Unicode 字符(ASCII 和其他字符)，bytes 类型表示二进制数据(包括编码的文本)。

为什么要进行编码和解码呢？因为在不同的计算机中进行数据的传输，实际上是二进制数据的传输，要想将 A 计算机中的“你好”通过网络传输到 B 计算机，就需要先将 str 类型转换成 bytes 类型，被称为编码；在 B 计算机收到 A 计算机传递过来的数据后，需要将 bytes 类型再转成 str 类型，被称为解码。编码与解码传输过程的模拟图如图 6-5 所示。

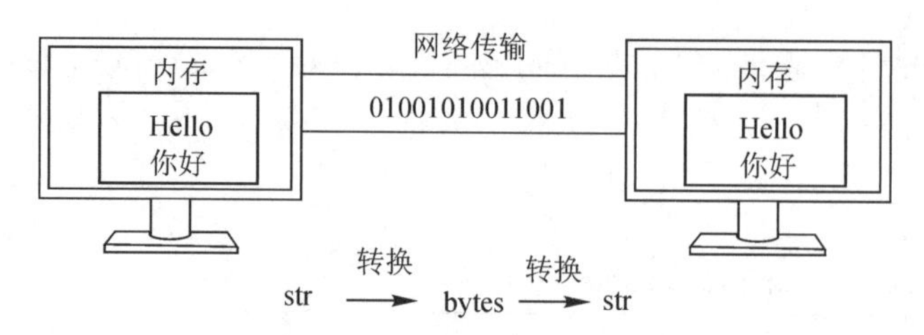

图 6-5 编码和解码传输过程模拟图

字符串的编码是将 str 类型转换成 bytes 类型，需要使用字符串的 encode()方法。

字符串编码的语法结构如下：

str.encode(encoding = 'utf-8', errors= 'strict/ignore/replace')

str 是待转换的字符串，encoding 表示编码的方式，除了 utf-8 还可以是 gbk(编码格式不区分大小写，gbk 与 GBK 相同)；errors 表示在编码时出错的处理方式，strict 表示严格的，遇到无法表示的字符串时，程序将抛出异常，ignore 表示转码出错时忽略，replace 表示转码出错时使用“?”替换无法转换的字符。

字符串的解码是将 bytes 类型转换成 str 类型，需要使用 bytes 类型的 decode()方法。

字符串解码的语法结构如下：

bytes.decode(encoding = 'utf-8',errors = 'strict/ignore/replace')

字符串的编码与解码操作如示例 6-5 所示，运行效果如图 6-6 所示。

【示例 6-5】 字符串的编码与解码。

```
s='伟大的中国梦'
# 编码    str-->bytes
scode_gbk=s.encode('gbk',errors='replace')
print(scode_gbk)

scode_utf8=s.encode('utf-8')    # 默认为 utf-8
print(scode_utf8)

# 编码中的 error 处理
s2='耶✌'
scode=s2.encode('gbk',errors='ignore')
print(scode)

# 解码 bytes-->str
print(bytes.decode(scode_gbk,'gbk'))

print(bytes.decode(scode_utf8,'utf-8'))

print(bytes.decode(scode,'gbk',errors='ignore'))
```

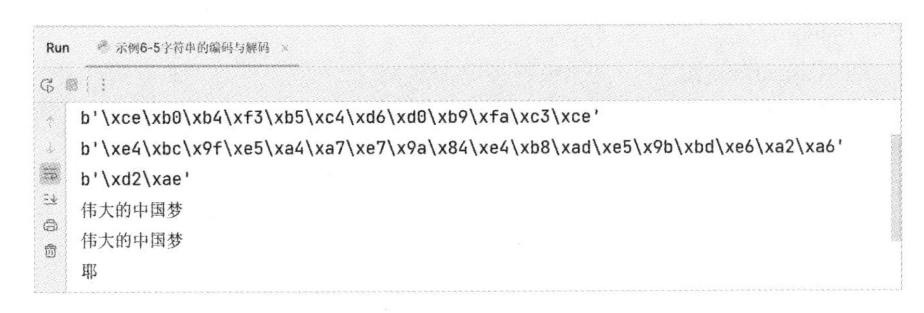

图 6-6　示例 6-5 运行效果图

在示例 6-5 中将字符串“耶✌”使用 gbk 进行编码时，出错的处理方式为 ignore，所以在运行效果中可以看到只输出了一个字“耶”；如果将出错的处理方式改成“strict”，程序将会抛出 UnicodeEncodeError 的异常；如果将出错的处理方式改成“replace”程序将会输出“耶?”，读者可自行修改程序运行查看运行效果。

6.1.4　数据的验证

数据的验证是指程序对用户输入的数据进行“合法”性验证，如密码只能是数字，用户名不能有特殊字符等。字符串中用于数据验证的方法如表 6-5 所示。

表 6-5　字符串中数据验证的方法

方法名	说　明
str.isdigit()	所有字符都是数字(阿拉伯数字)
str. isnumeric()	所有字符都是数字
str. isalpha()	所有字符都是字母(包含中文字符)
str.isalnum()	所有字符都是数字或字母(包含中文字符)
str.islower()	所有字符都是小写
str.isupper()	所有字符都是大写
str.istitle()	所有字符都是首字母大写
str.isspace()	所有字符都是空白字符(\n、\t 等)

str.isdigit()与 str. isnumeric()的区别在于 str.isdigit()只能识别十进制的阿拉伯数字，而 str. isnumeric()不仅可以识别阿拉伯数字、罗马数字，还可以识别中文的一、二、三、四等。字符串数据验证方法的使用如示例 6-6 所示。

【示例 6-6】 数据的验证。

```
# 所有字符都是数字(十进制的阿拉伯数字)
print('123'.isdigit())          # True
print('一二三'.isdigit())        # False
print('0b1001'.isdigit())       # False
print('Ⅲ Ⅲ Ⅲ'.isdigit())       # False
print('--------------------------')
# 所有字符都是数字(阿拉伯数字，罗马数字...)
```

```
print('1234'.isnumeric())              # True
print('一二三四'.isnumeric())          # True
print('Ⅲ Ⅲ Ⅲ'.isnumeric())             # True
print('壹贰叁'.isnumeric())            # True
print('0b1001'.isnumeric())            # False
print('--------------------------')
# 所有都是字母(英文，中文)
print('hello 你好'.isalpha())                  # True
print('hello 你好 123'.isalpha())              # False
print('hello 你好一二三'.isalpha())            # True
print('hello 你好Ⅲ Ⅲ Ⅲ'.isalpha())             # False

# 所有都是字母+数字
print('--------------------------')
print('hello 你好 123'.isalnum())              # True
print('hello 你好 123...'.isalnum())           # False
print('hello 你好一二三'.isalnum())            # True
print('hello 你好壹贰叁'.isalnum())            # True
print('hello 你好Ⅲ Ⅲ Ⅲ'.isalnum())             # True
print('--------------------------')

# 所有字符都是小写吗?
print('Helloworld'.islower())          # False
print('helloworld'.islower())          # True
print('hello 你好'.islower())          # True
print('--------------------------')
# 所有字符都是大写吗
print('Helloworld'.isupper())          # False
print('HELLOWORLD'.isupper())          # True
print('HELLO 你好'.isupper())          # True
print('--------------------------')

# 是否是首字母大写
print('Hello'.istitle())               # True
print('HelloWorld'.istitle())          # True
print('Helloworld'.istitle())          # True
print('Hello world'.istitle())         # False
print('Hello World'.istitle())         # True

# 是否都是空白字符
print('----------------')
```

```
print('\t'.isspace())          # True
print('     '.isspace())       # True
print('\n'.isspace())          # True
```

6.1.5　数据的处理

数据的处理有很多内容，本章节只讲解字符串的处理。在字符串数据的处理中字符串的拼接很常用。除了使用“+”进行拼接字符串之外，还有以下几种方式可以实现字符串的拼接操作：

(1) 使用 str.join()方法进行拼接字符串；

(2) 直接拼接；

(3) 使用格式化字符串进行拼接。

字符串拼接常用方式的使用如示例 6-7 所示，运行效果如图 6-7 所示。

【示例 6-7】 字符串的拼接。

```
s1='hello'
s2='world'
# (1)使用+进行拼接
print(s1+s2)

# (2)使用 join 方法进行拼接
print(''.join(['hello','world']))
#
print('*'.join(['Hello','world','python','java','php']))
print('你好'.join(['Hello','world','python','java','php']))
# (3)直接拼接
print('hello''world')

# (4)使用格式化字符串进行拼接
print('%s%s' % (s1,s2))
print(f'{s1}{s2}')
print('{0}{1}'.format(s1,s2))
```

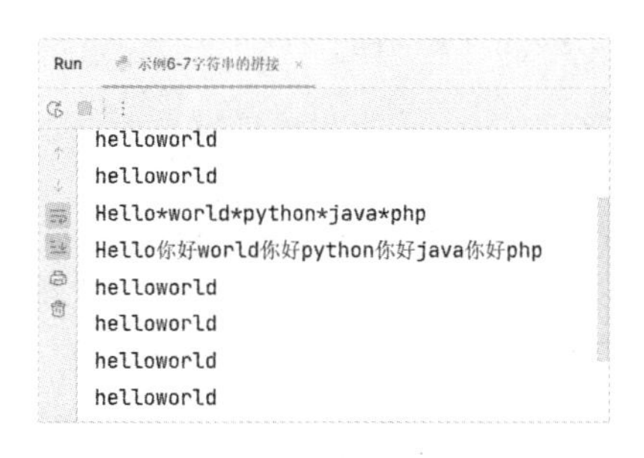

图 6-7　示例 6-7 运行效果图

在字符串中去除重复的字符，也是字符串处理中常用的操作，可以使用序列的操作符“in”加上逻辑运算符“not”来实现，如果指定的字符在新字符串中不存在，新字符串执行拼接操作。除此之外，还可以利用组合数据类型 set 来实现去重，但是 set 的特点是无序的，所以还需要利用 list 的排序来实现。字符串的去重操作如示例 6-8 所示，运行效果如图 6-8 所示。

【示例 6-8】 字符串的去重。

```
s='helloworldheollowefdalfadlgadgoiutf'
# (1)字符串的拼接及 not in
new_s=''
for item in s:
    if item not in new_s:    # 判断 s 中的每个字符在 new_s 中是否存在
        new_s+=item
print(new_s)

# (2)使用索引+not in
new_s2=''
for i in range(len(s)):
    if s[i] not in new_s2:
        new_s2+=s[i]
print(new_s2)

# (3)通过集合去重+列表的排序

new_s3=set(s)    # 结果是集合类型
lst=list(new_s3)
lst.sort(key=s.index)    # 排序的关键字
print(''.join(lst))
```

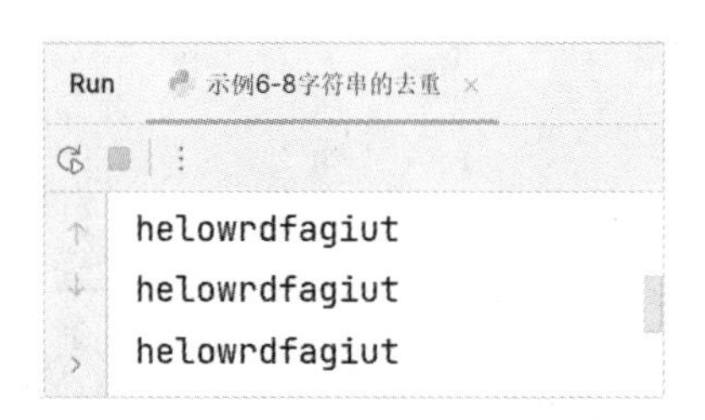

图 6-8　示例 6-8 运行效果图

示例 6-8 中代码“lst.sort(key = s.index)”使用了列表的 sort 方法进行排序，使用关键字 key 指定排序的规则，s.index 是指根据字符在字符串 s 中的索引位置进行排序(index()方法的使用参见表 6-1)。lst.sort()是将列表 lst 中的每个字符到字符串 s 中查找索引，并使用索引对字符进行排序，最后对排序之后的 lst 进行 join()拼接，从而实现了字符串的去重操作。

6.2 正则表达式

正则表达式是一个特殊的字符序列，它能够帮助用户便捷地检查一个字符串是否符合某种规则(模式)。

6.2.1 元字符

元字符是正则表达式中非常重要的概念，它是指具有特殊意义的专用字符，例如“^”和“$”分别表示匹配的开始和结束。常用的元字符如表6-6所示。

表6-6 常用的元字符

元字符	说 明	举 例	结 果
.	匹配任意字符(除\n)	'p\nytho\tn'	p、y、t、h、o、\t、n
\w	匹配字母、数字、下画线	'python\n123'	p、y、t、h、o、n、1、2、3
\W	匹配非字母、数字、下画线	'python\n123'	\n
\s	匹配任意空白字符	'python\t123'	\t
\S	匹配任意非空白字符	'python\t123'	p、y、t、h、o、n、1、2、3
\b	匹配位于开头或者结尾的空字符串	'Python php'	如\bp，其结果与第2个p相匹配
\d	匹配任意十进制数	'python\t123'	1、2、3

6.2.2 限定符

限定符用于限定匹配的次数，常用的限定符如表6-7所示。

表6-7 常用的限定符

限定符	说 明	举 例	结 果
?	匹配该符号前面的字符0次或1次	colou?r	可以匹配color或colour
+	匹配该符号前面的字符1次或多次	colou+r	可以匹配colour或colouu...r
*	匹配该符号前面的字符0次或多次	colou*r	可以匹配color或colouu....r
{n}	匹配该符号前面的字符n次	colou{2}r	可以匹配colouur
{n,}	匹配该符号前面的字符最少n次	colou{2,}r	可以匹配colouur或colouuu...r
{n,m}	匹配该符号前面的字符最少n次，最多m次	colou{2,4}r	可以匹配colouur或colouuur或colouuuur

6.2.3 其他字符

在正则表达式的规则(模式)中，常用的其他字符如表 6-8 所示。

表 6-8 正则表达式中常用的其他字符

<table>
<tr><th>其他字符</th><th>说 明</th><th>举 例</th><th>结 果</th></tr>
<tr><td>区间字符[ ]</td><td>匹配[ ]中所指定的字符</td><td>[.?!]
[0-9]</td><td>匹配标点符号：点号、问号、感叹号
匹配 0、1、2、3、4、5、6、7、8、9</td></tr>
<tr><td>排除字符^</td><td>匹配不在[ ]中指定的字符</td><td>[^0-9]</td><td>匹配除 0、1、2、3、4、5、6、7、8、9 的字符</td></tr>
<tr><td>选择字符 |</td><td>用于匹配“|”左右的任意字符</td><td>\d{18}|\d{15}</td><td>匹配 15 位身份证或 18 位身份证</td></tr>
<tr><td>转义字符</td><td>同 Python 中的转义字符</td><td>\.</td><td>将.作为普通字符使用</td></tr>
<tr><td>[\u4e00-\u9fa5]</td><td>匹配任意一个汉字</td><td></td><td></td></tr>
<tr><td>分组()</td><td>改变限定符的作用</td><td>six|fourth
(six|four)th</td><td>匹配 six 或 fourth
匹配 sixth 或 fourth</td></tr>
</table>

6.2.4 内置模块 re

Python 中的内置模块 re 是用于实现 Python 中正则表达式的操作，该模块不需要安装，使用 import re 导入即可以使用。

在 re 模块中，用于正则表达式的处理函数有 match()、search()、findall()、sub()和 split()等。

match()函数用于从字符串的开始位置进行匹配，如果起始位置匹配成功，结果为 Match 对象，否则结果为 None。

match()函数的语法结构如下：

re.match(pattern,string,flags=0)

其中：pattern 表示用于匹配的模式字符串，string 表示待匹配的字符串，flags 用于表示控制正则表达式的方式，例如是否区分大小写，是否进行多行匹配等。re.match()函数的使用如示例 6-9 所示，pattern 是模式字符串，“\d\.\d+”表示匹配十进制的整数 1 次，在这个整数之后需要包含一个“.”，“.”之后继续匹配十进制的整数 1 次或多次。示例 6-9 的运行效果如图 6-9 所示。

【示例 6-9】 re.match 函数的使用。

```
# 导入
import re
pattern=r'\d\.\d+'
s='I study Python3.11 ever day'
```

```
match=re.match(pattern,s,re.I)
print(match)

s2='3.11Python I study every day'
match2=re.match(pattern,s2,re.I)
print(match2)
print('匹配值的起始位置:',match2.start())
print('匹配值的结束位置:',match2.end())
print('匹配区间的位置元组:',match2.span())
print('待匹配的字符串:',match2.string)
print('匹配的数据:',match2.group())
```

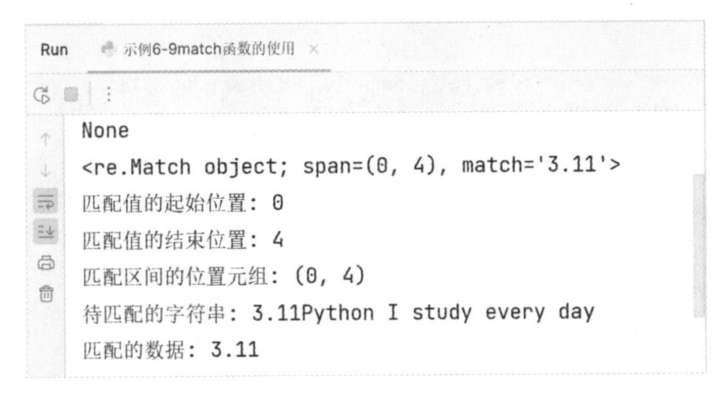

图 6-9　示例 6-9 运行效果图

示例 6-9 的代码“match = re.match(pattern,s,re.I)”中 re.I 表示匹配的方法是忽略大小写进行匹配，I 是 Ignore 的缩写。由于开始位置没有匹配成功，所以输出结果为 None。“match2 = re.match(pattern,s2,re.I)”开始位置匹配成功，所以 match2 的输出结果是一个 Match 对象。

search()函数用于在整个字符串中搜索第 1 个匹配的值，如果匹配成功，结果为 Match 对象，否则结果为 None。

search()函数的语法结构如下：

re.search(pattern,string,flags = 0)

search()函数的使用如示例 6-10 所示，运行效果如图 6-10 所示。

【示例 6-10】 search 函数的使用。

```
import re
pattern=r'\d\.\d+'
s='I study Python3.11 every day Python2.7 I love you '
s2='4.10Python I study every day'
s3='I study Python every day'
match=re.search(pattern,s)
```

```
match2=re.search(pattern,s2)

match3=re.search(pattern,s3)

print(match)
print(match2)
print(match3)

print(match.group())
print(match2.group())
```

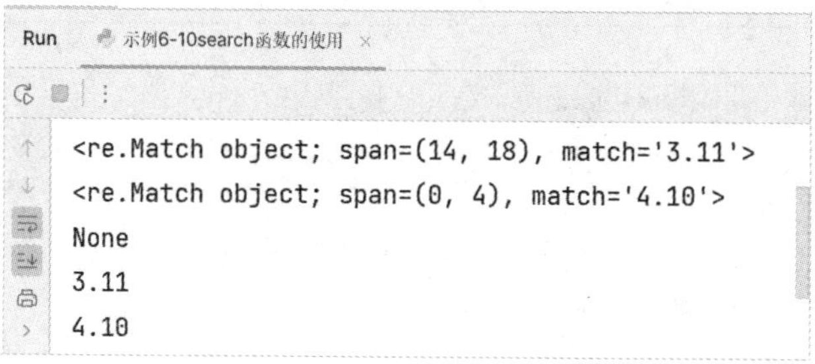

```
Run   示例6-10search函数的使用
<re.Match object; span=(14, 18), match='3.11'>
<re.Match object; span=(0, 4), match='4.10'>
None
3.11
4.10
```

图 6-10　示例 6-10 运行效果图

示例 6-10 中的代码“print(match.group())”用于输出匹配到的内容，match 匹配到的内容为 3.11，match2 匹配到的内容为 4.10。

findall()函数用于在整个字符串中搜索所有符合正则表达式的值，结果是一个列表类型。

findall()函数的语法结构如下：

re.findall(pattern,string,flags = 0)

findall()函数的使用如示例 6-11 所示，运行效果如图 6-11 所示。

【示例 6-11】 findall 函数的使用。

```
import re
pattern=r'\d\.\d+'
s='I study Python3.11 every day Python2.7 I love you '
s2='4.10Python I study every day'
s3='I study Python every day'

lst=re.findall(pattern,s)
lst2=re.findall(pattern,s2)
lst3=re.findall(pattern,s3)

print(lst)
print(lst2)
print(lst3)
```

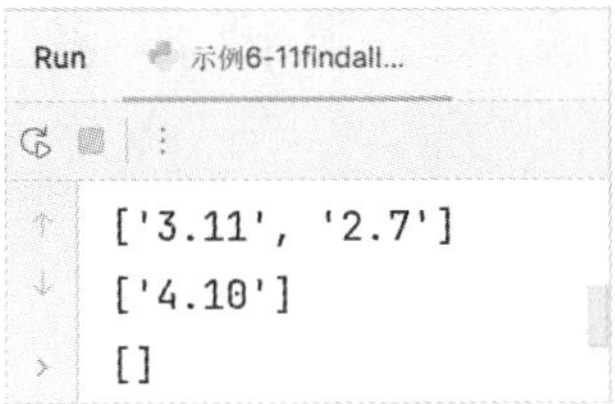

```
Run    示例6-11findall...
['3.11', '2.7']
['4.10']
[]
```

图 6-11　示例 6-11 运行效果图

通过运行效果图可知，第 1 个字符串中匹配到 2 个数据即 3.11 和 2.7，第 2 个字符串匹配到 1 个数据即 4.10，在第 3 个字符串中没有匹配到任何内容，所以结果是一个空列表。

sub()用于实现对字符串中指定子串的替换，例如字符串中一些关键词语或者“机密”词语不适合显示出来则需要将其替换掉。

sub()函数的语法结构如下：

re.sub (pattern,repl,string,count,flags = 0)

其中：pattern 表示用于匹配的模式字符串，repl 表示用于替换的新字符串，string 表示待匹配的字符串，count 表示替换的次数，默认全部替换。

split()函数与字符串中的 split()方法功能相同，都用于分隔字符串。

split()函数的语法结构如下：

re.split(pattern,string,maxsplit,flags = 0)

其中：maxsplit 表示最大分隔次数，默认符合正则表达式规则的全部分隔。使用 sub()函数替换网络敏感字符和使用 split()函数对网址进行分隔的操作如示例 6-12 所示，运行效果如图 6-12 所示。

【示例 6-12】 sub 函数与 split 函数的使用。

```
import re
pattern='黑客|破解|反爬'
s='我想学习 Python，想破解一些 VIP 视频，Python 可以实现无底线反爬吗?'
new_s=re.sub(pattern,'XXX',s)
print(new_s)

s2='https://www.baidu/s?wd=ysj&ie=utf-8&tn=baidu'
pattern2='[?|&]'
lst=re.split(pattern2,s2)
print(lst)
```

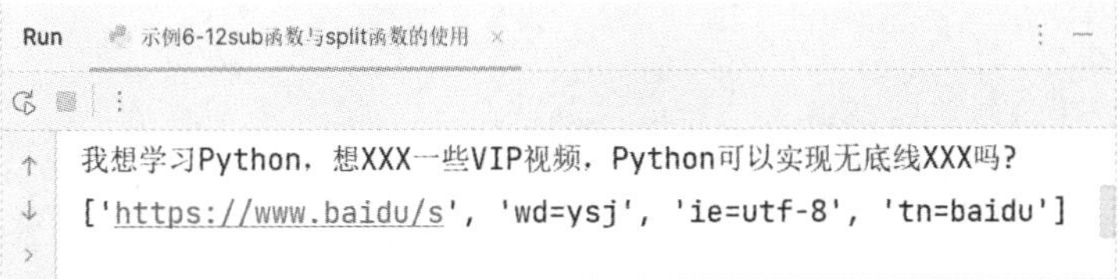

```
Run    示例6-12sub函数与split函数的使用 ×
我想学习Python，想XXX一些VIP视频，Python可以实现无底线XXX吗?
['https://www.baidu/s', 'wd=ysj', 'ie=utf-8', 'tn=baidu']
```

图 6-12　示例 6-12 运行效果图

示例 6-12 中代码“pattern2 = '[?|&]'”，其中[ ]表示区间范围，使用?或者&进行分隔，结果是一个列表类型。

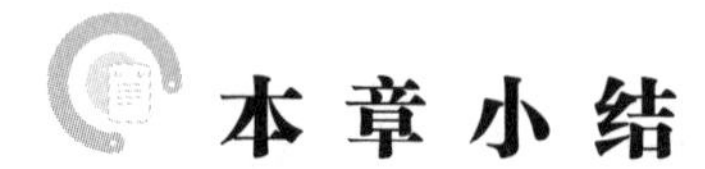

本章小结

本章介绍了 Python 中非常重要的数据类型——字符串类型，它有一些非常好用的方法可以帮助开发者处理大小写转换、字符串分隔、检索、字符串的判断与替换等操作。在编写程序过程中字符串的处理会占很大的比重，所以常用的方法要求读者必须掌握。

字符串的处理方法比较多，读者在学习的过程中可以分门别类地进行记忆，如果一次性掌握不了这么多的方法，可以只记住方法名的前几个字符，在 PyCharm 中有相应的代码补完整功能；或者在编写代码时需要用到哪个具体的方法再到本书中进行查找，采用“温故而知新”的学习方法也会对学习本章内容有很大的帮助。

正则表达式本身与开发语言没有任何关系，在 Python 语言中有正则表达式，在 Java 语言中也有正则表达式，甚至在数据库 MySQL 中也有正则表达式，所以掌握正则表达式对学习其他语言也有很大的帮助。而且在编写爬虫的代码时，正则表达式会起到举足轻重的作用。

第 6 章习题、习题答案及程序源码

第7章

异 常 处 理

本章目标

☆ 了解 Bug 的由来及分类；
☆ 掌握不同异常类型的处理方式；
☆ 掌握 Python 的异常处理机制；
☆ 熟练应用 PyCharm 的调试功能。

7.1 Bug 的由来及分类

7.1.1 Bug 的由来

1947 年 9 月 9 日，格蕾丝对马克 2 号(Mark Ⅱ)设置好 17 000 个继电器进行编程后，技术人员正在进行整机运行时，这个“庞然大物”突然停止了工作。于是他们爬上去找原因，发现在这台巨大的计算机内部一组继电器的触点之间有一只飞蛾，这显然是由于飞蛾受光和热的吸引，飞到了触点上，然后被高压击死造成的事故。所以在报告中，格蕾丝用胶条贴上飞蛾，并用“Bug”来表示“一个电脑程序里的错误”。最开始 Bug 一词表示的是计算机硬件的一些错误，后来才将 Bug 一词引入到软件中，用来表示程序的异常。马克 2 号如图 7-1 所示。

图 7-1　世界上第一部万用计算机的进化版——马克 2 号

什么叫 Debug 呢？它指的是检测并排除计算机程序/机器中的故障。在网上流传着这样一句话“一壶茶一包烟，一个 Bug 调一天”，所以在编写程序的时候不要害怕出现 Bug，Bug 与 Debug 将始终伴随着程序员的职业生涯。

7.1.2　Bug 的常见类型

常见的 Bug 可分为由粗心导致的语法错误 SyntaxError，知识掌握不熟练导致的错误、思路不清晰导致的问题，以及程序代码逻辑没有错，但是因为用户错误操作而导致的程序崩溃三种类型。

仔细观察示例 7-1 中的 3 段代码，这 3 段代码均是由粗心导致的语法错误。

【示例 7-1】 粗心导致的语法错误 SyntaxError。

```
# 第 1 段代码
age=input('请输入你的年龄:')
if age>"18"
    print('成年人，做事需要负法律责任了！')

# 第 2 段代码
i=1
while i<10:
    print(i)
    i+=1

# 第 3 段代码
for i in range(3):
    uname=input('请输入用户名:')
    pwd=input('请输入密码:')
    if uname='admin' and pwd='admin':
```

```
            print('登录成功!')
            break
        else:
            print('输入有误！')
    else:
        print('对不起，三次均输入错误')
```

第 1 段代码中，使用 input()函数从键盘录入年龄并赋值给变量 age 进行存储，age 的数据类型为 str 类型，所以在进行比较的时候 age>="18" 中的 18 要加上引号，这部分的比较没有问题，问题出现在 "18" 后面没有加上英文的冒号，所以导致语法报错。第 1 段代码的解决方案是在 "18" 后面加上 1 个英文的冒号。

第 2 段代码是一个无限循环 while，i 的初始值为 1，在进行循环判断的时候 while i<10 后面加上冒号了，但是这个冒号是中文的(中文的冒号比英文的冒号在视觉上大一点点，需要仔细分辨)，所以将报语法错误，而且在循环体中使用 print()输出 i 值的时候，print 的小括号也是中文的符号，这也将报语法错误，在 Python 中所有的符号在使用时均为英文符号。第 2 段代码的解决方案是将 while i<10 后面的冒号改成英文的冒号，将 print 函数的小括号改成英文状态的小括号。

第 3 段代码是一个验证用户名和密码进行登录的问题，首先检查冒号、括号是不是中文状态，发现冒号、括号均为英文状态。问题出现在使用 if 进行判断比较处，在 Python 中一个“=”表示赋值，两个“=”是表示等值判断，解决方案是将 if 判断处的一个“=”修改为两个“=”即可。修改后的程序如示例 7-2 所示，运行效果如图 7-2 所示。

【示例 7-2】 修改示例 7-1 中的语法错误。

```
# 第 1 段代码
age=input('请输入你的年龄:')
if age>"18":
    print('成年人，做事需要负法律责任了！')

# 第 2 段代码
i=1
while i<10:
    print(i)
    i+=1

# 第 3 段代码
for i in range(3):
    uname=input('请输入用户名:')
    pwd=input('请输入密码:')
    if uname= ='admin' and pwd= ='admin':
        print('登录成功!')
        break
```

```
        else:
            print('输入有误！')
    else:
        print('对不起，三次均输入错误')
```

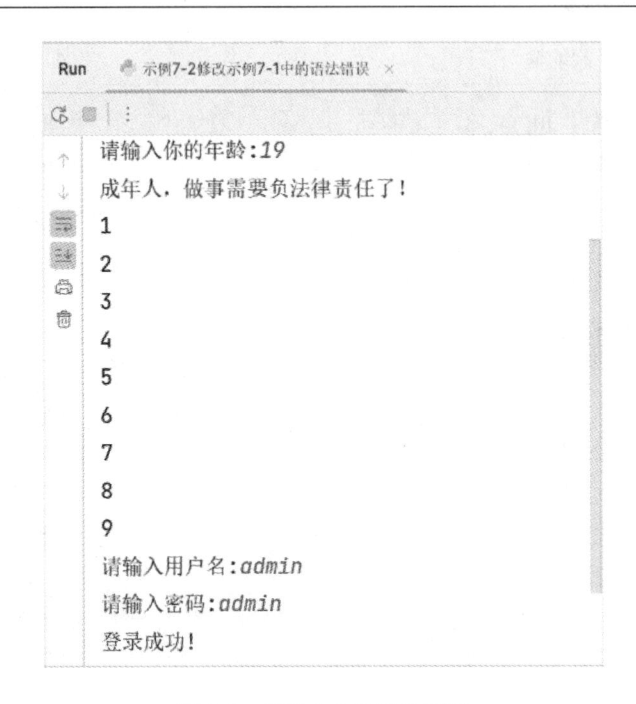

图 7-2　示例 7-2 运行效果图

由粗心导致错误的自查重点如下：

(1) 漏了末尾的冒号，如 if 语句、循环语句、else 子句等；

(2) 缩进错误，该缩进的没有缩进，不该缩进的乱缩进；

(3) 把英文符号写成中文符号，例如引号、冒号、括号；

(4) 字符串拼接的时候，把字符串和数字拼在一起；

(5) 没有定义变量，例如：while 循环条件判断处的 i 没有定义；

(6) “==”比较运算符和“=”赋值运算符的混用。

【示例 7-3】 知识点掌握不熟练导致的错误。

```
# 第 1 段代码
lst=[11,22,33,44]
print(lst[4])

# 第 2 段代码
lst=[]
lst=append('A','B','C')
print(lst)
```

示例 7-3 中第 1 段代码中，lst 是一个列表，列表中有 4 个元素，由于正向索引的序号是从 0 开始，那么 4 个元素最后一个元素的索引应该是 3，所以在打印输出 lst[4]时将会报“索引越界 IndexError”的问题，解决方案是将 lst[4]修改为 lst[3]。

示例 7-3 中第 2 段代码明显是由于 append()方法的使用掌握不熟练导致的，append()是列表的添加方法，正确的使用方法应该为 lst.append('A')、lst.append('B')、lst.append('C')三句代码来实现 3 个字符串元素的添加，每调用 append()一次向列表中添加一个元素。所以修改后的程序如示例 7-4 所示，运行效果如图 7-3 所示。

【示例 7-4】 修改示例 7-3 中的错误。

```
# 第 1 段代码
lst=[11,22,33,44]
print(lst[3])

# 第 2 段代码
lst=[]
lst.append('A')
lst.append('B')
lst.append('C')
print(lst)
```

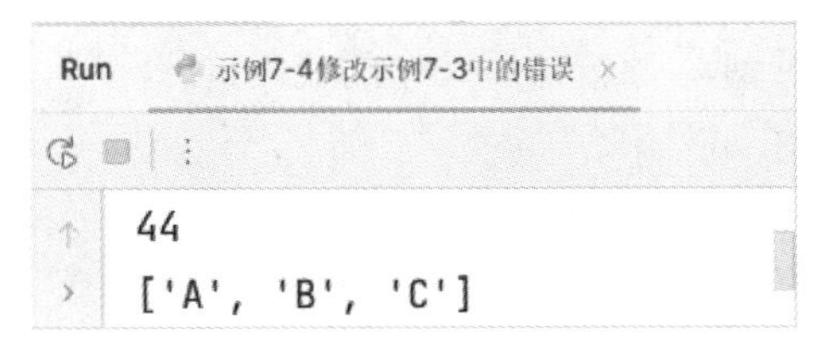

图 7-3　示例 7-4 运行效果图

防止对于知识点掌握不熟练导致的错误的方法，只有不断地练习、练习、再练习，通过量变去引起质的飞跃。

有这样一个案例，要求将豆瓣电影 Top250 排行中的电影信息使用列表进行存储，列表中的每个元素都是一个字典。程序运行时，在控制台上输入演员的名字就可以显示“XXX 出演了 XXX 部电影”，但是在程序运行时却抛出了 TypeError 的异常，如图 7-4 所示。这个问题是由于编程思路不清导致的，见示例 7-5。

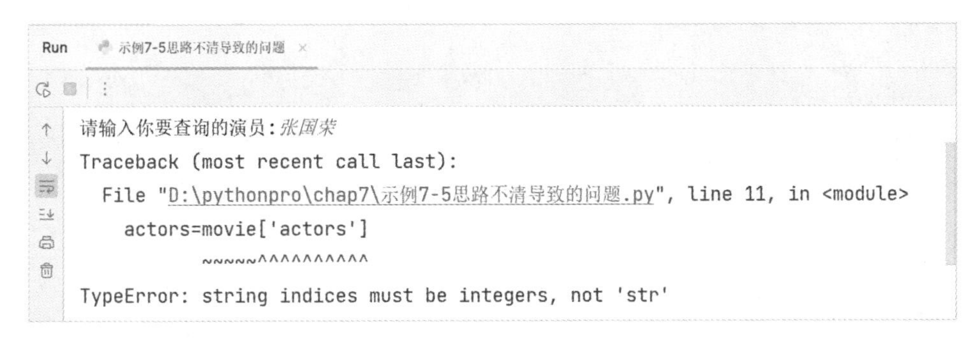

图 7-4　程序运行时抛出异常图

【示例 7-5】 思路不清导致的问题。

```
lst=[
    {'rating':[9.7,50],'id':'1292052','type':['犯罪','剧情'],'title':'肖申克的救赎','actors':['蒂姆.罗宾斯','
摩根.弗里曼']},
{'rating':[9.6,50],'id':'1291546','type':['剧情','爱情','同性'],'title':'霸王别姬','actors':['张国荣','张丰毅','
巩俐','葛优']},
{'rating':[9.6,50],'id':'1296141','type':['剧情','犯罪','悬疑'],'title':'控方证人','actors':['泰隆.鲍华','
玛琳.黛德丽']}]

name=input('请输入你要查询的演员:')
for item in lst:
    for movie in item:
        actors=movie['actors']
        if name in actors:
            print(name,'出演了',movie)
```

示例 7-5 是由于思路不清所导致的问题，那么解决思路不清导致的问题的方式有两种，第 1 种是使用 print()函数，将变量的值和类型进行打印输出，以判断变量的值和类型是不是程序期待的情况。第 2 种是使用“#”暂时注释部分代码，实现分步调试，这两种方式通常一起使用。如示例 7-6 所示，将内层循环中的代码进行注释，使用 print()函数输出 item 以及 movie 的值，运行效果如图 7-5 所示。

【示例 7-6】 思路不清导致问题的解决方案。

```
lst=[
    {'rating':[9.7,50],'id':'1292052','type':['犯罪','剧情'],'title':'肖申克的救赎','actors':['蒂姆.罗宾斯','
摩根.弗里曼']},
{'rating':[9.6,50],'id':'1291546','type':['剧情','爱情','同性'],'title':'霸王别姬','actors':['张国荣','张丰毅','
巩俐','葛优']},
{'rating':[9.6,50],'id':'1296141','type':['剧情','犯罪','悬疑'],'title':'控方证人','actors':['泰隆.鲍华','
玛琳.黛德丽']},
]

name=input('请输入你要查询的演员:')
for item in lst:
    print(item)
    for movie in item:
        print(movie)
        # actors=movie['actors']
        # if name in actors:
        #     print(name,'出演了',movie)
```

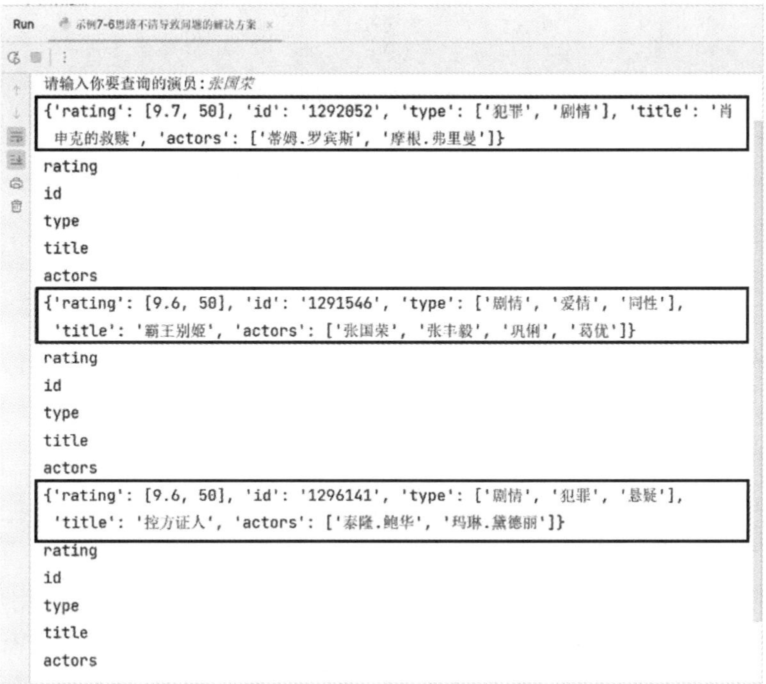

```
Run    示例7-6思路不清导致问题的解决方案
请输入你要查询的演员:张国荣
{'rating': [9.7, 50], 'id': '1292052', 'type': ['犯罪', '剧情'], 'title': '肖
 申克的救赎', 'actors': ['蒂姆.罗宾斯', '摩根.弗里曼']}
rating
id
type
title
actors
{'rating': [9.6, 50], 'id': '1291546', 'type': ['剧情', '爱情', '同性'],
 'title': '霸王别姬', 'actors': ['张国荣', '张丰毅', '巩俐', '葛优']}
rating
id
type
title
actors
{'rating': [9.6, 50], 'id': '1296141', 'type': ['剧情', '犯罪', '悬疑'],
 'title': '控方证人', 'actors': ['泰隆.鲍华', '玛琳.黛德丽']}
rating
id
type
title
actors
```

图 7-5　示例 7-6 运行效果图

图 7-5 中被方框框起来的就是外层 for 循环中的 item，从运行结果中可以看出 item 的类型是字典。内层 for 循环中的 movie 输出的是字典中的 key，从运行效果中可以看到 key 的类型是 str 类型，被注释掉的代码 movie['actors']本意是从希望从字典中将 key 名称为 actors 的值取出，而 movie 是字符串类型，所以无法完成取值操作。此处只需要单层 for 循环即可，由于 item 是字典类型，字典取值操作为 item['actors']或者 item.get('actors')。修改之后的代码如示例 7-7 所示，运行效果如图 7-6 所示。

【示例 7-7】 修改示例 7-6 的代码。

```
lst=[
    {'rating':[9.7,50],'id':'1292052','type':['犯罪','剧情'],'title':'肖申克的救赎','actors':['蒂姆.罗宾斯','
摩根.弗里曼']},
{'rating':[9.6,50],'id':'1291546','type':['剧情','爱情','同性'],'title':'霸王别姬','actors':['张国荣','张丰毅','
巩俐','葛优']},
{'rating':[9.6,50],'id':'1296141','type':['剧情','犯罪','悬疑'],'title':'控方证人','actors':['泰隆.鲍华','
玛琳.黛德丽']},
]

name=input('请输入你要查询的演员:')
for item in lst:
    actors=item['actors']
    if name in actors:
        print(name,'出演了',item['title'])
```

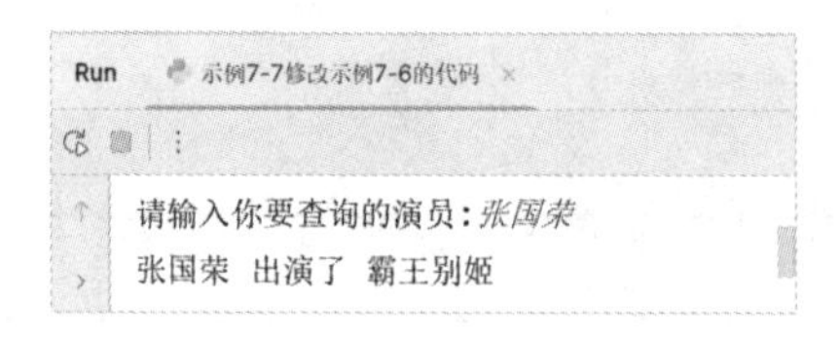

图 7-6　示例 7-7 运行效果图

7.2　Python 中的异常处理

程序代码逻辑没有错，只是因为用户错误操作或者一些“例外情况”而导致的程序崩溃问题，可以使用 Python 中的异常处理机制来处理。

在示例 7-8 中输入两个整数并进行除法运算就是一个典型的逻辑没错，因为用户错误操作导致的异常。在用户输入正确的情况下，运行效果如图 7-7 所示。当用户在输入时一不小心将整数输成了字符“a”，将会导致程序崩溃，如图 7-8 所示抛出为 ValueError 的异常。在除法运算中要求除数不能为 0，如果用户在进行输入的时候就将除数输入为 0，那么也会导致程序崩溃，如图 7-9 所示抛出了 ZeroDivisionError 的异常，即除数为 0 的错误。

【示例 7-8】 输入两个整数并进行除法运算。

```
num1=int(input('请输入一个整数:'))
num2=int(input('请输入另一个整数:'))
result=num1/num2
print('结果为:',result)
```

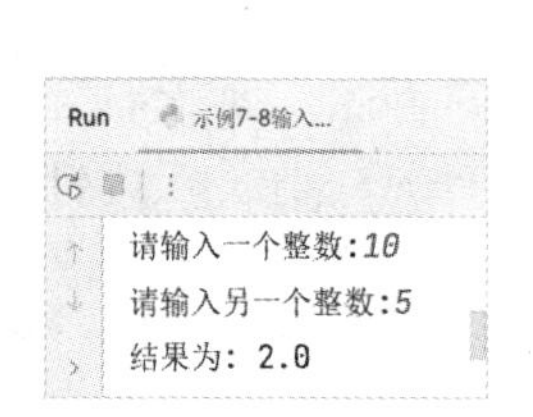

图 7-7　示例 7-8 运行效果图(输入整数)

```
Run   示例7-8输入两个整数并进行除法运算
请输入一个整数:a
Traceback (most recent call last):
  File "D:\pythonpro\chap7\示例7-8输入两个整数并进行除法运算.py", line 2, in
    <module>
    num1=int(input('请输入一个整数:'))
         ^^^^^^^^^^^^^^^^^^^^^^
ValueError: invalid literal for int() with base 10: 'a'
```

图 7-8　示例 7-8 运行效果图(输入字符)

```
Run   示例7-8输入两个整数并进行除法运算
请输入一个整数:10
请输入另一个整数:0
Traceback (most recent call last):
  File "D:\pythonpro\chap7\示例7-8输入两个整数并进行除法运算.py", line 4, in
    <module>
    result=num1/num2
           ~~~~^~~~~
ZeroDivisionError: division by zero
```

图 7-9　示例 7-8 运行效果图(除数为 0)

通过图 7-7、图 7-8 以及图 7-9 可以发现，程序运行过程中的不正常情况可能发生也可能不发生，一旦发生就会对程序的使用者造成不必要的麻烦。Python 提供了异常处理机制，可以在异常出现时及时捕获，然后内部“消化”，让程序继续运行。

7.2.1　try-except 结构

异常处理的第一种结构为 try-except 结构，将可能产生异常的代码放到 try 语句块中，将产生异常之后的处理操作放到 except 语句块中。

try-except 的语法结构如下：

```
try:
    可能会产生异常的代码
except  异常类型:
    异常处理代码(报错后执行的代码)
```

对除法运算使用 try-except 结构进行异常处理，如示例 7-9 所示，运行效果如图 7-10 和图 7-11 所示。

【示例 7-9】 try-except 结构的使用。

```
try:
    num1 = int(input('请输入一个整数:'))
    num2 = int(input('请输入另一个整数:'))
    result = num1 / num2
    print('结果为:', result)
except ZeroDivisionError:
    print('除数不能为 0！ ')
```

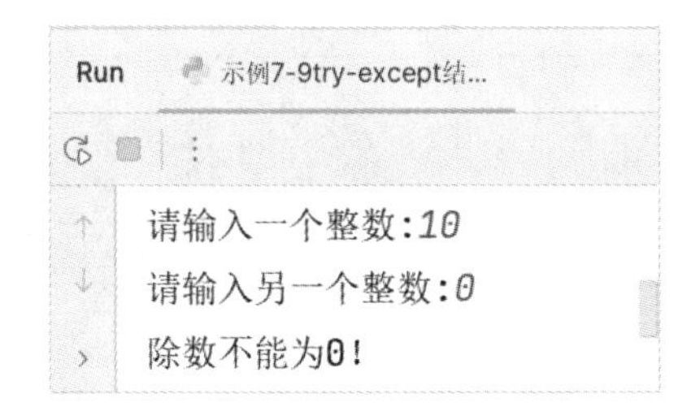

图 7-10　示例 7-9 运行效果图(除数为 0)

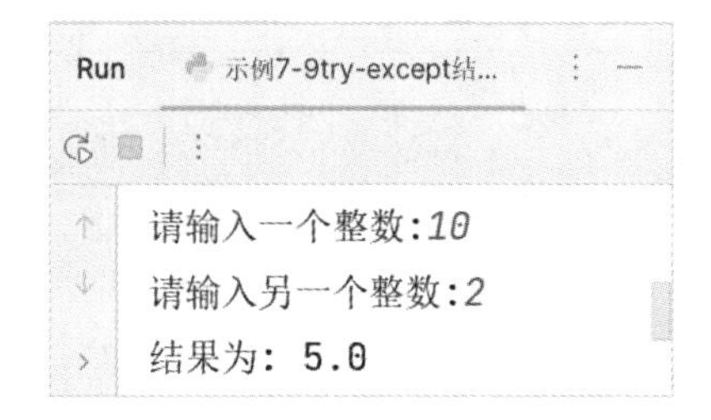

图 7-11　示例 7-9 运行效果图(输入整数)

通过示例 7-9 的运行效果可知，当 try 中出现 ZeroDivisionError 异常时执行 except 中的语句，输出“除数不能为 0”，如果 try 中的语句没有产生 ZeroDivisionError 的异常，except 中的语句将不被执行，除法运算正确执行并输出计算结果。

如果示例 7-9 中出现的不是 ZeroDivisionError 异常而是 ValueError 异常，会被 except 语句捕获吗？当然不会，重新运行示例 7-9，在输入时输入字符“a”，运行效果如图 7-12 所示。

```
Run    示例7-9try-except结构的使用
请输入一个整数:a
Traceback (most recent call last):
  File "D:\pythonpro\chap7\示例7-9try-except结构的使用.py", line 3,
   in <module>
    num1 = int(input('请输入一个整数:'))
           ^^^^^^^^^^^^^^^^^^^^^^^
ValueError: invalid literal for int() with base 10: 'a'
```

图 7-12　示例 7-9 运行效果图(输入字符)

如果一个程序可能出现的异常不止一个，可以使用多个 except 结构，捕获异常的顺序按照先子类后父类的顺序(父类、子类的概念将在第 10 章中讲解)，为了避免遗漏可能出现的异常，可以在最后增加 BaseException 进行未知异常的捕获。使用多个 except 结构捕获不同类型的异常，如示例 7-10 所示，正确情况下的运行结果如图 7-13 所示，输入字符“a”产生了异常处理情况，如图 7-14 所示，被 0 除的异常处理情况如图 7-15 所示。

【示例 7-10】 多个 except 结构。

```
try:
    num1 = int(input('请输入一个整数:'))
    num2 = int(input('请输入另一个整数:'))
    result = num1 / num2
    print('结果为:', result)
except ZeroDivisionError:
    print('除数不能为 0！')
except ValueError:
    print('不能将字符串转换为数字！')
except BaseException:
    print('未知异常')
```

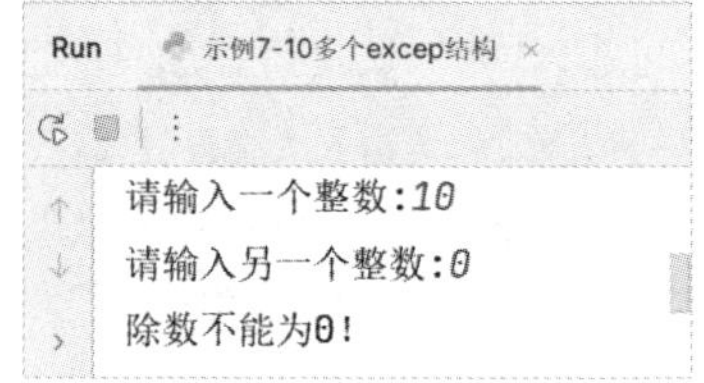

图 7-13　示例 7-10 运行效果图(输入整数)

图 7-14　示例 7-10 运行效果图(输入字符)

图 7-15　示例 7-10 运行效果图(除数为 0)

7.2.2　try-except-else 结构

异常处理的第 2 种结构是 try-except-else 结构，如果 try 语句块中没有抛出异常，则执行 else 语句块，如果 try 中抛出异常，则执行 except 块。

try-except-else 语法结构如下：

```
try:
```

```
        可能会产生异常的代码
    except 异常类型:
        异常处理代码
    else:
        无异常时执行的代码
```

try-except-else 结构的使用如示例 7-11 所示。程序正常执行，无异常的情况下执行 try-else，输出了计算结果，如图 7-16 所示。当出现被 0 除的异常，程序执行的是 try-except ZeroDivisionError 中的异常处理代码，输出了“除数不能为 0！”，如图 7-17 所示。

【示例 7-11】 try-except-else 结构的使用。

```
try:
    num1 = int(input('请输入一个整数:'))
    num2 = int(input('请输入另一个整数:'))
    result = num1 / num2
except ZeroDivisionError:
    print('除数不能为 0！ ')
except ValueError:
    print('不能将字符串转换为数字！ ')
except BaseException:
    print('未知异常')
else:
    print('结果为:',result)
```

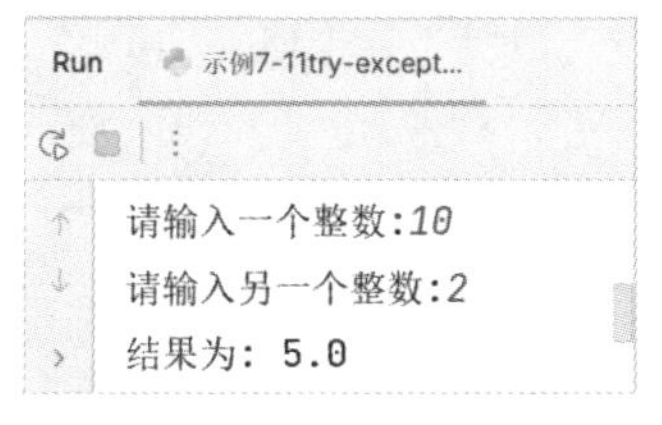

图 7-16 示例 7-11 运行效果图（输入整数）

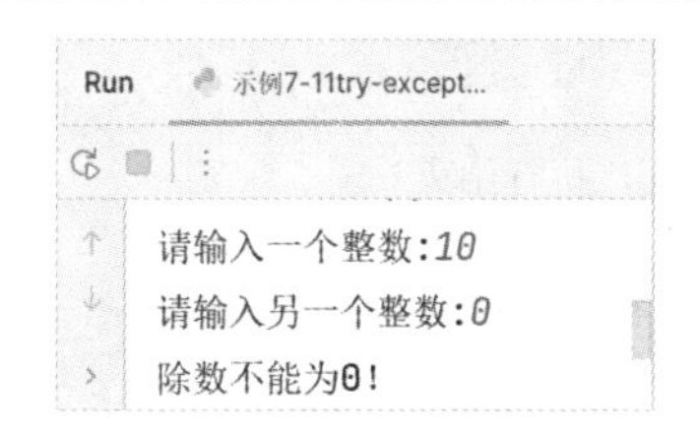

图 7-17 示例 7-11 运行效果图（除数为 0）

7.2.3 try-except-else-finally 结构

完整的异常处理结构应该包含 finally 语句块，将无论是否发生异常都必须执行的代码放到 finally 语句块中。finally 中的代码常用来释放 try 块中申请的资源，如文件的关闭、数据库连接的关闭等。在 try-except-else-finally 结构中 else 语句块为可选部分。当 try 语句块中的代码出现异常时执行 try-excep-finally 结构，如果 try 语句块中的代码没有出现异常，执行 try-else-finally 结构。

try-except-else-finally 语法结构如下：

```
    try:
        可能会产生异常的代码
```

```
except 异常类型:
    异常处理代码
else:
    无异常时执行的代码
finally:
    无论是否产生异常都要执行的代码
```

try-except-else-finally 的使用如示例 7-12 所示。程序正常运行没有出现异常时执行了 try-else-finally 中的代码，如图 7-18 所示；当输入了字符“a”时执行了 try-except-finally 中的代码，如图 7-19 所示。

【示例 7-12】 try-except-else-finally 结构的使用。

```
try:
    num1 = int(input('请输入一个整数:'))
    num2 = int(input('请输入另一个整数:'))
    result = num1 / num2
except ZeroDivisionError:
    print('除数不能为 0！')
except ValueError:
    print('不能将字符串转换为数字！')
except BaseException:
    print('未知异常')
else:
    print('结果为:',result)
finally:
    print('程序执行结束！')
```

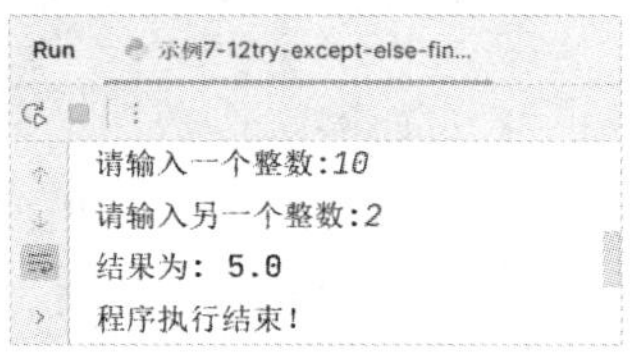

图 7-18　示例 7-12 运行效果图（输入整数）

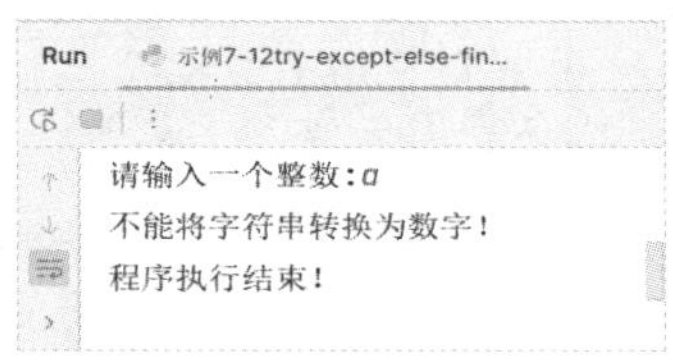

图 7-19　示例 7-12 运行效果图（输入字符）

7.2.4　rasie 关键字

在 Python 中可以使用 raise 关键字抛出一个异常，从而提醒程序出现了异常情况，让程序能够正确地处理这些异常情况。

raise 关键字的语法结构如下：

raise [Exception 类型(异常描述信息)]

raise 关键字的使用如示例 7-13 所示，当用户输入的性别不是“男”也不是“女”时，手动抛出一个 Exception 对象并被 except 进行了捕获，输出了异常描述信息“性别只能是男或女”，如图 7-20 所示。当输入用户的性别为“男”时，if 条件判断如果为 False，执行 else 部分的输出，如图 7-21 所示。

【示例 7-13】 raise 关键字的使用。

```
try:
    gender = input('请输入您的性别:')
    if gender != '男' and gender != '女':
        raise Exception('性别只能是男或女')
    else:
        print('您输入的性别为:', gender)
except Exception as e:
    print(e) # 输出异常描述信息
```

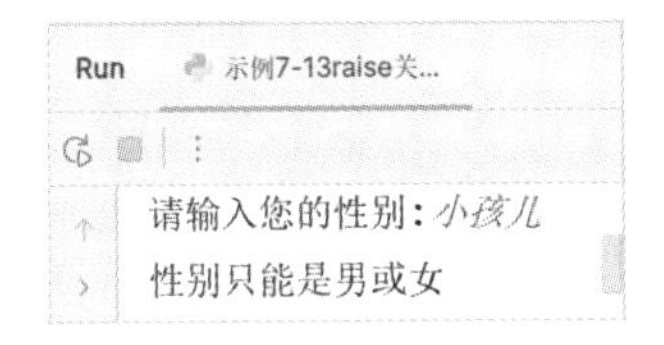

图 7-20 示例 7-13 运行效果图(输出异常)

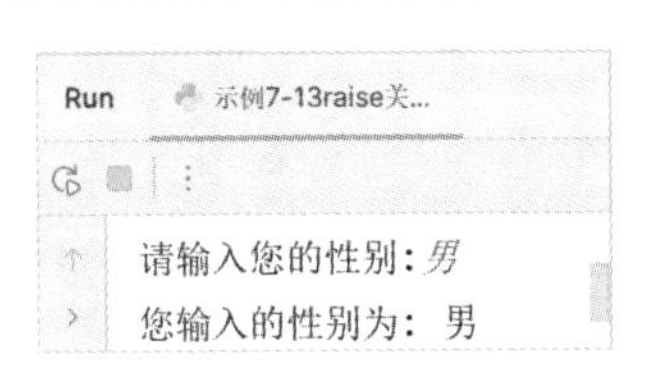

图 7-21 示例 7-13 运行效果图(输入正常)

7.3 常见的异常类型

Python 中异常类型有很多，不需要全部记住，只需要掌握几个常用的异常类型即可。常见的异常类型如表 7-1 所示。

表 7-1 Python 中常见的异常类型

异常类型	说　明
ZeroDivisionError	当除数为 0 时，引发的异常
IndexError	索引超出范围所引发的异常
KeyError	字典取值时 key 不存在的异常
NameError	使用一个没有声明的变量时引发的异常
SyntaxError	Python 中的语法错误
ValueError	传入的值错误
AttributeError	属性或方法不存在的异常
TypeError	类型不合适引发的异常
IndentationError	不正确的缩进引发的异常

常见异常类型的产生如示例 7-14 所示。

【示例 7-14】 常见异常类型的产生。

```
# coding:utf-8
# (1)ZeroDivisionError
# print(10/0)

# (2)IndexError
# lst=[10,3,34,5]
# print(lst[4])

# (3)KeyError
# d={'name':'ysj','age':20}
# print(d['gender'])

# (4)NameError
#print(hello)

# (5)SyntaxError
# print('hello)

# (6)ValueError
# print(int('a'))

# (7)AttributeError
# i=10
# print(i.name)

# (8)TypeError
# print('hello'+13)

# (9)IndentationError
    print('hello')
```

在没有使用 Python 的异常处理机制时，程序产生异常之后，后续的代码将不再执行，所以读者在运行示例 7-14 时，要注意使用注释符号，运行一个异常案例后，将该案例进行注释，然后取消下一个案例的注释符号，继续运行。

7.4 PyCharm 的程序调试

在编写代码的过程中出现错误(或异常)是很正常的情况，一旦出现问题应该怎么解决呢？PyCharm 提供了一套代码调试的工具，可以非常方便地定位异常。

通过案例来讲解如何使用 PyCharm 进行调试。被调试的代码如示例 7-15 所示，当 i<10 时循环输出 i 的值，运行效果如图 7-22 所示。

【示例 7-15】 被调试的代码。

```
i=1
while i<10:
    print(i)
```

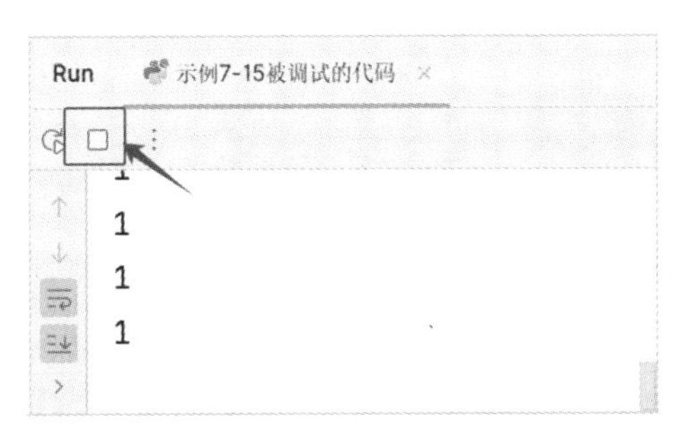

图 7-22　示例 7-15 运行效果图

从图 7-22 中可以看到 i 的值始终是 1，箭头所指的方框一直为红色，表示程序一直在运行，没有结束。究竟是什么原因导致循环没有执行结束，i 的值始终是 1 呢？通过使用 PyCharm 的代码调试工具进行调试，查找问题出现的原因。

使用 PyCharm 进行代码调试的操作步骤如下：

(1) 设置断点。在 while 所在行的行号处，单击鼠标左键，设置断点，如图 7-23 所示，当出现红色的圆点时表示断点设置成功。

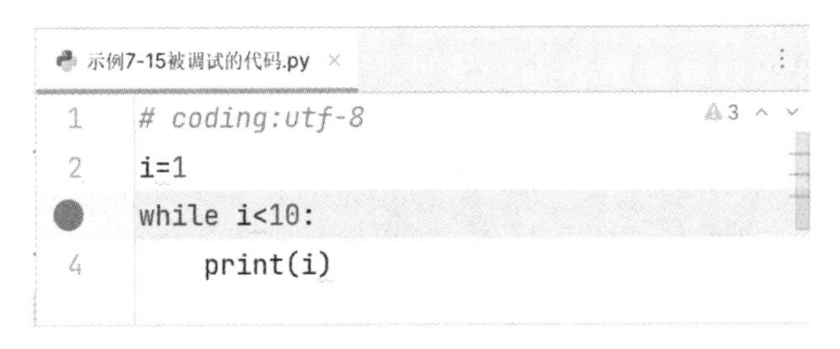

图 7-23　设置断点

(2) 进入调试视图，进入调试视图有以下 3 种方式：

① 单击工具栏上的“调试”按钮，如图 7-24 所示。

② 编辑区单击右键选择“Debug 模块名”(与运行程序步骤相同)。

③ 快捷键：Shift+F9。

调试视图窗口如图 7-25 所示。

图 7-24　工具栏上的调试按钮

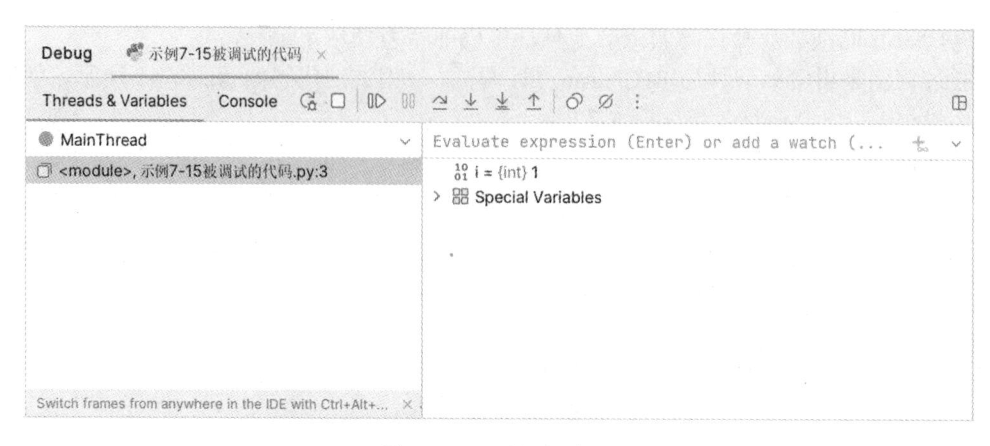

图 7-25　调试视图窗口

(3) 开始调试。调试窗口由变量查看窗口、调试控制窗口、线程控制窗口和程序控制窗口组成，如图 7-26 所示。

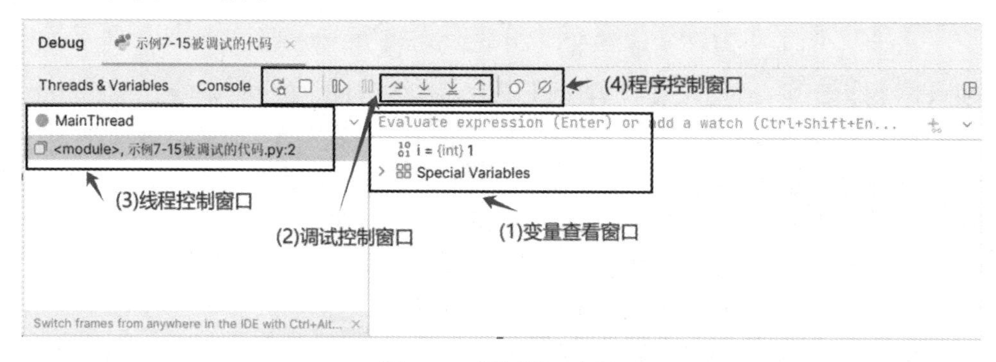

图 7-26　调试窗口介绍

变量查看窗口用来观察程序运行时变量和变量的值。调试控制窗口用来控制代码的运行路径。如果当前运行的程序为多线程，可以通过线程控制窗口下的下拉框来切换线程(多线程的内容在章节 13 中讲解)。程序控制窗口用来控制程序运行和终止。

程序控制窗口的详细介绍如图 7-27 所示。窗口左数第 1 个按钮表示重新以调试模式运行当前程序；单击左数第 2 个按钮即红方框将直接停止运行当前程序；单击一下左数第 3 个按钮将会跳过当前断点，直接运行到下一个断点处；单击一下右数第 2 个按钮将显示程序中所有设置的断点；单击右数第 1 个按钮将会使程序中所有的断点都失效。

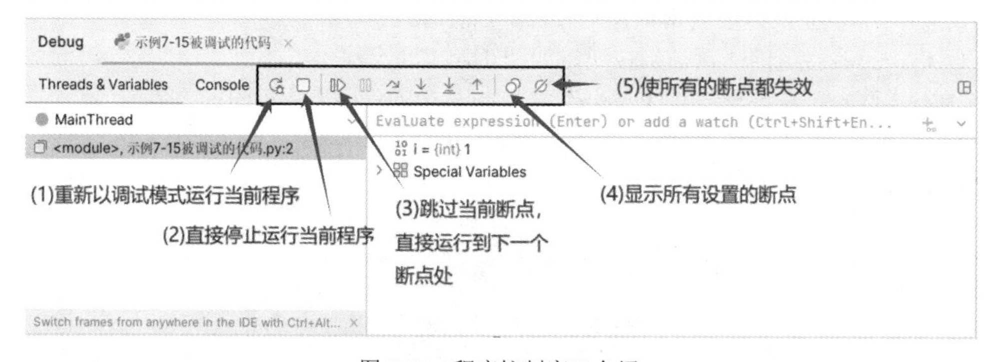

图 7-27　程序控制窗口介绍

调试控制窗口的详细介绍如图 7-28 所示。方框中左侧第 1 个图标是单步运行按钮，当单击时将单步运行程序，不会进入函数内部执行；左侧第 2 个图标同样是单步运行按钮，但是单击时程序会进入函数内部执行，包括进入程序的源代码；左侧第 3 个图标依然是单步运行按钮，程序会进入函数内部执行，但是只进入自己编写的函数内部执行；单击方框中右侧第 1 个图标将跳出当前函数体，函数中的后续代码将不再单步执行，直接执行完函数(函数的内容将在第 8 章节讲解)。

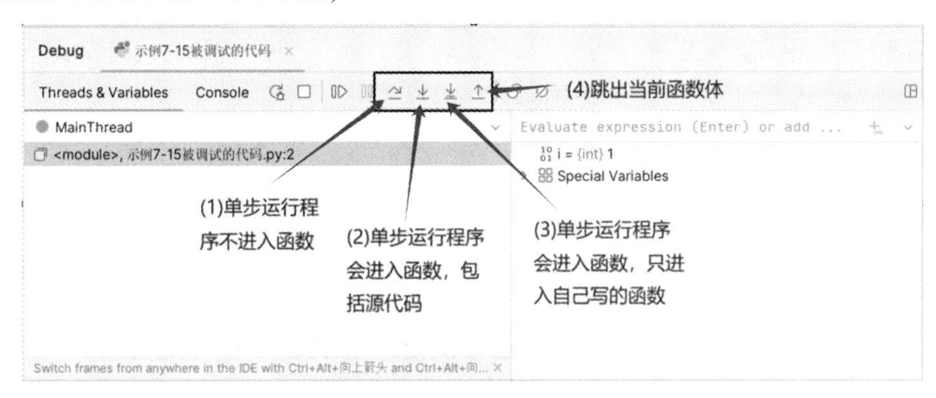

图 7-28 调试控制窗口介绍

单击图 7-28 中的“单步运行程序不进入函数”按钮，发现每单击一次鼠标，线程控制窗口中的行号就会发生变化，如图 7-29 和图 7-30 所示。单击多次发现行号一直在 3 和 4 之间进行切换，变量观察窗口中 i 的值始终是 1，从而可以断定 i 的值没有进行改变，需要添加代码 i + = 1，如示例 7-16 所示。

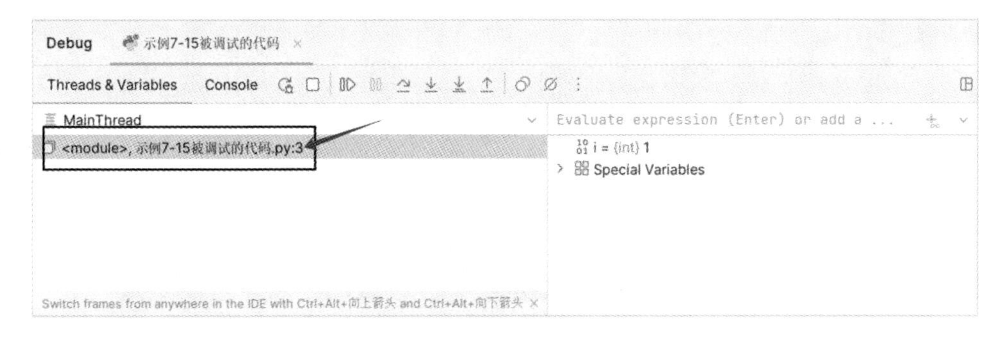

图 7-29 调试示例 7-15 行号为 3

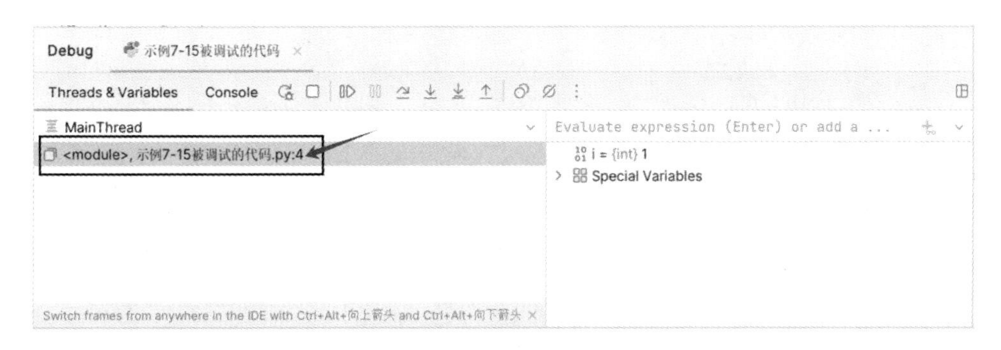

图 7-30 调试示例 7-15 行号为 4

【示例 7-16】 修改示例 7-15 代码。

```
# coding:utf-8
i=1
while i<10:
    print(i)
    i+=1
```

在示例 7-16 中设置断点进行调试，代码编辑窗口中“蓝色”背景的代码表示程序即将执行但是还没有执行的代码。示例 7-16 的调试过程如图 7-31 所示，在 while 行号处设置断点，观察变量窗口 i 值的变化，单击调试控制窗口中的“单击运行程序不进入函数”按钮，观察程序的执行。单击图 7-32 中的“Console”图标查看变量值的输出结果是否正确。

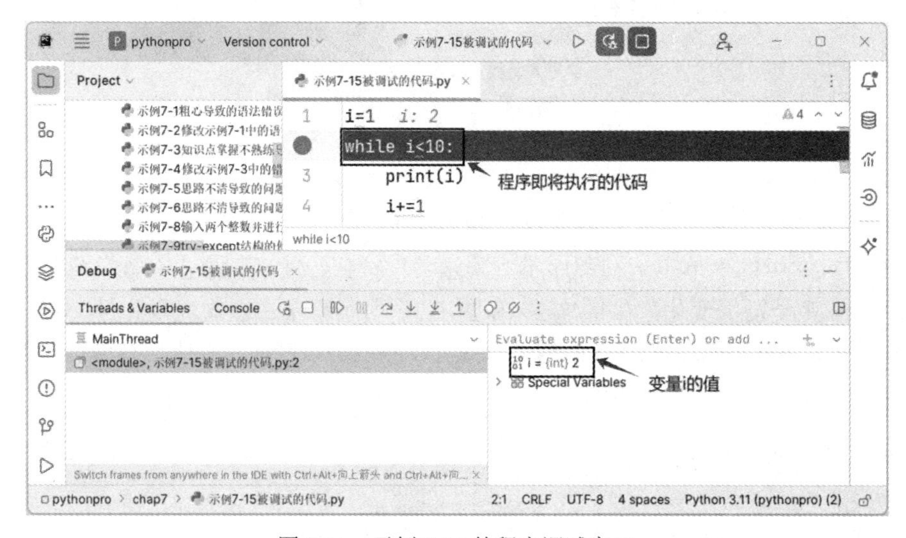

图 7-31　示例 7-16 的程序调试窗口

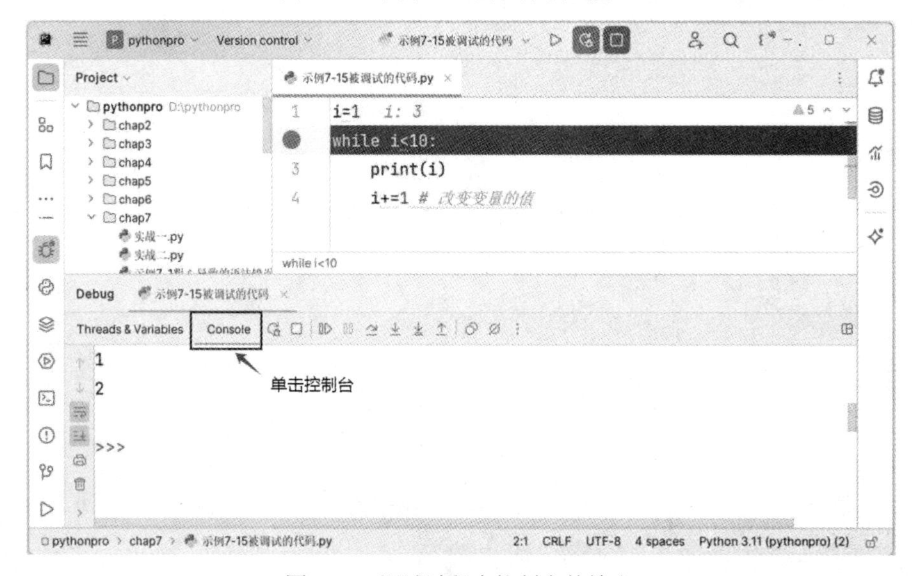

图 7-32　调试过程中控制台的输出

程序调试会伴随程序员的整个职业生涯，这项技能需要在以后的代码调试中不断地应用，才能慢慢变得熟练。

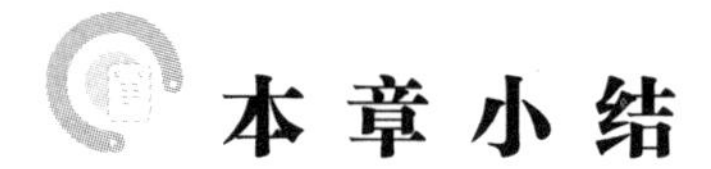

本 章 小 结

本章介绍了在编写 Python 代码时常遇到的 Bug 问题，由于粗心和知识点掌握不熟练导致的问题，只能通过不断练习来进行解决，量变最终会引起质的变化。

在编写 Python 代码的过程中要不断积累异常的类型，要去思考、判断异常产生的原因，并通过 print()函数和巧妙运用注释来排查错误并及时修改代码。调试是一个漫长的过程，需要耐心和细心。

Python 提供了 3 种异常处理的结构：try-except、try-except-else 和 try-except-else-finally，在编写代码时要将异常处理结构运用其中，不要把报错信息展示给用户，用户不明情况会感到很无助。

最后讲解了使用 PyCharm 的调试步骤，通过设置断点、单步运行程序、观察变量值的变化、查找问题的原因并修改代码，最后重新调试，直到所有问题都被解决。没有谁可以通过一次调试就解决所有问题，学会调试程序也是程序员的基本职业技能之一，多练、多调才能在技能上有所提升。

第 7 章习题、习题答案及程序源码

第 8 章
函数及常用的内置函数

本章目标

☆ 掌握函数的定义及调用；
☆ 掌握函数的参数传递；
☆ 掌握函数的返回值；
☆ 掌握变量的作用域；
☆ 熟悉匿名函数 lambda 的使用；
☆ 熟悉常用的内置函数。

8.1 函数

函数是将一段实现功能的完整代码进行封装，通过函数名称进行调用，以达到一次编写，多次调用的目的。例如，输出函数 print()、输入函数 input()都叫内置函数，是 Python 的开发者写好的功能，通过函数名称 print 和 input 进行封装，在使用时直接使用函数名称 print 和 input 进行调用，就可以实现输出和输入功能。

8.1.1 函数的定义及调用

可以根据自己的需要定义一些函数，被称为自定义函数。使用函数的好处就是可以实现代码的复用，当功能相同时只需要调用写好的函数即可，无须再编写实现代码。在 Python 中定义函数使用关键字 def 来实现。

函数定义的语法结构如下：

def 函数名称(参数列表):
    函数体
    [return 返回值列表]

函数名称由自己命名，但要遵循标识符的命名规则，建议函数名称要见名知意；参数可以是多个，多个参数之间使用英文逗号分隔；函数体是用于实现功能的 Python 代码。最后，[return 返回值列表]是可选部分，如果函数没有返回值可以省略不写，如果有返回值则必须使用 return 关键字进行返回(返回给函数的调用处)。Python 中函数的返回值可以是多个，如果返回值是多个，则结果是元组类型。

无返回值的函数调用很简单，直接通过函数名称调用即可。

无返回值函数调用的语法结构如下：

函数名(参数列表)

自定义一个求和函数并调用执行，如示例 8-1 所示，运行效果如图 8-1 所示。

【示例 8-1】 函数的定义和调用。

```
# coding:utf-8
def get_sum(num):
    s=0
    for i in range(1,num+1):
        s+=i
    print(f'1 到{num}之间的和为:{s}')

# 函数的调用
get_sum(10)
get_sum(100)
get_sum(1000)
```

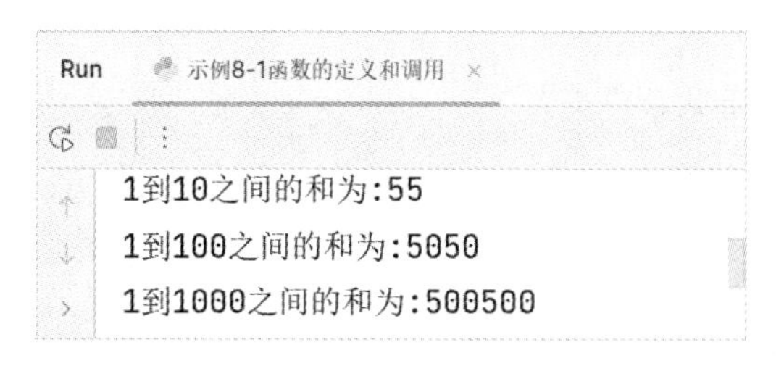

图 8-1　示例 8-1 运行效果图

在示例 8-1 中自定义的函数名称为 get_sum，函数的参数只有一个，名称为 num。在函数定义处的参数称为形式参数，简称形参。函数所实现的功能是计算 1 到 num 之间的累加和，num 的值在函数调用时才会被传入。

在示例 8-1 中函数 get_sum 被调用了 3 次。第 1 次调用时 num 的值为 10，在函数调用处传入的参数称为实际参数，简称实参。第 1 次调用传入的 10 就是实际参数值，第 2 次调用和第 3 次调用分别传入了实参值 100 和 1000。

通过示例 8-1 可以看出，函数被定义了一次，但是可以被多次调用，函数定义处的参数是一个可变因素，在函数调用处被传入。由于在调用处传入的参数值不同，所以运行结果也不相同，但功能相同，都是计算累加和，实现了累加求和代码的复用。

函数使用总结如下：

☆ **函数定义：**

(1) 使用关键字 def;

(2) 确定函数名称、参数名称、参数个数、编写函数体(用于实现函数功能的代码)。

☆ **函数调用：**

(1) 通过函数名称进行调用函数；

(2) 对函数的每个形式参数进行实际参数的传值。

☆ **函数执行：**

使用实际参数参与函数功能的实现。

☆ **函数返回结果：**

函数执行结束后，如果使用 return 返回结果，则结果被返回到函数的调用处。

8.1.2 函数的参数传递

在函数定义处的参数是形式参数，在函数调用处的参数为实际参数。在 Python 中函数参数的定义和函数调用的参数传递是非常讲究的。函数的参数类型大致可以分为位置参数、关键字参数、默认值参数和可变参数等。

1. 位置参数

位置参数是指调用时的参数个数和顺序必须与定义的参数个数和顺序完全相同。位置参数的使用如示例 8-2 所示，运行效果如图 8-2 所示。

【示例 8-2】 位置参数的使用。

```
# coding:utf-8
def happy_birthday(name, age):
    print('祝'+name + '生日快乐')
    print(str(age)+'岁生日快乐')



# 函数调用
# happy_birthday('娟子姐')  # TypeError: happy_birthday() missing 1 required positional argument: 'age'
# happy_birthday(18,'娟子姐')     # TypeError: can only concatenate str (not "int") to str

# 正确的传递方式
happy_birthday('娟子姐', 18)
```

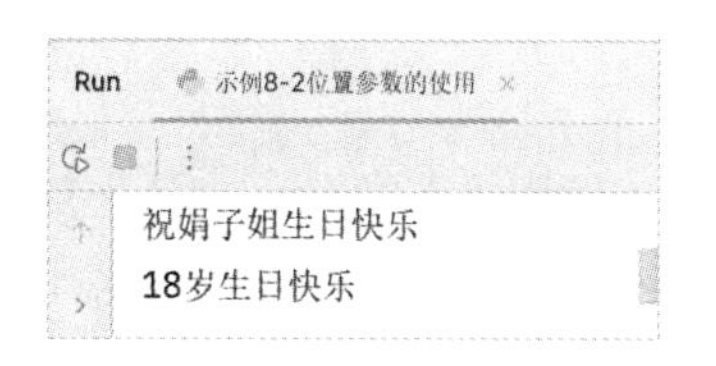

图 8-2　示例 8-2 运行效果图

示例 8-2 中自定义的函数名称为 happy_birthday，函数的形式参数有 name 和 age 两个，函数的功能用于实现生日祝福的输出。在示例 8-2 中 happy_birthday('娟子姐')代码被注释掉了，因为函数的定义处是两个形式参数，而函数的调用处却只传了一个参数，所以程序会抛出“TypeError: happy_birthday() missing 1 required positional argument: 'age'”的异常，告诉用户传丢了一个位置参数 age。代码“happy_birthday(18,'娟子姐')”也被注释掉了，虽然函数调用处传入的参数个数和函数定义处的参数个数相同，但是传入的“语义”顺序与定义处不相符，所以在实现函数功能时抛出了“TypeError: can only concatenate str (not "int") to str”的异常。这个异常是由代码“print('祝'+name+'生日快乐')”产生的，因为第一个位置在调用时传入的是 18，所以形参 name 被赋予了实际值 18，在将字符串“祝”与整数 18 进行连接操作时产生了类型错误。

在 Python 3.11 中还增加了类型提示和调用次数提示功能，在定义函数时可以规定参数的数据类型，形式参数后面加上英文的冒号，冒号后跟上形式参数的数据类型，如示例 8-3 所示，右括号右侧的“-> int”表示函数返回值的数据类型。在函数调用处传参时也有相应的提示，如图 8-3 中所示的“a:5,b:10”。

【示例 8-3】 类型提示和调用次数提示。

```
def add_numbers(a:int,b:int)->int:
    return a+b
result=add_numbers(5,10)
print(result)
result=add_numbers(15,100)
print(result)
```

在函数定义处的上方增加了函数的调用次数提示，当单击“2 usages”时将打开一个新的窗口，在窗口中有该函数被调用的位置，如图 8-3 所示。add_numbers 函数分别在第 3 行和第 5 行进行了调用，通过上下键可以选择被调用的函数，单击将跳转到函数的调用处。

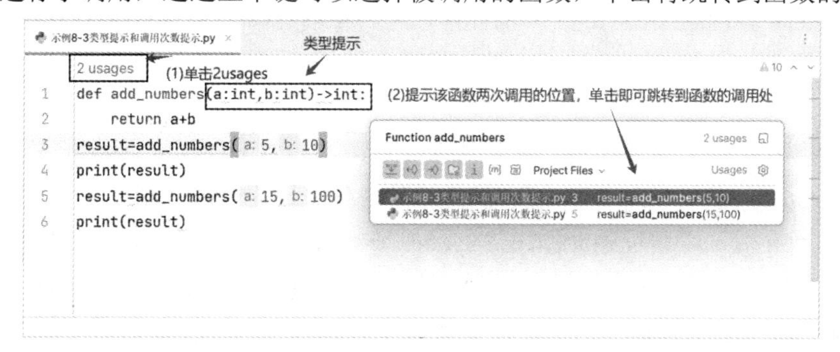

图 8-3　类型提示和调用次数提示功能

2. 关键字参数

关键字参数是在函数调用时，使用“形参名称 = 值”的方式进行传参，传递参数顺序可以与定义时参数的顺序不同。关键字参数的使用如示例 8-4 所示，运行效果如图 8-4 所示。

【示例 8-4】 关键字参数的使用。

```
# coding:utf-8
def happy_birthday(name,age):

    print('祝'+name+'生日快乐')
    print(str(age)+'岁生日快乐')

# 关键字传参
happy_birthday(age=18,name='陈梅梅')
# happy_birthday(name='陈梅梅',age1=18)   # 参数的名称必须与函数定义的参数的名称相同

happy_birthday('陈梅梅',age=18)   # 第一个参数使用位置参数传参，第二个参数使用关键字参数传参

#happy_birthday(name='陈梅梅',19)   # SyntaxError: positional argument follows keyword argument
```

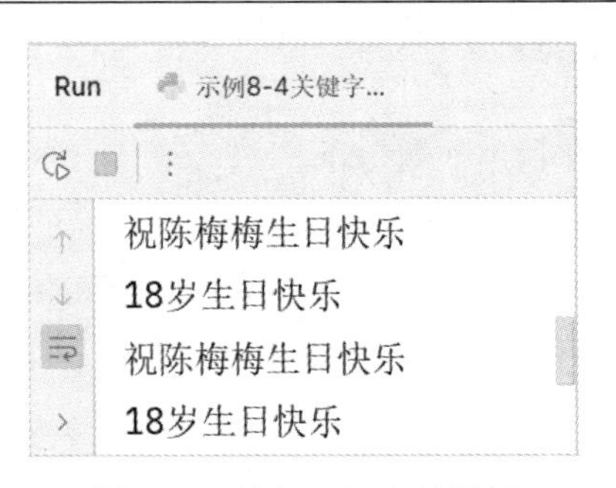

图 8-4　示例 8-4 运行效果图

在使用关键字传参时，传递参数顺序可以与定义时参数的顺序不同，如示例 8-4 中的代码“happy_birthday(age = 18,name = '陈梅梅')”，但在调用处传参时要求参数的名称必须与函数定义处的参数名称相同，否则程序会抛出“TypeError: happy_birthday() got an unexpected keyword argument 'age1'”的异常，意为参数名称 age1 未找到，如示例 8-4 中被注释掉的代码 happy_birthday(name = '陈梅梅',age1 = 18)，读者可取消注释符号自行运行程序查看运行效果。

位置参数和关键字参数在进行参数传递时可以互相搭配使用，如示例 8-4 中的代码“happy_birthday('陈梅梅',age = 18)”，但是这种搭配使用需要注意顺序，要求位置参数在前关键字参数在后，否则程序会抛出“SyntaxError: positional argument follows keyword argument”的异常，如示例 8-4 中最后一句被注释掉的代码“happy_birthday(name = '陈梅梅',19)”就违反了位置参数在前关键字参数在后的规则。

3. 默认值参数

默认值参数是在函数定义时，直接对形式参数进行赋值，在调用时如果该参数不进行实参传值，将使用默认值；如果该参数传入实际值，则使用传递的实际值参与函数功能的实现。默认值参数的使用如示例 8-5 所示，运行效果如图 8-5 所示。

【示例 8-5】 默认值参数的使用。

```
# coding:utf-8
def happy_birthday(name='娟子姐',age=18):


    print('祝'+name+'生日快乐')
    print(str(age)+'岁生日快乐')


# 采用默认值调用
happy_birthday()
happy_birthday('陈梅梅')        # age 使用了默认值
happy_birthday(age=19)          # 使用了关键字传参，name 使用默认值
# happy_birthday(19)
# 同时存在位置参数和默认值参数时，默认值参数放后(函数定义时)
def fun(a,b=20):
    pass


# def fun2(a=20,b):
   # pass
```

图 8-5　示例 8-5 运行效果图

在示例 8-5 中自定义函数 happy_birthday 被调用了 3 次。第 1 次调用，一个参数都没传，全部采用了默认值。第 2 次调用只传了一个参数，采用的传参方式是位置传参，会将“陈梅梅”传递给形参 name，参数 age 则采用了默认值 18。第 3 次调用同样也只传了一个参数，采用的传参方式是关键字传递，会将 19 传递给形式参数 age，形式参数 name 采用了默认值“娟子姐”。示例 8-5 中执行被注释掉的代码“happy_birthday(19)”，程序会抛出异常，

因为在调用时只传入了一个 19，所以是位置传参，会将 19 传递给函数定义处的形式参数 name，导致在执行“print('祝'+name+'生日快乐')”代码进行字符串连接时报错。

在示例 8-5 中函数 def fun(a,b=20)的定义同时存在位置参数和默认值参数时，要求默认值参数在位置参数之后，否则程序会抛出异常，如被注释掉的代码“def fun2(a = 20,b)”。读者可取消注释符号自行运行程序查看运行效果。

4. 可变参数

可变参数又分为个数可变的位置参数和个数可变的关键字参数两种，其中个数可变的位置参数是在形式参数前加一颗星(*para)，para 为形式参数的名称，函数调用时可接收任意个数的实际参数，并放到一个元组中。个数可变的关键字参数是在形式参数前加两颗星(**para)，在函数调用时可接收任意多个“关键字 = 值”形式的参数，并放到一个字典中。可变参数的使用如示例 8-6 所示，运行效果如图 8-6 所示。

【示例 8-6】 可变参数的使用。

```
# coding:utf-8
# 个数可变的位置参数
def fun(*para):
    print(type(para))
    for item in para:
        print(item)

# 调用时参数传递
fun(10,20,30,40)
fun(10)
fun(20,30)
print('---------------------')
fun([11,22,33,44])
# 调用时参数前加一颗星，会将列表进行解包
fun(*[12,23,34])

# 个数可变的关键字参数
def fun2(**kwpara):
    print(type(kwpara))
    for key,value in kwpara.items():
        print(key,'----',value)

# 调用
fun2(name='娟子姐',age=18,height=170)

d={'name':'娟子姐','age':18,'height':170}
# fun2(d) #TypeError: fun2() takes 0 positional arguments but 1 was given
fun2(**d)
```

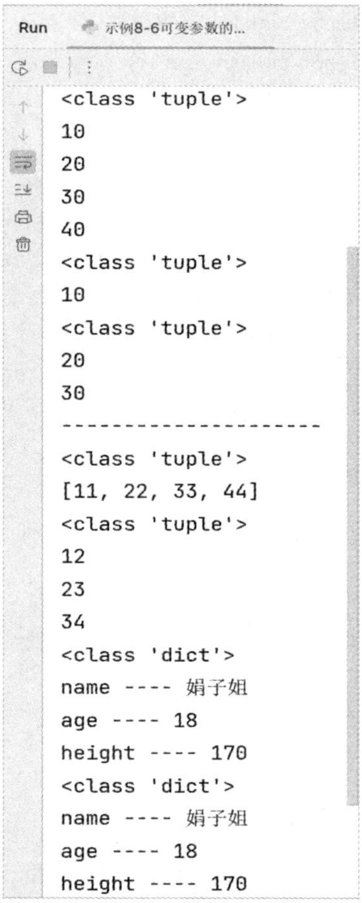

```
Run  示例8-6可变参数的...
<class 'tuple'>
10
20
30
40
<class 'tuple'>
10
<class 'tuple'>
20
30
---------------------
<class 'tuple'>
[11, 22, 33, 44]
<class 'tuple'>
12
23
34
<class 'dict'>
name ---- 娟子姐
age ---- 18
height ---- 170
<class 'dict'>
name ---- 娟子姐
age ---- 18
height ---- 170
```

图 8-6　示例 8-6 运行效果图

在示例 8-6 中代码“fun([11,22,33,44])”与代码“fun(*[12,23,34])”不同，第一个是将列表[11,22,33,44]作为一个参数传到函数 fun 中，由于个数可变的参数是一个元组类型，所以元组中只有一个元素，是列表。而代码“fun(*[12,23,34])”在进行实参传值时，列表之前有颗“*”，这颗“*”在这里起的作用是系列解包，列表中有多少个元素，就解包出多少个值，每个值都将作为一个独立的元素被传到 fun 函数中。

个数可变的关键字参数类型是一个字典，可不可以直接将字典作为参数传入呢？答案是不可以的，如示例 8-6 中执行被注释掉的代码“fun2(d)”将会抛出“TypeError: fun2() takes 0 positional arguments but 1 was given”的异常，要想将字典中的值作为关键字实参传入，只需在传参时在字典对象前加上两颗“*”即可，如示例 8-6 中的代码“fun2(**d)”。

8.1.3　函数的返回值

函数的返回值就是函数执行结束之后的结果(可有可无)，如示例 8-1、示例 8-2、示例 8-4、示例 8-5 以及示例 8-6，定义的都是无返回值的函数。如果函数的运行结果需要在其他函数中使用，那么这个函数就应该被定义为带返回值的函数。函数的运行结果使用 return 关键字进行返回(返回到函数的调用处)，如示例 8-3 中的 return a + b，在函数调用处使用变量 result 对函数的返回值进行存储。

return 可以出现在函数中的任意一个位置，用于结束函数。返回值可以是一个值也可以是多个值，如果返回的值是多个，结果是一个元组类型。在函数的调用处可以将返回值放到变量中进行存储，如果函数没有使用 return 关键字，那么函数的返回值为 None。函数返回值的使用如示例 8-7 所示，运行效果如图 8-7 所示。

【示例 8-7】 函数返回值的使用。

```
# coding:utf-8
# 函数的返回值
def calc(a,b):
    print(a+b)


calc(10,20)
print(calc(1,2))   # None


# 带有返回值的函数
def calc2(a,b):
    s=a+b
    return s


print('--------------------------')
# 函数的调用处
get_s=calc2(1,2)
print(get_s)
```

```
# 返回多个值
def get_sum(num):
    s=0    # 累加和
    odd_sum=0    # 奇数和
    even_sum=0    # 偶数和
    for i in range(1,num+1):
        if i%2!=0:    # 等价写法 i%2
            odd_sum+=i
        else:
            even_sum+=i
        s+=i    # 累加和
    return odd_sum,even_sum,s

result=get_sum(10)
print(type(result))
print(result)

a,b,c=get_sum(10)
print(a)
print(b)
print(c)
```

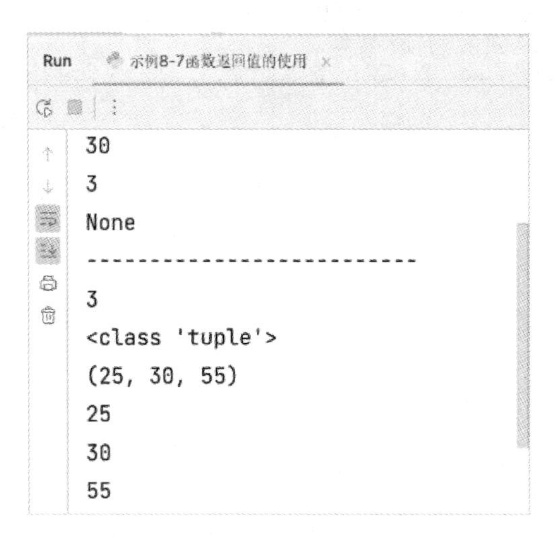

图 8-7　示例 8-7 运行效果图

在示例 8-7 中函数 def calc(a,b)是一个无返回值的函数，所以在使用 print(calc(1,2))输出函数 calc 的返回值时结果为 None。示例 8-7 中函数 def calc2(a,b)是一个带有返回值的函数，在调用时将函数 calc2 的返回值存储到变量 get_s 中，最后使用 print(get_s)输出了 get_s 的值。示例 8-7 中函数 def get_sum(num)是一个多返回值的函数，由于多返回值的函数的结果是一个元组类型，所以可以将元组中的值进行解包赋值，如示例 8-7 中的代码 a,b,c=get_sum(10)就是将函数 get_sum 的返回值解包赋给了 a、b、c 这 3 个变量。

8.1.4　变量的作用域

变量的作用域是指变量起作用的范围，根据范围作用的大小可以分为局部变量和全局变量。在函数定义处的参数和函数内部定义的变量都属于局部变量，作用范围仅在函数内部使用，函数执行结束，局部变量的生命周期也结束，如示例 8-8 所示。

【示例 8-8】 局部变量的作用范围。

```
def calc(a,b):
    s=a+b
    return s


print(a,b,s)
```

示例 8-8 中函数 calc 中参数有 a、b 以及函数内部定义的变量 s，这 3 个变量都是局部变量，作用范围仅限于函数 calc 中。在 calc 的外部是不可以使用 a、b、s 这 3 个变量的，否则程序将抛出“name 'a' is not defined”的异常，如图 8-8 所示。

```
Run    示例8-8局部变量的作用范围 ×

Traceback (most recent call last):
  File "D:\pythonpro\chap8\示例8-8局部变量的作用范围.py", line 6, in <module>
    print(a,b,s)
          ^
NameError: name 'a' is not defined
```

图 8-8　示例 8-8 运行效果图

全局变量是在函数外定义的变量或函数内部使用 global 关键字修饰的变量，全局变量的作用范围是整个程序，程序运行结束，全局变量的生命周期才结束。当全局变量与局部变量重名时，局部变量优先级高于全局变量。全局变量的使用如示例 8-9 所示，运行效果如图 8-9 所示。

【示例 8-9】 全局变量的使用。

```
# coding:utf-8
a=100  # 全局变量
def calc(x,y):
    return a+x+y


print(calc(10,20))
print(a)
```

```
print('------------')

def calc2(x,y):
    a=200         # 局部变量，和全局变量名称相同了
    return a+x+y  # a是局部变量的a，局部变量更具有优先级
print(calc2(10,20))
print(a)          # 全局变量的a

print('------------')
def calc3(x,y):
    global s      # s为全局变量
    s=300
    #global s=300 # 报错
    return s+x+y

print(calc3(10,20))
print(s)
```

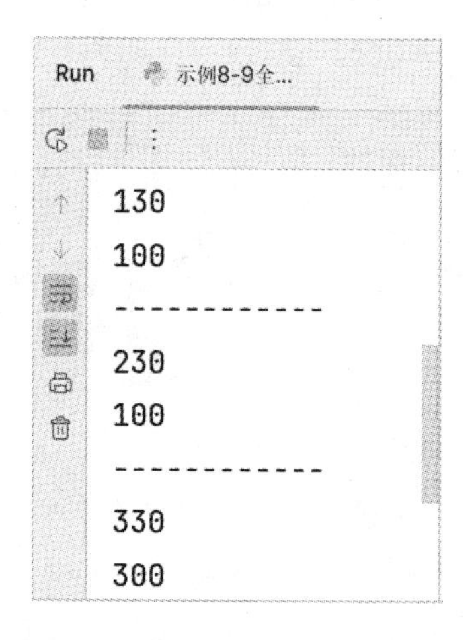

图 8-9　示例 8-9 运行效果图

示例 8-9 的函数 calc3 中，使用“global s”将 s 设置为了全局变量，并赋值为 300。需要注意的是，将 s 设置为全局变量和赋值必须分两句代码完成，直接写成“global s = 300”程序将报错，读者可取消注释符号自行运行程序查看效果。

8.1.5　匿名函数 lambda

匿名函数是指没有名字的函数，这种函数只能使用一次，一般是在函数的函数体中只有一句代码且只有一个返回值时，可以使用匿名函数来简化。在 Python 中匿名函数使用关键字 lambda 定义。

匿名函数的语法结构如下：

Result = lambda 参数列表:表达式

匿名函数的参数可以有多个，所以是参数列表，表达式是用于实现函数功能的代码。匿名函数的使用如示例 8-10 所示，运行效果如图 8-10 所示。

【示例 8-10】 匿名函数的使用。

```
# coding:utf-8
def calc(a,b):
    return a+b

print(calc(10,20))

# 匿名函数
s=lambda a,b:a+b
print(type(s))      # <class 'function'>
# 调用匿名函数
print(s(100,200))

# 正常的列表取值
lst=[10,20,30,40,50]
for i in range(len(lst)):
    print(lst[i])
print('-------------------')
for i in range(len(lst)):
    result=lambda x:x[i]     # 匿名函数
    print(result(lst))

print('-------------------')
# 字典排序
student_scores=[
    {'name':'陈梅梅','score':98},
    {'name': '王一一', 'score': 95},
    {'name': '张天乐', 'score': 100},
    {'name': '白雪儿', 'score': 65}
]
# 对列表进行排序，排序的规则的是字典中的 score
student_scores.sort(key=lambda x:x['score'],reverse=True) # 降序
print(student_scores)
```

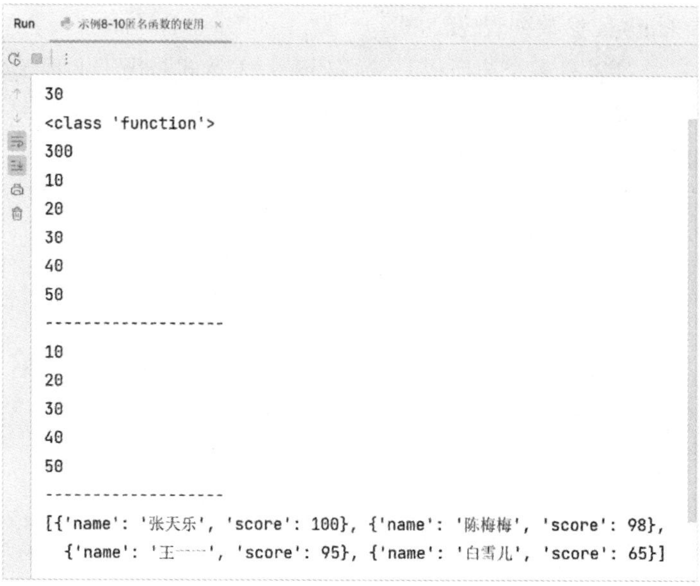

```
Run    示例8-10匿名函数的使用
30
<class 'function'>
300
10
20
30
40
50
-------------------
10
20
30
40
50
-------------------
[{'name': '张天乐', 'score': 100}, {'name': '陈梅梅', 'score': 98},
  {'name': '王一一', 'score': 95}, {'name': '白雪儿', 'score': 65}]
```

图 8-10　示例 8-10 运行效果图

示例 8-10 中 calc 函数的功能实现代码只有一句，即计算 a 与 b 的和，所以该函数可以使用匿名函数来替代，如示例 8-10 中的代码“s = lambda a,b:a + b”。该代码中 s 的数据类型为 function 函数类型，所以在调用使用 lambda 定义的匿名函数时，可以使用 s(100,200)进行调用，s 就代表了整个 lambda 函数。

示例 8-10 中代码 result = lambda x:x[i]定义了一个匿名函数，这里的 x 表示的是列表，x[i]是根据索引从列表中取值，这个匿名函数的调用由代码“print(result(lst))”来实现，将列表 lst 传给 lambda 中的 x。

在学习字典这种组合数据类型时，我们知道字典是无序的，但是如果把字典放到列表中，列表是可以排序的，可以通过指定列表排序的 sort 方法中的 key 值来决定排序的规则。如示例 8-10 中的代码“student_scores.sort(key=lambda x:x['score']，reverse=True)”，这里的 x 指的是列表中的单个字典，而 x['score']是根据 key 值从字典中取值，所以对列表排序实际是按照成绩来进行的。

8.1.6　递归函数

递归不仅在 Python 中有，在其他编程语言中也有，属于算法部分的内容。在函数章节介绍递归，是因为递归的前提是函数的定义，可以利用递归来丰富函数的操作。

那么，什么叫递归呢？在一个函数的函数体内调用该函数本身，该函数就是递归函数。简单来说递归函数就是自己调用自己，但也不能无限制地调用下去，是要有终止条件的，所以一个完整的递归操作由两部分组成，一部分是递归调用，一部分是递归终止条件，一般可使用 if…else 结构来判断递归的调用和递归的终止。

使用递归计算 N！(N 的阶乘)的递归计算过程如图 8-11 所示。5！= 5 × 4 × 3 × 2 × 1，4！= 4 × 3 × 2 × 1，依此类推，可以推出 N！= N × (N − 1)！。图 8-11 中 fac 为函数的名称，

该函数是一个自定义函数，用于计算 N!。使用递归计算 N! 如示例 8-11 所示。

$$\left.\begin{array}{lcl} 5! = 5\times4\times3\times2\times1 & = & 5! = 5\times4! \\ 4! = 4\times3\times2\times1 & = & 4! = 4\times3! \\ 3! = 3\times2\times1 & = & 3! = 3\times2! \\ 2! = 2\times1 & = & 2! = 2\times1! \\ 1! = 1 & = & 1! = 1 \end{array}\right\} \Longrightarrow N\times fac(N-1)$$

图 8-11　递归的计算过程

【示例 8-11】 使用递归计算 N!。

```
# coding:utf-8
# N! =N×(N-1)×(N-2)× … ×1，例如 5! = 5 × 4 × 3 × 2 × 1
def fac(n):
    if n==1:
        return 1
    else:
        return n*fac(n-1)

print(fac(5))
```

示例 8-11 中使用了 if…else 结构，if 用于判断递归的终止条件，当 n 的值为 1 时，递归结束，否则执行自己调用自己，如代码“return n*fac(n-1)”就是调用了 fac 函数，参数值为 n-1。

递归的调用过程是每递归调用一次函数，都会在栈内存分配一个栈帧，如图 8-12 所示。当 n = 5 时调用 fac()函数传入 5，if 条件判断 n = = 1 的结果为 False，执行 else 部分 n*fac(n-1)，此时没有办法去计算结果，要等 fac(n-1)的结果才能进行相乘计算，此时 n 的值是 5。5 - 1 之后，n 的值是 4，调用 fac()函数传入参数 4，再继续执行 if n = = 1 的判断，结果依然为 False，继续执行 else 部分，直到 n = 1 时，if n = = 1 的条件判断为 True，执行 return 1，至此调用结束。每执行完一次函数，都会释放相应的空间，如图 8-13 所示。所有空间释放完毕，即将输出结果，5! 为 120，在输出 120 之后，程序执行完毕。

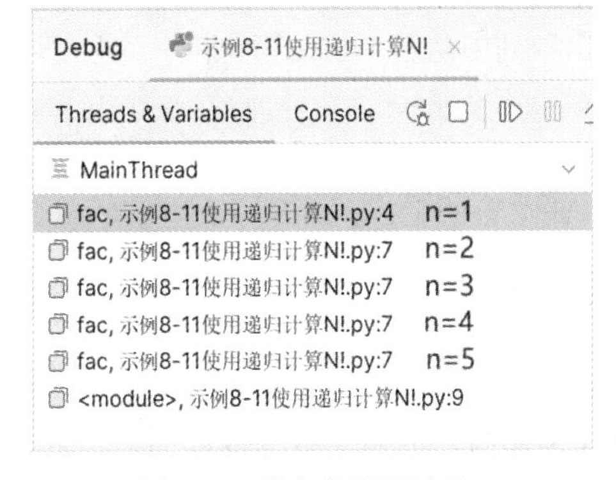

图 8-12　递归的调用过程

图 8-13　递归调用结束

使用递归函数的优点是思路和代码简单，当然缺点也有，就是占用内存多，因为每调用一次函数都会在内存开辟一个栈帧，所以效率比较低。

在学习递归时都会提到一个很迷人的数列，叫斐波那契数列(Fibonacci Sequence)，又称黄金分割数列，它是因数学家莱昂纳多·斐波那契(Leonardo Fibonacci)以兔子繁殖为例子而引入的，故又称为“兔子数列”，指的是这样一个数列：1、1、2、3、5、8、13、21、34、…，从第 3 项开始，每项都等于前两项之和，公式为 $f(n) = f(n-1) + f(n-2)$，当 $n = 1$ 或者 $n = 2$ 时递归结束调用。

使用递归计算斐波那契数列中第 N 项的值，如示例 8-12 所示，运行效果如图 8-14 所示。

【示例 8-12】 斐波那契数列。

```
# coding:utf-8
def fac(n):
    if n==1 or n==2:
        return 1
    else:
        return fac(n-1)+fac(n-2)

print(fac(9))

# 输出整个数列
for i in range(1,10):
    print(fac(i),end='\t')
```

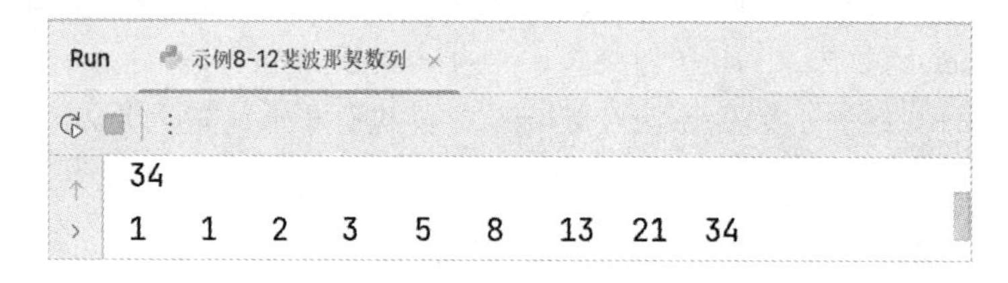

图 8-14 示例 8-12 运行效果图

示例 8-12 中代码“print(fac(9))”用于输出斐波那契数列中第 9 位上的数字。for 循环执行 9 次，循环体“print(fac(i), end='\t')”用于输出数列中从第 1 位到第 9 位上的数字。

8.2 常用的内置函数

内置函数是指不需要使用前缀就可以直接使用的函数，如输入函数 input()、输出函数

print()、操作序列的函数 len()、max()、min()等。

根据函数的功能可以将常用的内置函数分为数据类型转换函数、数学函数、迭代器操作函数以及其他函数。

常用的数据类型转换函数如表 8-1 所示。

表 8-1　数据类型转换函数

函数名称	说　明
bool(obj)	获取指定对象 obj 的布尔值
str(obj)	将指定对象 obj 转成字符串类型
int(x)	将 x 转成 int 类型
float(x)	将 x 转成 float 类型
list(sequence)	将序列转成列表类型
tuple(sequence)	将序列转成元组类型
set(sequence)	将序列转成集合类型

类型转换函数的使用如示例 8-13 所示，运行效果如图 8-15 所示。

【示例 8-13】 数据类型转换函数的使用。

```
# coding:utf-8
print('非空字符串的布尔值:',bool('hello'))    # 非空字符串
print('空字符串的布尔值:',bool(''))           # 空字符串
print('空列表的布尔值:',bool(list()))
print('空列表的布尔值:',bool([]))
print('空元组的布尔值:',bool(tuple()))
print('空元组的布尔值:',bool(()))
print('空集合的布尔值:',bool(set()))
print('空字典的布尔值:',bool(dict()))
print('空字典的布尔值:',bool({}))
print('-------------------')
print('非 0 数值型的布尔值:',bool(123))
print('整数 0 的布尔值:',bool(0))
print('浮点数 0.0 的布尔值:',bool(0.0))

print('-----------将其他类型转成 str-------------------')
lst=[10,20,30]
print(type(lst),lst)
s=str(lst)   # 转成 str 类型
print(type(s),s)

print('------------float,str 类型可以转成 int-------------')
print(int(98.7)+int('90'))
# print(int('98.7'))   # ValueError: invalid literal for int() with base 10: '98.7'
```

```
# print(int('a'))           # ValueError: invalid literal for int() with base 10: 'a'
print('------------int,str 类型可以转成 float------------')
print(float(90)+float('3.14'))

s='hello'                   # 字符串序列
print(list(s))

seq=range(1,10)             # 整数序列
print(tuple(seq))
print(set(seq))
print(list(seq))
```

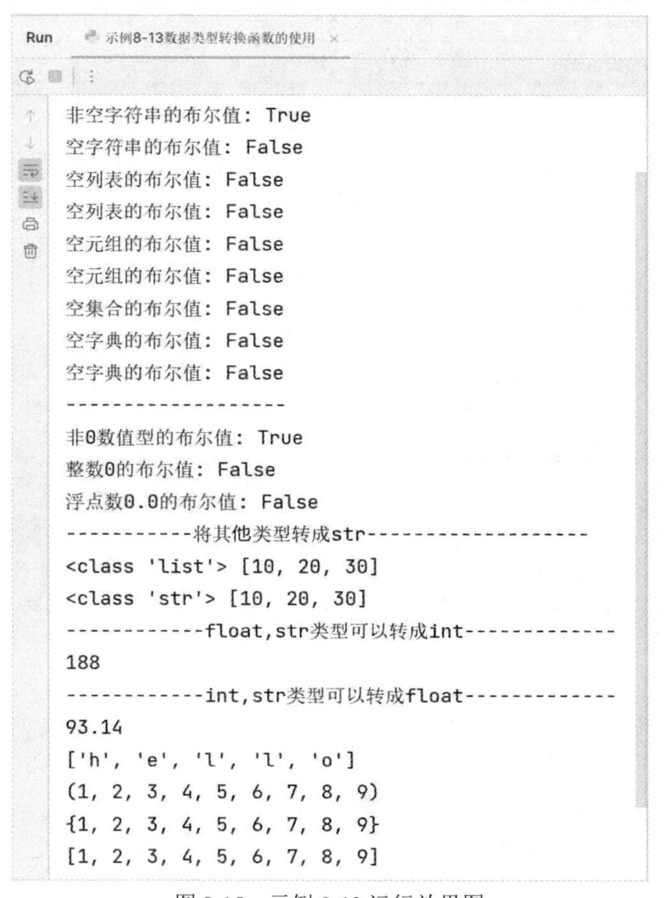

图 8-15　示例 8-13 运行效果图

示例 8-15 中验证了空字符串、空列表、空元组、空集合、空字典以及整数 0 和浮点数 0.0，它们的布尔值都为 False。在 Python 中一切皆对象，每个对象都拥有一个布尔值。示例 8-15 中被注释掉的代码“print(int('98.7'))”在将数字串“98.7”转成 int 类型时将会抛出异常，因为数字串“98.7”本身不是一个整数数字串，所以无法转换。被注释的代码“print(int('a'))”也是无法实现类型转换的，因为字符“a”不是数字串，所以无法转换成整数类型。读者可取消注释符号自行运行程序查看运行效果。

数学函数是用来进行数学运算的，常用的数学函数如表 8-2 所示。

表 8-2　常用的数学函数

函数名称	说　　明
abs(x)	计算 x 的绝对值
divmod(x,y)	计算 x 与 y 的商和余数
max(sequence)	获取 sequence 的最大值
min(sequence)	获取 sequence 的最小值
sum(iter)	对可迭代对象进行求和运算
pow(x,y)	计算 x 的 y 次幂
round(x,d)	对 x 进行保留 d 位小数，结果四舍五入

数学函数的使用如示例 8-14 所示，运行效果如图 8-16 所示。

【示例 8-14】 数学函数的使用。

```
# coding:utf-8
print('绝对值:',abs(100),abs(-100),abs(0))
print(divmod(13,4))              # 结果为元组类型
print('最大值:',max('hello'))
print('最大值:',max([10,4,56,78,4]))
print('最小值:',min('hello'))
print('最小值:',min({10,34,56,3,5}))
print('求和:',sum([10,34,45]))
print('x 的 y 次幂',pow(2,3))
# 四舍五入
print(round(3.1415926))          # 只留整数
print(round(3.1415926,2))        # 2 位小数
print(round(314.15926,-1))
```

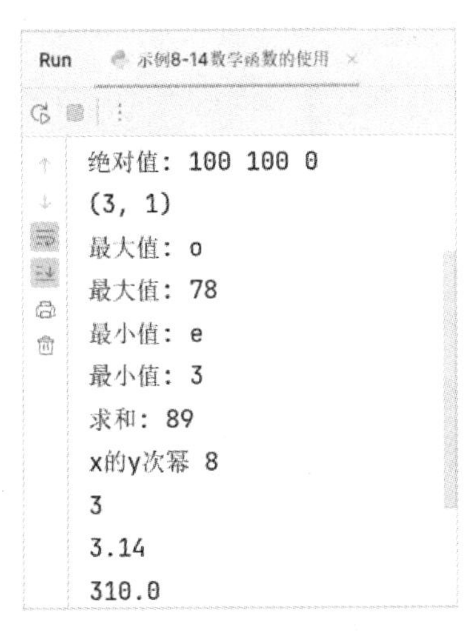

图 8-16　示例 8-14 运行效果图

在示例 8-14 中使用 round()函数只提供了一个参数，对参数值只保留了整数部分，所以 round(3.1415926)的运行结果为 3。代码“round(314.15926, −1)”中 round()函数的参数传了两个，一个是要操作的数，一个是需要保留的位数，这个要保留的位数是 -1，那么代表的是小数部分全部舍去，整数部分从个位上的数字来观察，个位上数字是 4 不够 5，所以舍去，最终代码“print(round(314.15926, −1))”的输出结果为 310.0。如果将代码修改为 print(round(314.15926, −2))，那么将从十位上的数字开始观察，十位上的数字为 1，所以从十位上数字开始全部舍去，最终结果为 300.0。读者可自行修改代码查看运行效果。

迭代器操作函数是用来操作可迭代对象的，字符串、列表、元组等都是可迭代对象，都可以使用 for 循环进行遍历操作。常用的迭代器操作函数如表 8-3 所示。

表 8-3　常用的迭代器操作函数

函数名称	说　　明
sorted(iter)	对可迭代对象进行排序
reversed(sequence)	反转序列生成新的迭代器对象
zip(iter1,iter2)	将 iter1 与 iter2 打包成元组并返回一个可迭代的 zip 对象
enumerate(iter)	根据 iter 对象创建一个 enumerate 对象
all(iter)	判断可迭代对象 iter 中所有元素的布尔值是否都为 True
any(iter)	判断可迭代对象 iter 中所有元素的布尔值是否都为 False
next(iter)	获取迭代器的下一个元素
filter(function,iter)	通过指定条件过滤序列并返回一个迭代器对象
map(function,iter)	通过函数 function 对可迭代对象 iter 进行操作，返回一个迭代器对象

迭代器操作函数的使用如示例 8-15 所示，运行效果如图 8-17 所示。

【示例 8-15】 迭代器操作函数的使用。

```
# coding:utf-8
lst=[54,56,77,4,567,34]
# (1)排序函数
# 升序
asc_lst=sorted(lst)  # 排序后会产生一个新的列表对象
# 降序
desc_lst=sorted(lst,reverse=True)
print('原列表:',lst)
print('升序:',asc_lst)
print('降序:',desc_lst)

# (2)reversed 反向
new_lst=reversed(lst)    # 结果是一个迭代器对象
print(new_lst)
```

```
print(list(new_lst))

# (3)zip 函数
x=['a','b','c','d']
y=[10,20,30,40,50]
zipobj=zip(x,y)
print(zipobj)
# print(list(zipobj))
# print(dict(list(zipobj)))

# (4)enumerate 函数
enumobj=enumerate(y,start=1)    # start 起始的序号
print(enumobj)
print(tuple(enumobj))

# (5)all
lst2=[10,20,'',30]
print(all(lst2))     # False
print(all(lst))      # True

# (6)any
print(any(lst2))     # True，列表中有一个为 True，结果为 True

# (7)next()
# print(next(lst))    # TypeError: 'list' object is not an iterator

print(next(zipobj))
print(next(zipobj))
print(next(zipobj))

# 编写函数
def fun(num):
    return num%2==1     # bool 类型，True，False

obj=filter(fun,range(10))
print(list(obj))

def upper(x):
    return x.upper()

new_lst2=['hello','world','python']
obj2=map(upper,new_lst2)
print(list(obj2))
```

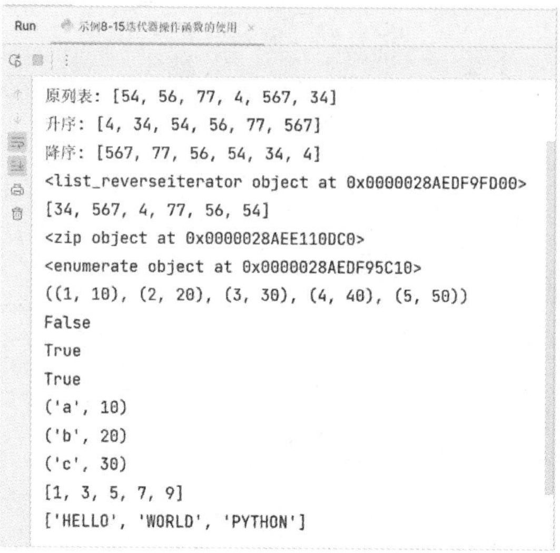

```
Run    示例8-15迭代器操作函数的使用
原列表: [54, 56, 77, 4, 567, 34]
升序: [4, 34, 54, 56, 77, 567]
降序: [567, 77, 56, 54, 34, 4]
<list_reverseiterator object at 0x0000028AEDF9FD00>
[34, 567, 4, 77, 56, 54]
<zip object at 0x0000028AEE110DC0>
<enumerate object at 0x0000028AEDF95C10>
((1, 10), (2, 20), (3, 30), (4, 40), (5, 50))
False
True
True
('a', 10)
('b', 20)
('c', 30)
[1, 3, 5, 7, 9]
['HELLO', 'WORLD', 'PYTHON']
```

图 8-17　示例 8-15 运行效果图

示例 8-15 中的代码“new_lst=reversed(lst)”表示使用 reversed()函数对列表 lst 中的元素进行反转序列，它的结果是一个迭代器对象。要想查看迭代器中的元素可以将其转成列表类型，或者使用 print(new_lst.__next__())进行查看，每执行一次__next__()将从迭代器中取出一个元素。

映射函数 zip()的结果是一个可迭代的 zip 对象，如示例 8-15 中代码“zipobj=zip(x,y)”的运行结果为“<zip object at 0x0000028AEE110DC0>”。要想查看这个 zip 对象中的元素可以将其转成列表类型，如示例 8-15 中被注释的代码“print(list(zipobj))”。读者可取消注释符号自行运行程序查看效果，还可以将其转成字典类型查看元素，如被注释的代码“print(dict(list(zipobj)))”。这两句被注释的代码不能同时使用，因为迭代一次之后，对象里就没有元素了。

filter()函数与 map()函数都是以函数(function)作为参数，函数在作为参数传递时，不是调用函数，所以一定不能带小括号()，如示例 8-15 中 fun()是一个自定义函数，在作为参数传入 filter()函数时，代码为“obj=filter(fun,range(10))”。

在 Python 中还有一些常用的函数，没有把它们规划到某个类别里，在此称这些函数为其他函数。常用的其他函数如表 8-4 所示。

表 8-4　常用的其他内置函数

函数名称	说　明
format(value,format_spec)	将 value 以 format_spec 格式进行显示
len(s)	获取 s 的长度或 s 元素的个数
id(obj)	获取对象的内存地址
type(x)	获取 x 的数据类型
eval(s)	执行 s 这个字符串所表示的 Python 代码

其他函数的使用如示例 8-16 所示，运行效果如图 8-18 所示。

【示例 8-16】 其他函数的使用。

```
# coding:utf-8
# format()内置函数
print(format(3.14,'20'))          # 默认右对齐
print(format('hello','20'))       # 默认左对齐
print(format('hello','*<20'))     # 左对齐，显示宽度是 20，其余位置使用*填充
print(format('hello','*>20'))
print(format('hello','*^20'))

print(format(3.1415926,'.2f'))
print(format(20,'b'))
print(format(20,'o'))
print(format(20,'x'))
print(format(20,'X'))

print('-----------------')
print(len('helloworld'))
print(len([10,20,30,40,50]))

print(id(10))
print(id('hello'))
print(type('hello'),type(10))

print(eval('10+30'))
print(eval('10>30'))
```

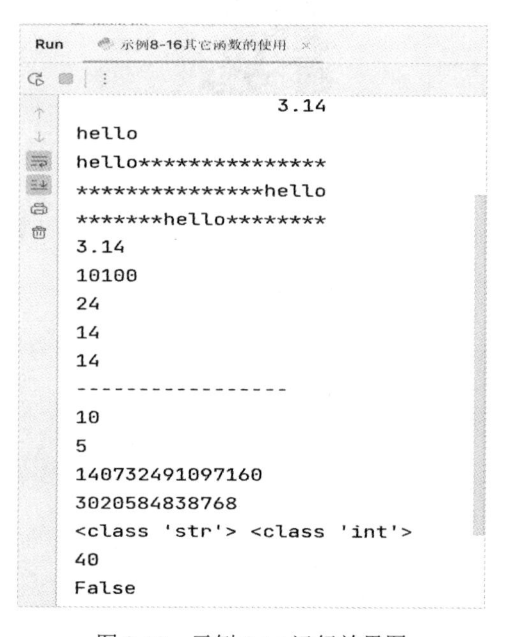

图 8-18　示例 8-16 运行效果图

本章小结

本章介绍了 Python 中的函数，根据定义者不同可分为系统内置函数和用户自定义函数，系统内置函数虽然有很多，但是在开发中使用最多的实际上是用户自定义函数。在用户自定义函数时需要注意函数定义处参数的个数、类型以及是否具有默认值参数等。在 Python 3.11 中提供了类型提示和调用次数提示，这个功能对于开发者来说是非常实用的，有效地避免了函数在调用时由于实参传入的类型有误而导致程序崩溃的问题。

在学习函数部分内容时读者可能对函数的返回值感到困惑，不知道什么时候函数需要有返回值，什么时候函数不需要有返回值。其实在定义函数之前，要对程序的功能进行分析，提取出不变的内容作为函数实现功能的函数体，可变的内容作为函数的参数；功能实现完成之后是否有结果，这个结果是否需要提供给其他函数使用，如果需要提供给其他函数使用，就可以定义为带返回值的函数，否则就定义为无返回值的函数。

匿名函数 lambda 又被称为 lambda 表达式，其语法结构虽然简单但是在开发中使用的频率非常高，掌握 lambda 的使用对于后续的程序开发是非常有帮助的。本书中没有涉及算法部分的讲解，对于递归函数的使用，了解程序的执行流程即可，无须深究。对于常用的内置函数，应记住并会使用，尤其是迭代器操作函数在 Python 高级应用中使用得比较多。

第 8 章习题、习题答案及程序源码

第 9 章
面向对象的程序设计

本章目标

☆ 了解面向过程和面向对象两大编程思想；
☆ 掌握类的定义；
☆ 掌握对象的创建；
☆ 掌握属性和方法的调用；
☆ 掌握面向对象的三大特征；
☆ 掌握动态语言的特点；
☆ 掌握 object 类的常用方法。

9.1 两大编程思想

编程界的两大思想指的是面向过程和面向对象，其中面向过程的编程思想具体体现在功能上的封装，即将功能代码封装成函数。C 语言就是典型的面向过程的编程语言。而面向对象的编程思想则体现在属性和行为上的封装，即类和对象。Python 语言是面向对象的编程语言。

面向过程的编程思想和面向对象的编程思想二者并不是互相对立的，而是相辅相成的。二者的区别与共同点如表 9-1 所示。

表 9-1　面向过程与面向对象的异同点

编程思想	面 向 过 程	面 向 对 象
区别	事物比较简单，可以用线性的思维去解决	事物比较复杂，使用简单的线性思维无法解决
共同点	面向过程和面向对象都是解决实际问题的一种思维方式； 二者相辅相成，并不是相互对立的，解决复杂问题时，面向对象方式便于从宏观上把握事物之间复杂的关系，方便分析整个系统，具体到微观操作，仍然使用面向过程方式来处理	

9.2　类与对象

类指的是一种类别，如酒水类、粮油类、人类、鸟类、哺乳类等等。其思想就是“物以类聚，人以群分”，所以类是从 N 多个对象抽取出“像”的属性和行为，从而归纳总结出来的一种类别。从张三、李四、王五、陈六、麻七这 5 个人中抽取出静态描述性的属性，如姓名、性别、出生日期、民族、住址、居民身份证号等，再抽取出动态的行为，如吃饭、唱歌等，归纳总结为“人类”，如图 9-1 所示。正在去往机场赶飞机的张三是人类中一个具体的实实在在的人，称之为人类对象。

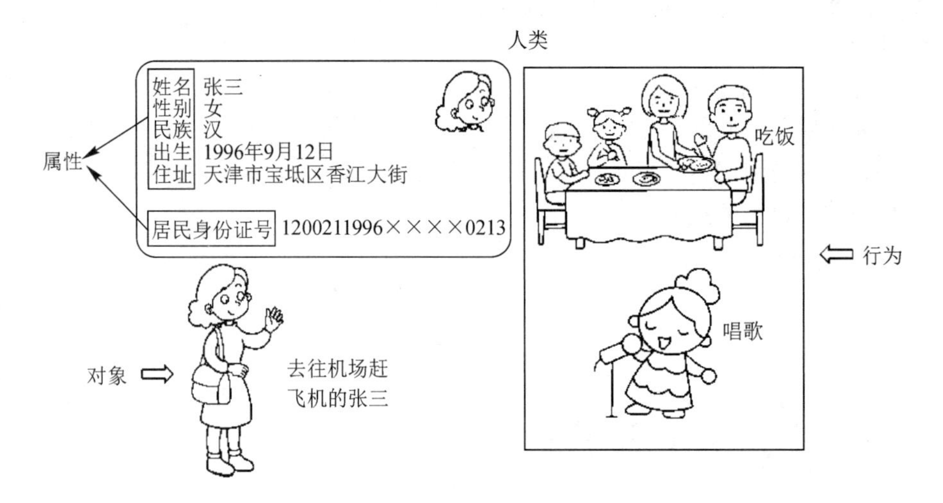

图 9-1　类的抽象

在 Python 中不同的数据类型实际上表示的就是不同的类，可以通过内置函数 type()查看对象的数据类型。查看对象的数据类型如示例 9-1 所示，运行结果如图 9-2 所示。

【示例 9-1】 查看对象的数据类型。

```
# coding:utf-8
a=10
b=9.8
s='hello'
```

```
print(type(a))
print(type(b))
print(type(s))
```

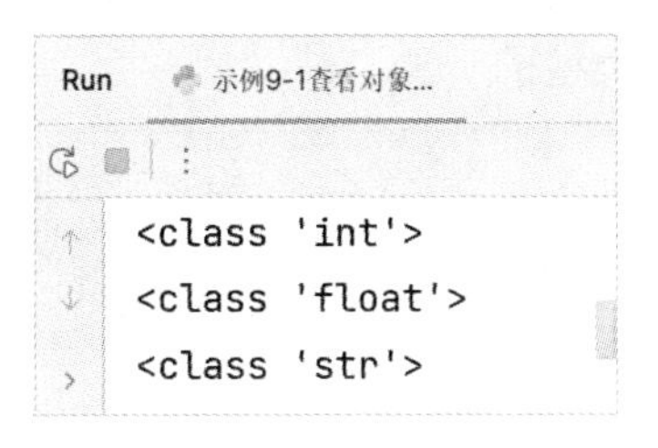

图 9-2　示例 9-1 运行效果图

通过图 9-2 中可以看到“a = 10”中 a 的数据类型是<class 'int'>整数“类”型。在 Python 中可以通过保留字 class 自定义数据类型。

自定义数据类型的语法结构如下：

```
class 类名():
    pass
```

class 是定义类的关键字，类名是自定义命名的，要求见名知意，如果类名是由多个单词组成的，每个单词的首字母都要求使用大写字母。自定义数据类型如示例 9-2 所示。

【示例 9-2】 自定义数据类型。

```
# coding:utf-8
#  定义了一个 Person 类
class Person():
    pass
# 定义了一个 Cat 类
class Cat():
    pass
#定义了一个 Dog 类
class Dog:
    pass

# 定义了一个 Student 类
class Student:
    pass
```

示例 9-2 中 class Person 和 class Cat 后面都有一个英文状态的小括号，但是 class Dog 和 class Student 后面却没有英文状态的小括号，二者的区别是什么呢？这与后面章节讲到的继承有关，在 Python 中如果一个类没有直接显示继承另外一个类，那么类名称后面的小括号可以省略不写，class Dog 和 class Student 就是小括号省略的情况。

类是抽象的“模板”，相当于制作饼干的模具，是不能食用的，而通过饼干模具制作出的饼干才是可以食用的具体的对象。所以类只有通过创建对象之后才能使用。

创建对象的语法结构如下：

对象名 = 类名()

对象名的命名要求见名知意，而且要遵守标识符命名规则和规范。创建自定义类型的对象如示例 9-3 所示，运行效果如图 9-3 所示。

【示例 9-3】 创建自定义类型的对象。

```
# coding:utf-8
#  定义了一个 Person 类
class Person():
    pass
# 定义了一个 Cat 类
class Cat():
    pass
# 定义了一个 Dog 类
class Dog:
    pass

# 定义了一个 Student 类
class Student:
    pass

#创建类的对象
per=Person()        # per 就称为 Person 类型的对象
c=Cat()             # c 就称为 Cat 类的对象
d=Dog()             # d 就称为 Dog 类的对象
stu=Student()       # stu 就称为 Student 类型的对象
print(type(per))
print(type(c))
print(type(d))
print(type(stu))
```

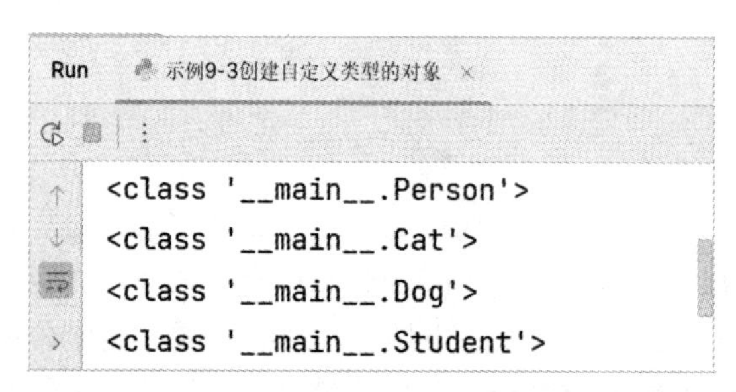

图 9-3 示例 9-3 运行效果图

通过示例 9-3 可以看到，自定义的对象也可以通过内置函数 type()进行查看数据类型。而且无论是基本数据类型、组合数据还是自定义数据类型都会带保留字 class。

9.2.1　类的组成

一个完整的类包含类属性、实例属性、实例方法、静态方法和类方法。

直接定义在类中，方法外的变量被称为类属性，类属性会被该类的所有对象共享，类属性的使用方式为“类名.类属性”。

定义在__ini__方法中，使用“self.”开头的变量称为实例属性，实例属性被类中所有的实例方法共享。类属性和实例属性的定义如示例 9-4 所示。

【示例 9-4】 类属性和实例属性的定义。

```
# coding:utf-8
class Student:
    # 类属性：类中，方法外定义的变量
    school='北京 XXX 教育'

    # 初始化方法__init__
    def __init__(self,xm,age):    # xm,age，是方法的参数，局部变量
        # =左侧是实例属性，=右侧是局部变量
        self.name=xm     # 将局部变量的值赋给实例属性 self.name
        self.age=age     # 实例属性的名称与局部变量的名称可以相同
```

定义在类中的函数被称为方法，而且自带参数 self 的方法被称为实例方法，实例方法在使用时需要通过创建对象，并通过“对象名.方法名()”进行调用。使用@staticmethod 修饰的方法，称之为静态方法，静态方法通过类名进行调用。使用@classmethod 修饰的方法，称之为类方法，类方法会默认带名称为“cls”的参数，类方法在使用时与静态方法的使用方式相同，都能通过类名进行调用。类方法、实例方法和静态方法的定义如示例 9-5 所示。

【示例 9-5】 类的组成。

```
# coding:utf-8
class Student:
    # 类属性：类中，方法外的变量
    school = '北京 XXX 教育'

    # 初始化方法__init__
    def __init__(self, xm, age):     # xm,age，是方法的参数，局部变量
        # =左侧是实例属性，=右侧是局部变量
        self.name = xm               # 将局部变量的值赋给实例属性 self.name
        self.age = age               # 实例属性的名称与局部变量的名称相同了

    # 实例方法
    def show(self):
        print(f'我叫:{self.name},今年:{self.age}岁了')
```

```
    # 类方法
    @classmethod
    def cm(cls):
        print('这里是一个类方法，不能调用实例属性和实例方法的')


    # 静态方法
    @staticmethod
    def sm():
        print('这里是一个静态方法，不能调用实例属性和实例方法')


# 类的组成部分的使用
# 创建对象
stu = Student('ysj', 18)

# 使用实例属性，使用对象名 + “.” 使用
print(stu.name, stu.age)

# 使用类属性，使用类名 + “.” 使用
print(Student.school)

# 使用对象名 + “.” 调用实例方法
stu.show()

# 使用类名 + “.” 调用类方法
Student.cm()

# 使用类名 + “.” 调用静态方法
Student.sm()
```

如果在类中定义了__init__()方法，那么在创建对象时会自动调用__init__()方法，示例 9-5 中代码“stu = Student('ysj',18)”只能传递 2 个参数，因为__init__()方法中定义的变量有 2 个，一个是 name，一个是 age，而 self 是不需要手动进行传参的。

类是“模板”，一个类可以创建 N 多个对象，就好比一个“饼干模具”可以制作出 N 多个形状相同的“饼干对象”。编写一个学生类，并创建 4 个学生对象，可以将学生对象存储到列表中，遍历列表并调用学生对象的方法如示例 9-6 所示。运行效果如图 9-4 所示。

【示例 9-6】 编写学生类并创建 4 个学生对象。

```
# coding:utf-8
class Student:
```

```
    # 类属性：类中，方法外定义的变量
    school='北京 XXX 教育'

    # 初始方法__init__
    def __init__(self,xm,age):      # xm,age，是方法的参数，局部变量
        # =左侧是实例属性，=右侧是局部变量
        self.name=xm                # 将局部变量的值赋给实例属性 self.name
        self.age=age                # 实例属性的名称与局部变量的名称相同了

    #实例方法
    def show(self):
        print(f'我叫:{self.name},今年:{self.age}岁了')

# 创建 N 多个对象
stu=Student('ysj',18)
stu2=Student('陈梅梅',20)
stu3=Student('马丽',23)
stu4=Student('Marry',21)
print(type(stu))
print(type(stu2))
print(type(stu3))
print(type(stu4))
Student.school='派森教育'
print(stu.name,stu.age)

# 将对象放到组合数据类型中存储，存储到列表中
lst=[stu,stu2,stu3,stu4]
for item in lst:            # item 的数据类型为 Student，item 是一个 Student 类型的对象
    item.show()             # 对象名+“.”调用实例方法
```

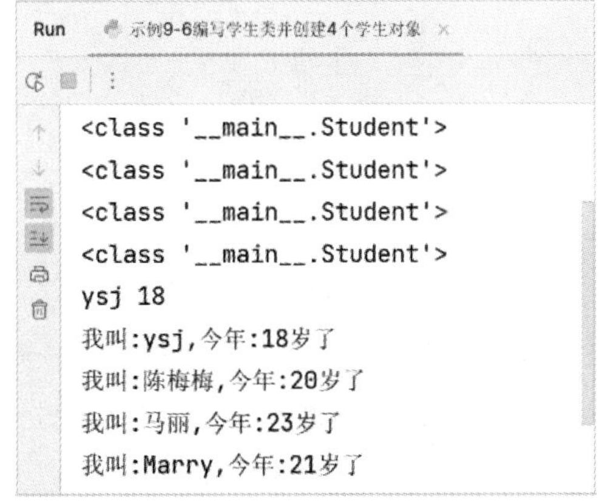

图 9-4　示例 9-6 运行效果图

9.2.2 动态绑定属性和方法

类是“模板”，可以创建 N 个同类型的对象。由于类型相同，每个对象的属性名称都是相同的，但是属性值却可以不相同。例如，Student 类的每个学生对象都具有 name 和 age 两个实例属性名称，但 stu 和 stu2 是同类型的两个学生对象，这两个学生对象的属性值分别为“ysj 18”和“陈梅梅 20”，stu 和 stu2 这两个 Student 类型的学生对象共享同一个类属性 school。在 Python 中可以为类的对象动态绑定属性和方法，例如 stu2 中有与 stu 相同的属性 name 和 age，但是可以为 stu2 再进行单独绑定一个属性和方法，为对象单独绑定的属性或者方法只能归绑定的对象所使用。为对象动态绑定属性和方法，如示例 9-7 所示。

【示例 9-7】 动态绑定属性和方法。

```
# coding:utf-8
class Student:
    # 类属性：类中，方法外的变量
    school='北京 XXX 教育'

    # 初始化方法__init__
    def __init__(self,xm,age):        # xm,age，是方法的参数，局部变量
        # =左侧是实例属性，=右侧是局部变量
        self.name=xm                  # 将局部变量的值赋给实例属性 self.name
        self.age=age                  # 实例属性的名称与局部变量的名称相同了

    # 实例方法
    def show(self):
        print(f'我叫:{self.name}，今年:{self.age}岁了')

# 创建 2 个 Student 类型的对象
stu=Student('ysj',18)
stu2=Student('陈梅梅',20)
print(stu.name,stu.age)
print(stu2.name,stu2.age)
# 为 stu2 绑定实例属性
stu2.gender='男'
print(stu2.name,stu2.age,stu2.gender)

# 动态绑定方法
def introduce():
    print('我是一个普通的函数，我被动态绑定成了 stu2 对象的方法')


stu2.fun=introduce          # 一定不能带()，带()叫方法调用，不带()叫动态绑定
```

```
# 使用对象名 + “.” 调用方法
stu2.fun()              # 因为方法调用要加括号
```

在示例 9-7 中为 stu2 对象动态绑定了 gender 这个属性，这个动态绑定的属性只能被 stu2 自己使用。动态绑定前的内存示意图如图 9-5 所示，stu 拥有 name 和 age 两个属性，属性值分别为“ysj”和“18”，stu2 与 stu 的数据类型相同，都是 Student 类型，所以 stu2 也拥有 name 和 age 两个属性，属性值分别为“陈梅梅”和“20”，stu 与 stu2 共享同一个类属性 school。动态绑定后的内存示意图如图 9-6 所示，stu2 与 stu 多了一个属性 gender，该属性是通过代码“stu2.gender = '男'”进行绑定并赋值的，该 gender 属性只能被 stu2 对象所使用。示例 9-7 的运行效果如图 9-7 所示。

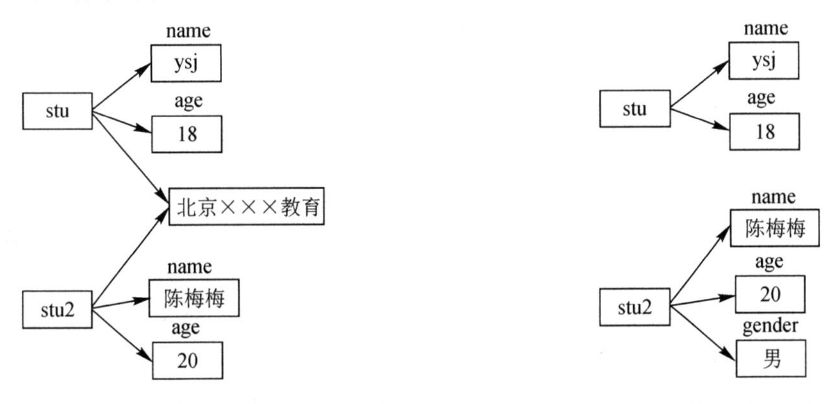

图 9-5　stu2 动态绑定属性之前内存示意图　　　　图 9-6　stu2 动态绑定属性之后内存示意图

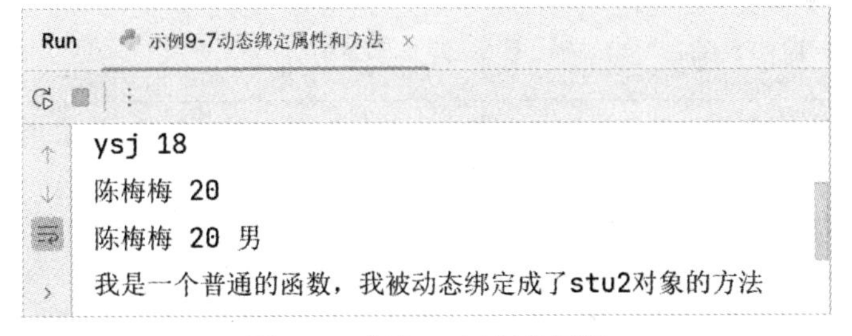

图 9-7　示例 9-7 运行效果图

9.3　面向对象的三大特征

封装、继承、多态是面向对象程序设计的三大基本特征。封装可以提高程序的安全性，继承可以实现代码的复用性，而多态则可以提高程序的可维护性和可扩展性。

9.3.1　封装

封装的思想源于生活，即隐藏内部细节，对外提供操作方式。例如银行的 ATM 机就利用了封装的原理，如图 9-8 所示。ATM 机中的钱放在什么位置上？打印凭条的纸放在什么位置上？内部构造是怎么样的？对于使用 ATM 机的人员来说，这些根本不需要很清楚，但是却可以根据 ATM 机上的操作按钮进行存款、取款以及打印凭条等操作。

图 9-8　ATM 机

程序中的封装与 ATM 机的原理相同，其目的就是为了隐藏类的内部细节，对外提供类中属性和方法的访问方式，最终保证了数据的安全。

在 Python 中没有专门的权限访问修饰符，对于访问的权限控制是通过对属性或方法添加单下画线、双下画线以及首尾双下画线来实现的。其中以单下画线开头的属性或方法表示 protected(受保护)的成员，这类成员被视为仅供内部使用，允许类本身和子类进行访问，但实际上它可以被外部代码访问。双下画线表示 private(私有)的成员，这类成员只允许定义该属性或方法的类本身进行访问。首尾双下画线一般表示特殊的方法，例如__init__()方法。权限的使用如示例 9-8 所示，将实例属性分别设置为受保护的成员和私有成员，运行效果如图 9-9 所示。

【示例 9-8】 权限控制。

```
# coding:utf-8
class Student():
    # 首尾双下画线，表示特殊的方法，系统定义
    def __ini__(self,name,age,gender):
        self._name=name       # 以单下画线开头，表示是受保护的成员，只能类本身和子类访问
        self__age=age         # 以双下画线开头，表示是私有的，只能类本身使用
        self.gender=gender    # 普通的实例属性，在类的外部和类的内部以及子类都可以访问

    def _fun1(self):          # 以单画线开头，表示是受保护的方法
        print('只允许子类和本身可以访问')

    def __fun2(self):         #以双下画线开头，表示是私有的
        print('只有定义的类可以访问')

    # 这是一个普通的实例方法，在类的外部使用对象名 + “.” 访问
    # 在类的内部，使用 self + “.” 访问
    def show(self):
        self._fun1()          # 类本身访问受保护的方法
```

```
        self. __fun2()         # 类本身访问私有的方法
        print(self._name)      # 类本身访问受保护的实例属性
        print(self. __age)     # 类本身访问私有的实例属性

# 创建一个 Student 类型的对象
stu=Student('陈梅梅',20,'女')
# 访问受保护的实例属性
print(stu._name)
# 访问私有的实例属性
# print(stu. __age)          #程序报错，出了类的定义范围

# 访问受保护的实例方法
stu._fun1()
# 访问私有的实例方法
# stu. __fun2()

# 可以使用以下的形访问类对象的私有成员
print(stu._Student__age)

stu._Student__fun2()
```

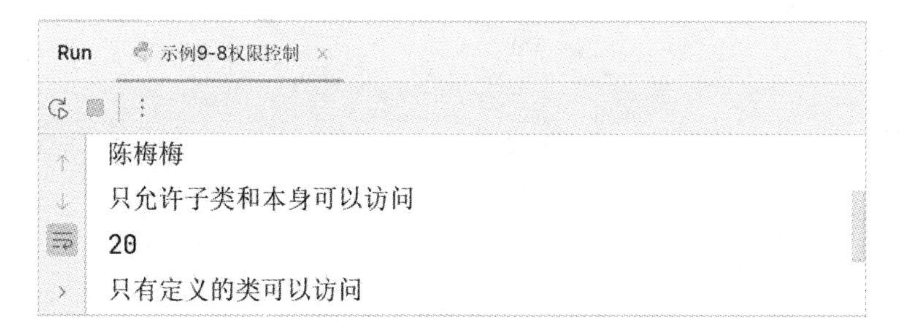

图 9-9　示例 9-8 运行效果图

通过示例 9-8 中的代码可以看到使用“stu._Student__age”可以访问到类中的私有属性，但是这种访问方式不推荐。在编写程序过程中通常会使用@property 将一个方法转换为属性使用。但是使用@property 修饰符将方法转换为属性使用时，只能访问属性的值，却无法修改属性的值。通常情况下会再设置一个 setter 方法，让属性的值可以被修改。使用@property 将方法转换为属性使用，如示例 9-9 所示，运行效果如图 9-10 所示。

【示例 9-9】 属性的设置。

```
# coding:utf-8
class Student:
    def __init__(self,name,gender):
        self.name=name
        self. __gender=gender   # 将实例属性设置为私有
```

```
    # 使用@property 修饰方法，将方法转换成属性使用
    @property
    def gender(self):
        return self. __gender

    @gender.setter
    def gender(self,value):
        if value!='男' and value!='女':
            print('性别有误，已将性别默认设置为男')
            self.gender='男'
        else:
            self. __gender=value

stu=Student('韩梅梅','女')
print(stu.name,'的性别是:',stu.gender)    # stu.gender 调用是 gender()方法

# stu.gender 调用的是 gender(self,value)方法
stu.gender='其他'    # 将韩梅梅的性别设置为其他
print(stu.name, '的性别是:', stu.gender)
```

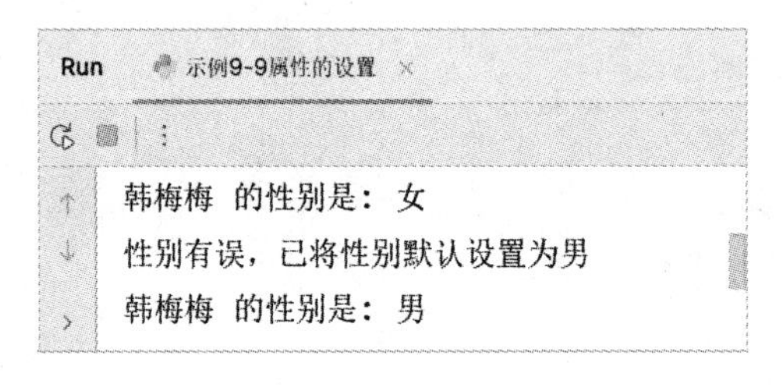

图 9-10　示例 9-9 运行效果图

示例 9-9 中使用@gender.setter 对 gender(self,value)方法进行修饰，可以设置 gender 的读写属性。在该方法中使用 if 对传入的 value 值进行判断，如果 value 值不是男也不是女，将把属性 gender 设置为“男”。

9.3.2　继承

继承的概念也源于人们生活，子孙辈会从父辈那里继承一些体貌特征，但子孙辈又不完全是父辈的翻版，还会有自己的一些特征。在程序设计中被继承的类为父类或者基类，新的类称为子类或者派生类。那么子类继承了父类就拥有了父类所有公有成员和受保护成员的使用权限。

在 Python 中一个子类可以继承 N 个父类，这个子类也就具有了多个父类的特点。一个父类也可以拥有 N 个子类，每个子类都拥有这个父类的公有成员和受保护成员的使用权限。

如果一个类没有继承任何类，那么这个类默认继承的是 object 类。通过继承可以实现代码的复用，通过继承也可以理顺类与类之间的关系。

继承的语法结构如下：

```
class 类名(父类 1,父类 2,…,父类 N):
    pass
```

继承的使用如示例 9-10 所示。编写的父类 Person 具有 name 和 age 两个实例属性，该父类拥有两个子类 Student 和 Doctor，其中子类 Student 拥有自己独立的实例属性 stuno(学号)，子类 Doctor 拥有自己独立的实例属性 department(部门)，运行效果如图 9-11 所示。

【示例 9-10】 继承。

```
# coding:utf-8
class Person:          # 默认继承了 object 类
    def __init__(self,name,age):
        self.name=name
        self.age=age

    def show(self):
        print(f'大家好，我叫:{self.name}，我今年:{self.age}岁了')

# Student 类继承 Person 类
class Student(Person):
    # 编写初始化方法
    def __init__(self,name,age,stuno):
        # 调用父类的初始化方法
        super().__init__(name,age)        # 给 name 和 age 进行赋值
        self.stuno=stuno                  # 给自己特有的属性进行赋值

# Doctor 类继承 Person 类
class Doctor (Person):
    def __init__(self,name,age,department):
        # 调用父类的初始化方法
        Person. __init__(self,name,age)           # 给 name,age 进行赋值
        self.department=department                # 给自己特有的属性进行赋值

# 创建 Student 类的对象
stu=Student('陈梅梅',20,'1001')
stu.show()

# 创建 Doctor 类的对象
doctor=Doctor('张一一',32,'外科')
doctor.show()
```

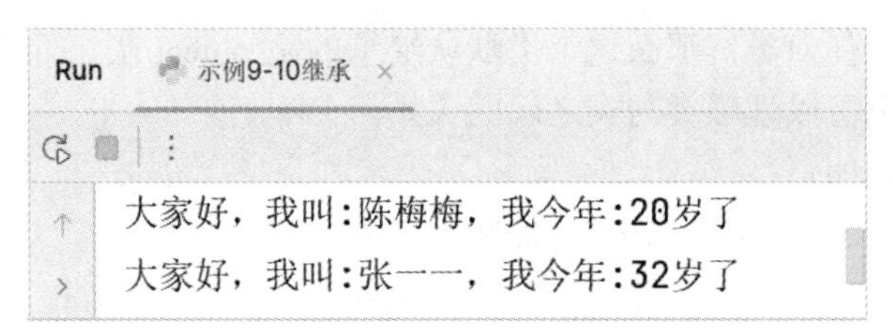

图 9-11　示例 9-10 运行效果图

子类继承了父类就拥有了父类中公有成员和受保护的成员，在示例 9-10 中两个子类 Student 和 Doctor 并没有定义 show()方法，所以 stu.show()调用的是父类 Person 中的 show()方法，doctor.show()调用的也是父类 Person 中的 show()方法。

示例 9-10 中子类 Student 中的代码“super().__init__(name,age)”，使用 super()调用父类 Person 的__init__方法为 self.name 和 self.age 进行赋值。子类 Doctor 中代码“Person. __ init__(self,name,age)”也表示调用父类的__init__方法为 self.name 和 self.age 进行赋值。使用 super()和使用类名调用__init__方法的区别在于，super()调用__init__方法只适用于子类只继承一个父类的情况，而如果一个子类继承了 N 个父类，那么在调用__init__方法时必须使用“类名. __init__(self,…)”的形式，类名用于区分调用的是哪个父类的__init__方法。多继承的使用如示例 9-11 所示，运行效果如图 9-12 所示。

【示例 9-11】 多继承使用。

```
# coding:utf-8
class FatherA():
    def __init__(self,name):
        self.name=name

    def showA(self):
        print('父类 A 中的方法')

class FatherB():
    def __init__(self,age):
        self.age=age

    def showB(self):
        print('父类 B 中的方法')

class Son(FatherA,FatherB):
    def __init__(self,name,age,gender):
        FatherA.__init__(self,name)          # 给 name 赋值
        FatherB.__init__(self,age)           # 给 age 赋值
        self.gender=gender

son=Son('陈梅梅',20,'女')
```

```
son.showA()
son.showB()
```

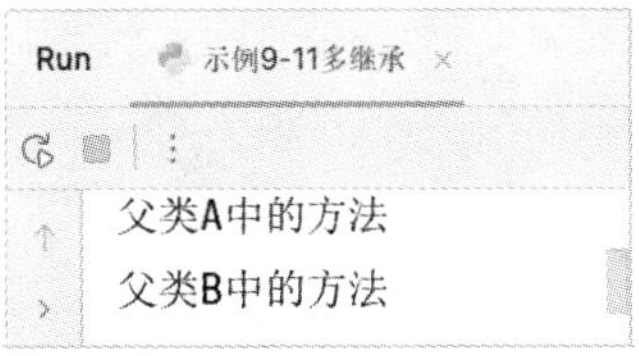

Run　示例9-11多继承

父类A中的方法
父类B中的方法

图 9-12　示例 9-11 运行效果图

示例 9-11 中 Son 类继承了 FatherA 和 FatherB，在进行给属性 self.name 和 self.age 赋值时分别通过 FatherA.__init__(self,name)和 FatherB.__init__(self,age)来实现。Son 方法中没有定义任何实例方法，所以 son.showA()调用的是 FatherA 中的方法，son.showB()调用的是 FatherB 中的方法。

在图 9-11 中可以看到输出了学生对象陈梅梅的姓名和年龄，输出了医生对象张一一的姓名和年龄，但是并没有输出学生对象独有的 stuno(学号)的信息，也没有输出医生对象独有的 department(部门)信息。因为学生对象和医生对象调用的都是父类 Person 中的 show()方法，在 Person 中 show()方法中并没有 stuno 和 department 的相关信息，也就是父类的 show()方法并不能完全适合子类的需求，这时子类就可以重写父类的方法。子类在重写父类的方法时，要求方法的名称必须与父类方法的名称相同，在子类重写的方法中可以通过 super().xxx()调用父类中的方法，方法重写的使用如示例 9-12 所示，运行效果如图 9-13 所示。

【示例 9-12】 方法重写。

```
# coding:utf-8
class Person:    # 默认继承了 object 类
    def __init__(self,name,age):
        self.name=name
        self.age=age

    def show(self):
        print(f'大家好，我叫:{self.name}，我今年:{self.age}岁了')

# Student 类继承 Person 类
class Student(Person):
    # 编写初始化方法
    def __init__(self,name,age,stuno):
        # 调用父类的初始化方法
        super().__init__(name,age)        # 给 name 和 age 进行赋值
        self.stuno=stuno                  # 给自己特有的属性进行赋值
```

```
    # 重写父类的方法
    def show(self):
        # 可以去调用父类的 show 方法，也可以重新编写实现方法的代码，显示输出内容
        # 调用父类的方法
        super().show()

        # 再编写自己个性化的内容
        print(f'我来自 XXX 教育，我的学号是:{self.stuno}')

# Doctor 类继承 Person 类
class Doctor (Person):
    def __init__(self,name,age,department):
        # 调用父类的初始化方法
        Person.__init__(self,name,age)          # 给 name,age 进行赋值
        self.department=department              # 给自己特有的属性进行赋值

    def show(self):
        # 重新编写方法的实现代码
        print(f'大家好，我叫:{self.name}，我今年:{self.age}岁了，我的工作科室是:{self.department}')

# 创建 Student 类的对象
stu=Student('陈梅梅',20,'1001')
stu.show()

# 创建 Doctor 类的对象
doctor=Doctor('张一一',32,'外科')
doctor.show()
```

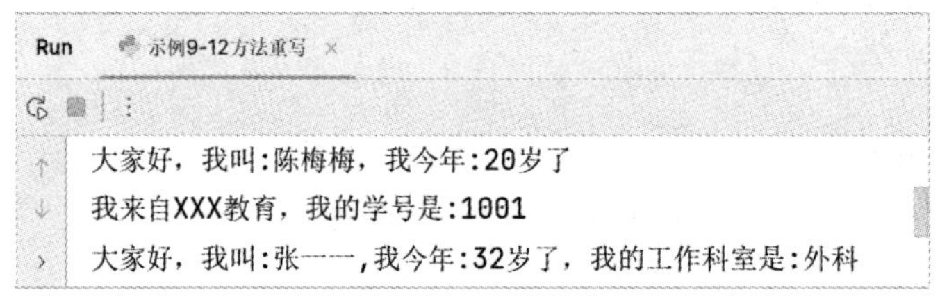

图 9-13　示例 9-12 运行效果图

9.3.3　多态

多态也是面向对象的程序设计思想中一个重要的特征。多态实际上指的就是“多种形态”，即便不知道一个变量所引用的对象到底是什么类型，仍然可以通过这个变量调用该对象的方法。在程序运行过程中根据变量所引用对象的数据类型，动态决定调用哪个对象中的方法。

在面向对象的程序设计思想中继承是多态的前提条件，有继承，有方法重写才会实现多态。但是 Python 语言中的多态，根本不关心对象的数据类型，也不关心类之间是否存在继承关系，只关心对象的行为(方法)。只要不同的类中有同名的方法，即可实现多态。Python 中多态的实现如示例 9-13 所示，运行效果如图 9-14 所示。

【示例 9-13】 多态的实现。

```
# coding:utf-8
# 以下 3 个类都有一个同名的方法 eat()
class Person():
    def eat(self):
        print('人，吃五谷杂粮')


class Cat():
    def eat(self):
        print('猫，喜欢吃鱼')
class Dog():
    def eat(self):
        print('狗，喜欢啃骨头')


def fun(obj):          # 函数的定义处，obj 是函数的形式参数
    obj.eat()          # 对象名 + “.” 调用 eat 方法


per=Person()           # 创建 Person 类型的对象 per
cat=Cat()              # 创建 Cat 类的对象 cat
dog=Dog()              # 创建 Dog 类的对象 dog

# 调用 fun 函数
fun(per)               # Python 中的多态，不关心对象的数据类型，只关心对象是否具有同名的方法
fun(cat)
fun(dog)
```

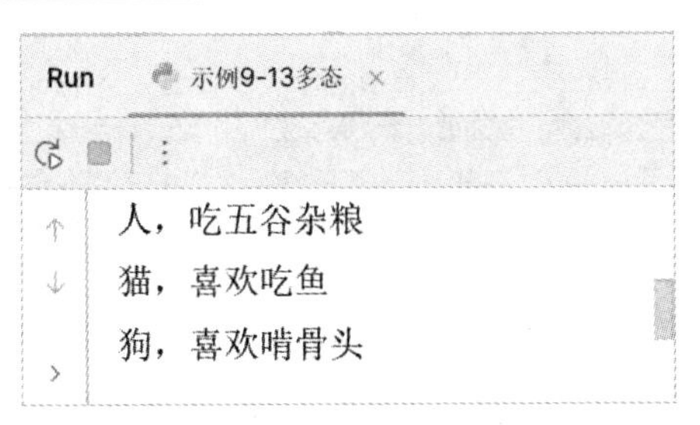

图 9-14　示例 9-13 运行效果图

示例 9-13 中 3 个类 Person、Dog、Cat 之间并没有继承关系，但是都具有一个同名的方法 eat()。函数 fun 中的参数 obj 是一个形式参数，这个 obj 具体的数据类型在程序运行之前根本无法预知，只有在程序运行时，通过传入的实际参数才能确定类型，所以当执行

fun(per)时调用的是 Person 类中的 eat()方法，执行 fun(cat)时调用的是 Cat 类中的 eat()方法，执行 fun(dog)时调用的是 Dog 类中的 eat()方法。

9.4 object 类

在 Python 中如果一个类没有继承任何类，那么这个类默认继承的是 object 类，所以 object 类是所有类的直接或间接父类，所有类都拥有 object 类的属性和方法。通过内置函数 dir()可以查看指定对象的属性。编写 Person 类并查看 Person 类对象的属性，如示例 9-14 所示，运行效果如图 9-15 所示。

【示例 9-14】 查看指定对象的属性。

```
# coding:utf-8
# Person 默认继承 object 类，所以 object 可以省略不写
class Person(object):
    def __init__(self,name,age):
        self.name=name
        self.age=age

    def show(self):
        print(f'大家好，我叫:{self.name}，今年{self.age}岁了')


# 创建了一个 Person 类型的对象
per=Person('陈梅梅',20)
print(dir(per))
```

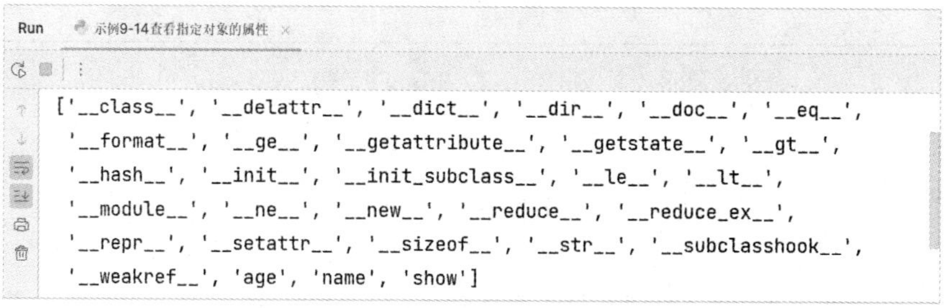

```
Run    示例9-14查看指定对象的属性
['__class__', '__delattr__', '__dict__', '__dir__', '__doc__', '__eq__',
 '__format__', '__ge__', '__getattribute__', '__getstate__', '__gt__',
 '__hash__', '__init__', '__init_subclass__', '__le__', '__lt__',
 '__module__', '__ne__', '__new__', '__reduce__', '__reduce_ex__',
 '__repr__', '__setattr__', '__sizeof__', '__str__', '__subclasshook__',
 '__weakref__', 'age', 'name', 'show']
```

图 9-15 示例 9-14 运行效果图

通过图 9-15 可以看到使用 dir()函数查看对象所有属性，结果是一个列表类型，列表中最后 3 个属性分别是在 Person 类中定义的实例属性 name、age，以及实例方法 show()。

在 object 类中还有一个特殊的方法__str__()，用于返回一个“对象的描述”信息。使用 print 函数直接输出对象名，将默认调用__str__()方法，输出这个对象的内存地址。编

写 Person 类并创建 Person 类的对象，使用 print 函数输出对象名，如示例 9-15 所示，运行效果如图 9-16 所示。

【示例 9-15】 __str__方法重写之前对象的描述。

```
# coding:utf-8
class Person(object):
    def __init__(self,name,age):
        self.name=name
        self.age=age

# 创建了一个 Person 类型的对象
per=Person('陈梅梅',20)
print(per)    # 直接输出对象名
```

```
Run  示例9-15__str__方法重写之前对象的描述
<__main__.Person object at 0x0000019257D9B9D0>
```

图 9-16　示例 9-15 运行效果图

为了帮助程序员查看对象的信息，在编写代码时通常会对__str__()方法进行重写。如示例 9-16 所示，重写 Person 类的__str__()方法，运行效果如图 9-17 所示。

【示例 9-16】 重写__str__方法。

```
# coding:utf-8
class Person(object):
    def __init__(self,name,age):
        self.name=name
        self.age=age

    # 重写__str__方法
    def __str__(self):
        return '这是一个人类，具有 name 和 age 两个实例属性'

# 创建了一个 Person 类型的对象
per=Person('陈梅梅',20)
print(per)                # 当直接输出对象名时，默认调用__str__()方法
print(per.__str__())      # 手动调用__str__()方法
```

```
Run  示例9-16重写__str__方法
这是一个人类，具有name和age两个实例属性
这是一个人类，具有name和age两个实例属性
```

图 9-17　示例 9-16 运行效果图

9.5 特殊方法和特殊属性

9.5.1 特殊方法

在 Python 中首尾双下画线的方法都表示特殊方法，如__init__()初始化方法，__str__()方法等。实际上 Python 中的运算符也是通过调用特殊方法来实现的，运算符所对应的特殊方法如表 9-2 所示。

表 9-2 运算符所对应的特殊方法

运算符	特 殊 方 法	说 明
+	__add__()	执行加法运算
-	__sub__()	执行减法运算
<, <=, ==	__lt__(), __le__(), __eq __()	执行比较运算
>, >=, !=	__gt__(), __ge__(), __ne__()	执行比较运算
*, /	__mul__(), __truediv__()	执行乘法运算，非整除运算
%, //	__mod__(), __floordiv__()	执行取余运算，整除运算
**	__ pow__()	执行幂运算

特殊方法的使用如示例 9-17 所示，运行效果如图 9-18 所示。

【示例 9-17】 特殊方法的使用。

```
# coding:utf-8
a=10
b=20
print(dir(a))
print(a+b)
print(a.__add__(b))
print('减法:',a.__sub__(b))
print(f'{a}<{b}吗？',a.__lt__(b))
print(f'{a}<={b}吗？',a.__le__(b))
print(f'{a}=={b}吗？',a.__eq __(b))
print(f'{a}>{b}吗？',a.__ge__(b))
print(f'{a}>={b}吗？',a.__ge__(b))
print(f'{a}!={b}吗？',a.__ne__(b))
print(a.__mul__(b))     # a*b
print(a.__truediv__(b))     # 非整除
print(a.__mod__(b))
```

```
print(a.__floordiv__(b))
print(a.__pow__(2))
```

```
Run    示例9-17特殊方法
['__abs__', '__add__', '__and__', '__bool__', '__ceil__', '__class__', '__delattr__', '__dir__', '__divmod__', '__doc__', '__eq__',
 '__float__', '__floor__', '__floordiv__', '__format__', '__ge__', '__getattribute__', '__getnewargs__', '__getstate__', '__gt__',
 '__hash__', '__index__', '__init__', '__init_subclass__', '__int__', '__invert__', '__le__', '__lshift__', '__lt__', '__mod__',
 '__mul__', '__ne__', '__neg__', '__new__', '__or__', '__pos__', '__pow__', '__radd__', '__rand__', '__rdivmod__', '__reduce__',
 '__reduce_ex__', '__repr__', '__rfloordiv__', '__rlshift__', '__rmod__', '__rmul__', '__ror__', '__round__', '__rpow__', '__rrshift__',
 '__rshift__', '__rsub__', '__rtruediv__', '__rxor__', '__setattr__', '__sizeof__', '__str__', '__sub__', '__subclasshook__',
 '__truediv__', '__trunc__', '__xor__', 'as_integer_ratio', 'bit_count', 'bit_length', 'conjugate', 'denominator', 'from_bytes', 'imag',
 'numerator', 'real', 'to_bytes']
30
30
减法: -10
10<20吗?  True
10<=20吗?  True
10==20吗?  False
10>20吗?  False
10>=20吗?  False
10!=20吗?  True
200
0.5
10
0
100
```

图 9-18　示例 9-17 运行效果图

示例 9-17 中代码“dir(a)”用于查看整数对象 a 的所有属性。使用 print(a + b)输出 a 与 b 的和，实际上底层调用的就是__add__()这个特殊方法。

9.5.2　特殊属性

在 Python 中使用首尾双下画线定义的属性称为特殊属性，常用的特殊属性如表 9-3 所示。

表 9-3　常用的特殊属性

特殊属性	说　明
obj.__dict__	对象的属性字典
obj.__class__	对象所属的类
class.__bases__	类的父类元组
class.__base__	类的父类
class.__mro__	类的层次结构
class.__subclasses__()	类的子类列表

特殊属性的使用如示例 9-18 所示，运行效果如图 9-19 所示。

【示例 9-18】 特殊属性的使用。

```
# coding:utf-8
class A:
```

```
    pass
class B:
    pass
class C(A,B):
    def __init__(self,name,age):
        self.name=name
        self.age=age

a=A()                    # 创建 A 类的对象
b=B()                    # 创建 B 类的对象
c=C('陈梅梅',20)          # 创建 C 类的对象
print('对象 a 的属性字典：',a.__dict__)  # 对象的属性字典
print('对象 c 的属性字典：',c.__dict__)
print('对象 a 所属的类：',a.__class__)   # 对象所属的类
print('对象 b 所属的类：',b.__class__)
print('对象 c 所属的类：',c.__class__)
print('A 类的父类元组：',A.__bases__)   # 类的父类，结果是一个元组
print('C 类的父类元组：',C.__bases__)
print('A 类的父类：',A.__base__)        # 类的父类，如果是继承多个父类，结果是第一个父类
print('C 类的父类：',C.__base__)
print('A 类的层次结构：',A.__mro__)     # A 类继承了 object 类
print('C 类的层次结构：',C.__mro__)     # C 类继承了 A 和 B 类，A，B 这两个类又继承了 object

# 用于获取类的子类列表
print('A 类的子类列表：',A.__subclasses__())      # A 的子类有 C
print('C 类的子类列表：',C.__subclasses__())      # C 没有子类，空列表
```

```
Run    示例9-18特殊属性
对象a的属性字典： {}
对象c的属性字典： {'name': '陈梅梅', 'age': 20}
对象a所属的类： <class '__main__.A'>
对象b所属的类： <class '__main__.B'>
对象c所属的类： <class '__main__.C'>
A类的父类元组： (<class 'object'>,)
C类的父类元组： (<class '__main__.A'>, <class '__main__.B'>)
A类的父类： <class 'object'>
C类的父类： <class '__main__.A'>
A类的层次结构： (<class '__main__.A'>, <class 'object'>)
C类的层次结构： (<class '__main__.C'>, <class '__main__.A'>, <class '__main__.B'>, <class 'object'>)
A类的子类列表： [<class '__main__.C'>]
C类的子类列表： []
```

图 9-19　示例 9-18 运行效果图

本 章 小 结

本章介绍了编程界的两大思想：面向过程的编程思想和面向对象的编程思想。面向过程是针对功能的封装，表现形式是函数，在之前的章节中学习的函数其实就是面向过程的思想。面向对象是属性和行为的封装，表现形式是类和对象。两种编程思想是相辅相成的，解决复杂问题使用面向对象的方式便于从宏观上把握事物之间复杂的关系，方便分析整个系统，具体到微观操作，仍然使用面向过程的方式来处理。

面向对象的编程思想有封装、继承和多态 3 个特征，封装可以隐藏内部细节，提高程序的安全性；继承可以实现代码的复用性，而且通过继承还可以理顺类与类之间的关系；Python 是面向对象的动态语言，它不关心对象的数据类型，也不关心是否具有继承关系，只关心对象的行为(方法)，只要类中具有同名的方法即可实现多态。

object 类是 Python 中非常重要的一个类，它是 Python 中所有类的直接或间接父类，所以 Python 中的类都会具有 object 类中的受保护成员和公有成员。

在学习这部分内容的时候，有的读者可能会“摸不着头脑”，不知道该怎么样动手去敲代码。遇到这种情况不要着急，先去从 N 个对象中找出相似的或相同的属性、方法，然后进行提取封装成类，如果在提取的过程中发现个别的对象还有一些独特的属性、方法无法提取，这个时候可以使用继承，将提取出的类定义为父类，将独特的属性或方法定义在子类中，这个时候子类就是父类的扩展。

期望通过一个章节的学习就将面向对象的思想完全掌握有些困难，在以后的学习过程中将通过大量的代码对这种思想进行巩固，最终达到“思想不变，程序千变万化”。

第 9 章习题、习题答案及程序源码

第 10 章

模块及常用的第三方模块

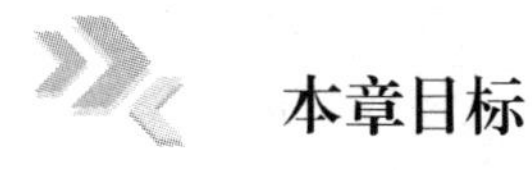

本章目标

☆ 掌握自定义模块的创建；
☆ 掌握模块的导入；
☆ 了解 Python 中包的定义；
☆ 掌握 Python 中常用的内置模块的使用；
☆ 了解 Python 中常用的第三方模块的使用。

10.1 模块简介

在 Python 中一个后缀名为.py 的 Python 文件就是一个模块，在模块中可以定义 N 个函数、类等，所以模块也可以理解为特定功能的代码的封装。另外，模块也可以避免函数、类、变量等名称相冲突的问题。

模块不仅提高了代码的可维护性，而且还提高了代码的可重用性。一个模块编写完成之后，可以被其他模块导入并使用该模块中的函数、变量、类等。例如希望获取一个随机数，就可以导入系统内置的模块 random。

模块的命名与变量的命名相同，都需要遵守一定的规则和规范。在给模块命名时要求全部使用小写字母，多个单词之间使用下画线进行分隔。另外，在给模块命名时尽量不要与 Python 内置的模块名称相同，如果自定义模块名称与系统内置模块名称相同，那么在导入时会优先导入自定义模块。

10.1.1　自定义模块

在 Python 中使用自定义模块的目的有两个，一是规范代码，将功能相同的函数、类等封装到一个模块中，让代码更易于阅读；另外一个目的与系统内置模块相同，即可以被其他模块调用，提高开发的效率。

如示例 10-1 所示，自定义 my_info 模块(即新建一个名称为 my_info 的 Python 文件)，定义变量 name，编写 info 函数用于实现自我介绍。

【示例 10-1】 自定义模块 my_info。

```
# coding:utf-8
name='娟子姐'

def info():
    print(f'大家好,我叫{name}')
```

10.1.2　模块的导入

模块编写完成后就可以被其他模块进行调用，并使用被调用模块中的功能。模块的导入有两种方式，一种是 import 导入，另一种是 from…import 的导入。

import 导入方式的语法结构如下：

　　import 模块名称 [as 别名]

当被导入模块的名称过长时，则可以通过 as 关键字对该模块起别名，在使用时使用别名去调用模块中的函数、变量、类等。

from…import 导入方式的语法结构如下：

　　from 模块名称 import 变量/函数/类/*

使用 from…import 方式导入一个具体的变量、函数或者类，在使用导入的变量、函数或者类时，不需要再添加上模块名称这个前缀。如果 from…import 后面跟着的是“*”则表示导入的是该模块的所有，这里的“*”又被称为通配符。

如果希望一次导入多个模块，模块与模块之间使用英文的逗号进行分隔，模块的导入如示例 10-2 所示。

【示例 10-2】 模块的导入。

```
# coding:utf-8
import my_info
print(my_info.name)
my_info.info()

import my_info as a
print(a.name)
```

```
a.info()

from my_info import name        # 从模块导入 name 变量
print(name)

from my_info import info        # 从模块中导入 info 函数
info()

# 使用通配符*导入所有
from my_info import *
print(name)
info()

# 同时导入多个模块
import math,time,random
```

在使用 from…import * 这种导入方式时，如果导入的两个模块中具有同名的函数，那么后导入模块中的函数会覆盖前导入模块中的函数。如果两个模块中具有同名的函数在同时被导入时，解决方案是使用 import 方式进行导入，在使用同名的函数时，则可以使用模块名称 + “.” 调用同名的函数。新建 introduce.py 文件并在该模块中定义 name 和 age 两个变量，再定义一个 info 函数()，如示例 10-3 所示。在示例 10-4 中导入 my_info 模块和 introduce 模块。

【示例 10-3】 新建 introduce 模块。

```
name='ysj'
age=18
def info():
    print(f'姓名:{name}，年龄:{age}')
```

【示例 10-4】 模块的导入。

```
# coding:utf-8
from my_info import *
from introduce import *
info()
print('-----以上 info 函数调用的是 introduce 模块中的 info 函数-----')
# 解决方案  import
import my_info
import introduce

my_info.info()
introduce.info()
```

示例 10-4 中 info()调用的是 introduce 中的 info()函数，后导入模块 intoduce 中的 info()

函数覆盖了 my_info 中的 info()函数。

10.2 Python 中的包

模块可以避免函数、类、变量等名称相冲突问题，那么包则可以避免模块名称相冲突问题。包类似于 Windows 中的文件夹，只是比文件夹多一个名称为__init__.py 的文件。可以将功能相近的模块封装到一个包中，方便模块的组织和管理。包的创建如图 10-1 所示。在项目(或项目下的文件夹)上右键单击选择“New”，在出现的菜单中选择“Python Package”，并把包命名为 admin，创建好后会自带一个__init__.py 的文件。本案例是在 chap10 文件夹上右键单击创建包。

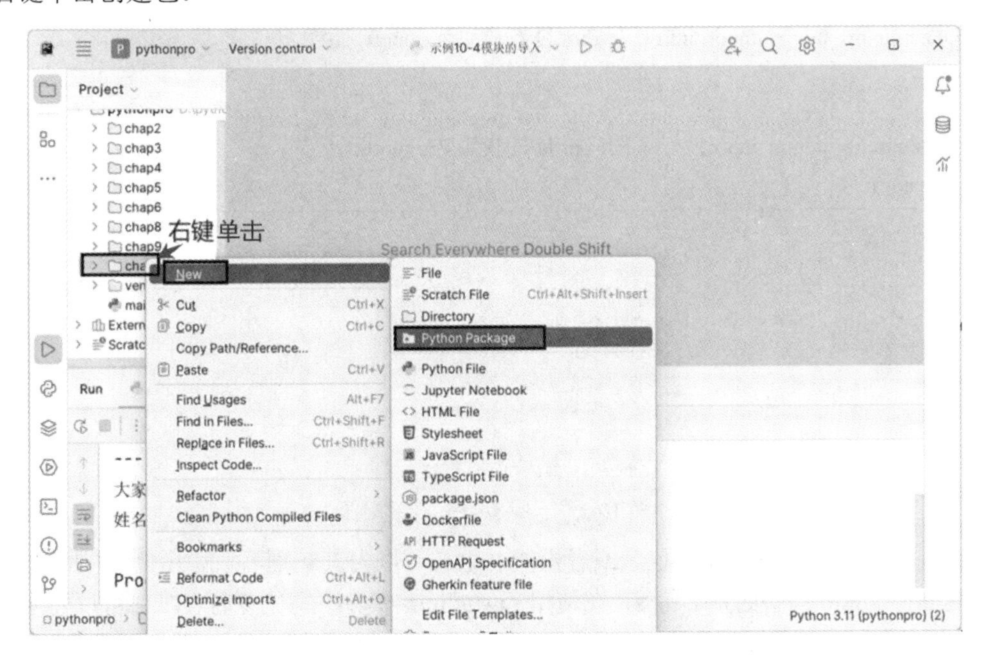

图 10-1　包的创建

在包中的__init__.py 文件中可以编写代码也可以不编写代码，如果在__init__.py 文件中编写了 Python 代码，如示例 10-5 所示，该文件中的代码在导入包时会自动执行。示例 10-6 在包中新建 my_admin 模块，在示例 10-7 中对 admin 包中的 my_admin 模块进行导入(__init__.py 文件创建在包 admin 之外，文件夹 chap10 之内)。示例 10-7 的运行效果如图 10-2 所示。

【示例 10-5】 编写__init__.py 文件中的代码。

```
# coding:utf-8
print('版权:杨淑娟')
print('讲师:ysj')
```

【示例 10-6】 admin 包中新建模块 my_admin。

```
# coding:utf-8
def info():
    print('大家好，我叫 ysj，今年 18 岁')
name='杨淑娟'
```

【示例 10-7】 包的导入。

```
# coding:utf-8
import admin.my_admin as a          # 包名.模块名
a.info()

from admin import my_admin as b     # from 包名 import 模块名 as 别名
b.info()

from admin.my_admin import info     # from 包名.模块名 import  函数/变量等
info()

from admin.my_admin import *        # from 包名.模块名 import 通配符
print(name)
```

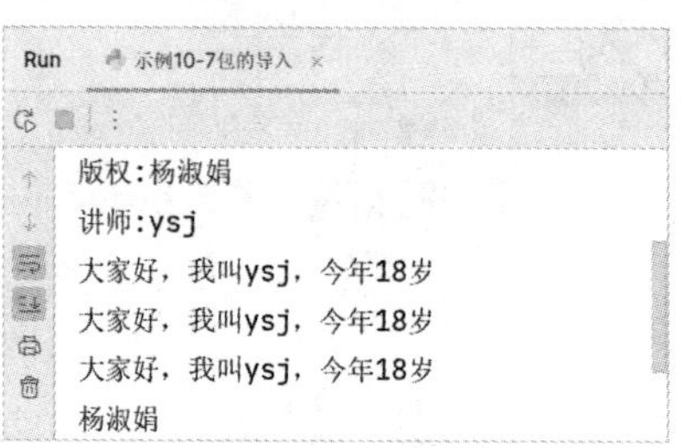

图 10-2　示例 10-7 运行效果图

在进行包的导入时，如果包名或者模块名太长可以为其起别名，如示例 10-7 中 admin 包下的 my_admin 模块的别名为 a，在使用 my_admin 模块中的任意内容时都可以使用前缀 a 来替代模块 my_admin。

10.3 主程序运行

在每一个模块的定义中，都包含一个记录模块名称的变量“__name__”，程序可以检查该变量的值，以确定它们是在哪个模块中运行。如果一个模块以单击右键“Run 模块名”的方式执行，那么它可能在解释器的顶层模块中执行，顶层模块的__name__变量的值为“__main__”。为了对比主程序与非主程序运行的效果，先新建 module_a 模块(即

module_a.py 文件)，在该模块中编写代码，如示例 10-8 所示。

【示例 10-8】 新建 module_a 模块。

```
# coding:utf-8
print('welcome to beijing')
name = 'ysj'
print(name)
```

再新建模块 module_b 模块，在该模块中导入 module_a 模块，除此之外在 module_b 模块中再无其他代码，如示例 10-9 所示。

【示例 10-9】 新建 module_b 模块。

```
# coding:utf-8
import module_a
```

在模块 module_b 上单击右键运行，效果如图 10-3 所示，在控制台上将 module_a 模块中的语句进行了执行并输出。

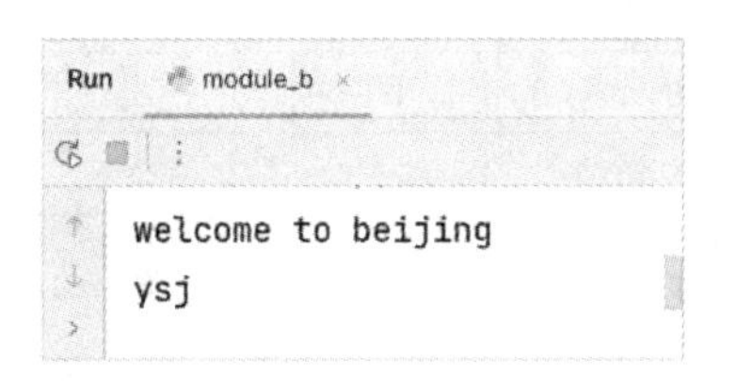

图 10-3　示例 10-9 运行效果图

通过图 10-3 可以看出，在模块 module_b 中导入了 module_a 模块，那么模块 module_a 中的代码被执行。如果不希望 module_a 中的代码在导入之后执行，可以在 module_a 中使用主程序运行的方式，阻止全局变量的数据被输出执行。修改 module_a 中的代码为主程序运行，如示例 10-10 所示。

【示例 10-10】 修改 module_a 中的代码为主程序运行。

```
# coding:utf-8
# print('welcome to beijing')
# name = 'ysj'
# print(name)
if __name__ == '__main__':
    print('welcome to beijing')
    name = 'ysj'
    print(name)
```

使用了 if __name__ == '__main__'之后，再次运行示例 10-9，module_a 模块中的代码将不会再有输出。示例 10-10 中的代码只有在右键单击选择“Run 模块名”时才会被执行。所以如果希望被导入模块中的某些代码在导入后不执行，则可以将代码写在被导入模块中的 if __name__ == '__main__'中。

10.4 Python 中常用的内置模块

在安装 Python 解释器时，与解释器一起安装进来的模块被称为系统内置模块，也被称为标准模块或标准库。通常情况下标准库的数量大概在 270 个。标准库的位置一般在安装路径的 Lib 中。本教程的安装路径为系统默认路径，所以标准库的位置为 C:\Users\68554\AppData\Local\Programs\Python\Python311\Lib。读者可根据自己的安装路径自行查找标准库的位置。常用的系统内置模块有 os 模块、用于正则处理的 re 模块、产生随机数的 random 模块等，如表 10-1 所示。

表 10-1　常用的系统内置模块

标准库名称	说　明
os 模块	与操作系统和文件相关操作有关的模块
re 模块	用于在 Python 的字符串中执行正则表达式的模块
random 模块	用于产生随机数的模块
json 模块	用于对高维数据进行编码和解码的模块
time 模块	与时间相关的模块
datetime 模块	与日期时间相关的模块，可以方便地显示日期并对日期进行运算

10.4.1 random 模块

random 模块是 Python 中用于产生随机数的标准库。在 random 模块中常用的函数如表 10-2 所示。

表 10-2　random 模块中常用的函数

函数名称	说　明
seed(x)	初始化给定的随机数种子，默认为当前系统时间
random()	产生一个[0.0，1.0)之间的随机小数
randint(a,b)	生成一个[a，b]之间的整数
randrange(m,n,k)	生成一个[m，n)之间步长为 k 的随机整数
uniform(a,b)	生成一个[a，b]之间的随机小数
choice(seq)	从序列 seq 中随机选择一个元素
shuffle(seq)	将序列 seq 中元素随机排列，返回打乱后的序列

random 模块中常用函数的使用如示例 10-11 所示，运行效果如图 10-4 所示。

【示例 10-11】 random 模块的使用。

```
# coding:utf-8
```

```
import random
random.seed(10)    # 种子相同，随机数也相同
print(random.random())
print(random.random())
print('--------------')
random.seed(10)
print(random.random())
print(random.random())
# 产生[a，b]之间的整数
print(random.randint(1,100))
print('-----------------')
# [m，n)步长为 k 的随机整数
for i in range(10):
    print(random.randrange(1,10,3))

# [a，b]的随机小数
print(random.uniform(1,100))

lst=[i for i in range(1,11)]
print(random.choice(lst))

# 随机排序
random.shuffle(lst)
print(lst)
random.shuffle(lst)
print(lst)
```

```
Run    示例10-11random模块的使用
0.5714025946899135
0.4288890546751146
--------------
0.5714025946899135
0.4288890546751146
74
-----------------
1
1
4
4
4
7
1
1
7
4
33.44950835058722
4
[9, 4, 10, 3, 5, 2, 8, 7, 1, 6]
[3, 8, 9, 1, 10, 2, 4, 7, 6, 5]
```

图 10-4　示例 10-11 运行效果图

由于随机种子 random.seed(10)相同，产生的随机数也会相同，所以读者在运行示例 10-11 时运行效果会与图 10-4 完全相同，如果希望看到真正的随机效果，可以将代码 random.seed(10)进行注释。

10.4.2 time 模块

time 模块是 Python 中提供的用于处理时间的标准库，可以用来进行时间处理、时间格式化和计时等。time 模块常用的函数如表 10-3 所示。

表 10-3 time 模块常用的函数

函数名称	说　明
time()	获取当前时间戳
localtime(sec)	获取指定时间戳对应的本地时间，结果为 struct_time 对象
ctime()	获取当前时间戳对应的易读字符串
strftime()	格式化时间，结果为字符串类型
strptime()	从字符串中解析出的时间，结果为 struct_time 对象
sleep(sec)	休眠 sec 秒

在进行时间格式化时需要使用一些常用的格式化控制符，例如，%Y 表示年份，%m 表示月份。一些常用的格式化字符串如表 10-4 所示。

表 10-4 日期时间的格式化控制符

格式化字符串	日期/时间	取值范围
%Y	年份	0001～9999
%m	月份	01～12
%B	月名	January～December
%d	日期	01～31
%A	星期	Monday～Sunday
%H	小时(24h 制)	00～23
%I	小时(12h 制)	01～12
%M	分钟	00～59
%S	秒	00～59

time 模块中常用函数的使用及日期时间的格式化操作如示例 10-12 所示，运行效果如图 10-5 所示。

【示例 10-12】 time 模块的使用。

```
# coding:utf-8
import time
now=time.time()    # 获取当前时间戳
print(now)
#obj=time.localtime()            # 当前时间戳对应的本地时间
```

```
obj=time.localtime(60)          # 60 秒
print(obj)
print(type(obj))
print('年份:',obj.tm_year)
print('月份:',obj.tm_mon)
print('日期:',obj.tm_mday)
print('时:',obj.tm_hour)
print('分:',obj.tm_min)
print('秒:',obj.tm_sec)
print('星期:',obj.tm_wday)      # 0 表示星期一[0，6]
print('今年的多少天:',obj.tm_yday)

print(time.ctime())             # 时间戳对应的易读的字符串

# 日期时间的格式化  struct_time 对象格式化成字符串
print(time.strftime('%Y-%m-%d',time.localtime()))
print(time.strftime('%H:%M:%S',time.localtime()))
print(time.strftime('%B',time.localtime()))          # 月份
print(time.strftime('%A',time.localtime()))

print(time.strptime('2008-08-08','%Y-%m-%d'))        # 将字符串转成 struct_time 对象

# 计时函数 sleep
time.sleep(20)
print('helloworld')
```

```
Run   示例10-12time模块的使用
1692178482.656683
time.struct_time(tm_year=1970, tm_mon=1, tm_mday=1, tm_hour=8, tm_min=1, tm_sec=0, tm_wday=3, tm_yday=1,
 tm_isdst=0)
<class 'time.struct_time'>
年份: 1970
月份: 1
日期: 1
时: 8
分: 1
秒: 0
星期: 3
今年的多少天: 1
Wed Aug 16 17:34:42 2023
2023-08-16
17:34:42
August
Wednesday
time.struct_time(tm_year=2008, tm_mon=8, tm_mday=8, tm_hour=0, tm_min=0, tm_sec=0, tm_wday=4, tm_yday=221,
 tm_isdst=-1)
helloworld
```

图 10-5　示例 10-12 运行效果图

程序在运行到“time.sleep(20)”时，将进行休眠 20 s，即 helloworld 将在 20 s 之后进行输出。

10.4.3 datetime 模块

time 模块可以用来进行时间处理、时间格式化和计时等，但是在计算时间间隔上却不如 datetime 方便。datetime 模块可以更方便地显示日期并对日期进行运算。datetime 模块关于日期时间处理的 5 个类如表 10-5 所示。其中最常用的是日期时间类 datetime 和时间间隔类 timedelta。

表 10-5 datetime 模块常用的 5 个类

类　　名	说　明
datetime.datetime	表示日期时间的类
datetime.timedelta	表示时间间隔的类
datetime.date	表示日期的类
datetime.time	表示时间的类
datetime.tzinfo	时区相关的类

datetime 类结合了日期类和时间类的特点，该类的对象代表某一个时刻，这个对象中包含了年、月、日、时、分、秒、微秒等属性。常用方法有 datetime.now()，用于获取当前的日期和时间。datetime 类常用方法的使用如示例 10-13 所示，运行效果如图 10-6 所示。

【示例 10-13】 datetime 类的使用。

```
# coding:utf-8
# 从 datetime 模块导入 datetime 类
from datetime import datetime
dt=datetime.now()    # 获取当前系统时间
print('当前系统时间为:',dt)

# 手动创建 datetime 对象
dt2=datetime(2028,8,8,20,8)
print('dt2 的数据类型:',type(dt2),'dt2 所表示的日期时间:',dt2)
print('年:',dt2.year,'月:',dt2.month,'日:',dt2.day)
print('时:',dt2.hour,'分:',dt2.minute,'秒:',dt2.second)

# 比较两个 datetime 类型对象的大小
labor_day=datetime(2028,5,1,0,0,0)
national_day=datetime(2028,10,1,0,0,0)
print('2028 年 5 月 1 日比 2028 年 10 月 1 日早:',labor_day<national_day)

# datetime 类型与字符串类型的转换
# 将 datetime 类型转成字符串类型
```

```
nowdt=datetime.now()
nowdt_str=nowdt.strftime('%Y/%m/%d %H:%M:%S')
print('nowdt 的数据类型:',type(nowdt),'nowdt 所表示的数据为:',nowdt)
print('nowdt_str 的数据类型:',type(nowdt_str),'nowdt_str 所表示的数据为:',nowdt_str)

# 将字符串类型转成 datetime 类型
str_datetime='2028 年 8 月 8 日 20 点 8 分'
dt3=datetime.strptime(str_datetime,'%Y 年%m 月%d 日  %H 点%M 分')
print('str_datetime 的数据类型:',type(str_datetime),'str_datetime 所表示的数据为:',str_datetime)
print('dt3 的数据类型:',type(dt3),'dt3 所表示的数据为:',dt3)
```

```
Run    示例10-13datetime类的使用 ×
当前系统时间为: 2023-08-16 21:14:57.539364
dt2的数据类型: <class 'datetime.datetime'> dt2所表示的日期时间: 2028-08-08 20:08:00
年: 2028 月: 8 日: 8
时: 20 分: 8 秒: 0
2028年5月1日比2028年10月1日早: True
nowdt的数据类型: <class 'datetime.datetime'> nowdt所表示的数据为: 2023-08-16 21:14:57.539364
nowdt_str的数据类型: <class 'str'> nowdt_str所表示的数据为: 2023/08/16 21:14:57
str_datetime的数据类型: <class 'str'> str_datetime所表示的数据为: 2028年8月8日 20点8分
dt3的数据类型: <class 'datetime.datetime'> dt3所表示的数据为: 2028-08-08 20:08:00
```

图 10-6　示例 10-13 运行效果图

timedelta 类可以很方便地在日期上进行天、小时、分钟、秒、毫秒的加减运算，但是不能做年和月的加减运算，主要是因为年、月是可变时间，依赖于特定的年份和月份。timedelta 类常用方法的使用如示例 10-14 所示，运行效果如图 10-7 所示。

【示例 10-14】 timedelta 类的使用。

```
# coding:utf-8
# 从 datetime 模块导入 timedelta 类
from datetime import timedelta
from datetime import datetime

# 两个 datetime 对象相减，得到一个 timedelta 对象
deltal1=datetime(2028,10,1)-datetime(2028,5,1)
print('deltal1 的数据类型是:',type(deltal1),'deltal1 所表示的数据是:',deltal1)
print('2028 年 5 月 1 日之后的 153 天是:',datetime(2028,5,1)+deltal1)

# 通过传入参数创建一个 timedelta 对象
tdl=timedelta(10)
print('创建一个 10 天的 timedelta 对象:',tdl)
tdl2=timedelta(10,11)
print('创建一个 10 天 11 秒的 timedelta 对象:',tdl2)
```

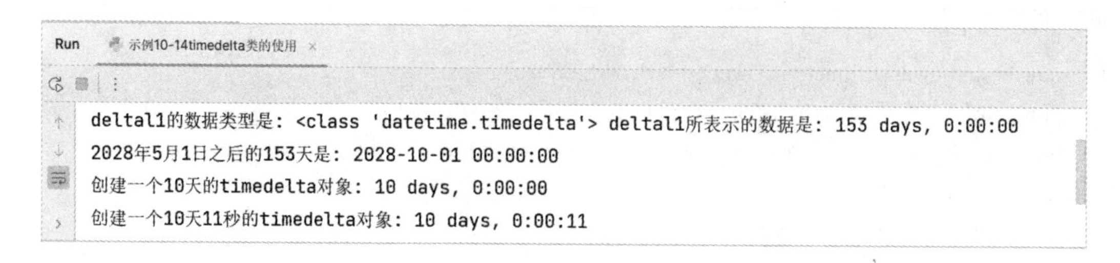

图 10-7　示例 10-14 运行效果图

10.5　Python 中常用的第三方模块

Python 的功能之所以非常强大，是因为它除了有很多系统内置模块之外，还有十几万个第三方模块。这些第三方模块涉及的行业非常广泛，比如办公自动化方向、数据分析方向、Web 方向、人工智能方向等。这些第三方模块由全球 Python 爱好者、程序员、各行各业的专家进行开发和维护。

10.5.1　第三方模块的安装与卸载

在使用第三方模块时，需要先对这些模块进行下载并安装，安装成功之后就可以像使用系统内置模块一样导入使用。

下载安装第三方模块使用 pip 命令，pip 命令在 Python 解释器的安装路径下 Scripts 文件夹中，如图 10-8 所示。

图 10-8　pip.exe 所在路径

pip 命令实际上是一个以.exe 结尾的可执行文件，当使用 pip 命令时实际上就是执行 pip.exe 可执行文件。

安装第三方模块的语法结构如下：

```
pip install 模块名称
```

安装第三方模块需要在 DOS 命令行窗口进行，按住键盘上的 Ctrl+R 键打开运行窗口并输入“cmd”，如图 10-9 所示。

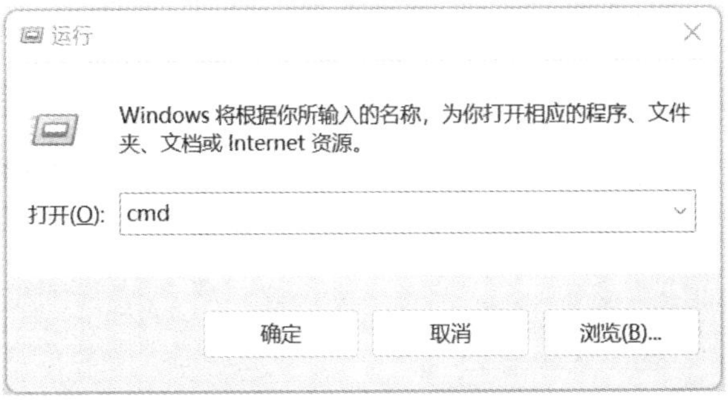

运行
Windows 将根据你所输入的名称，为你打开相应的程序、文件夹、文档或 Internet 资源。
打开(O):
cmd
确定
取消
浏览(B)...

图 10-9　打开 DOS 命令行窗口

例如，安装用于爬虫的第三方库 requests，可以在命令行窗口中输入代码“pip install requests”并回车。requests 模块的安装如图 10-10 所示，当看到“Successfully installed requests-2.31.0”时说明安装成功，requests 后面的 2.31.0 表示的是当前安装的 requests 的版本号。

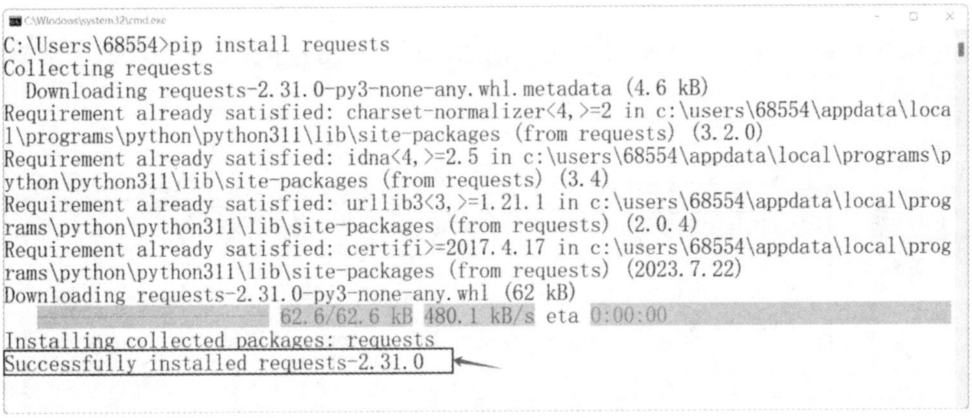

C:\Windows\system32\cmd.exe
C:\Users\68554>pip install requests
Collecting requests
Downloading requests-2.31.0-py3-none-any.whl.metadata (4.6 kB)
Requirement already satisfied: charset-normalizer<4,>=2 in c:\users\68554\appdata\local\programs\python\python311\lib\site-packages (from requests) (3.2.0)
Requirement already satisfied: idna<4,>=2.5 in c:\users\68554\appdata\local\programs\python\python311\lib\site-packages (from requests) (3.4)
Requirement already satisfied: urllib3<3,>=1.21.1 in c:\users\68554\appdata\local\programs\python\python311\lib\site-packages (from requests) (2.0.4)
Requirement already satisfied: certifi>=2017.4.17 in c:\users\68554\appdata\local\programs\python\python311\lib\site-packages (from requests) (2023.7.22)
Downloading requests-2.31.0-py3-none-any.whl (62 kB)
62.6/62.6 kB 480.1 kB/s eta 0:00:00
Installing collected packages: requests
Successfully installed requests-2.31.0

图 10-10　在线安装 requests 模块

如果在安装成功之后，命令行窗口还有这样一句话“A new release of pip is available: 23.3.1 -> 23.3.2”，如图 10-11 所示。这说明 pip 命令的版本需要升级。

C:\Windows\system32\cmd.exe
[notice] A new release of pip is available: 23.3.1 -> 23.3.2
[notice] To update, run: python.exe -m pip install --upgrade pip
C:\Users\68554>

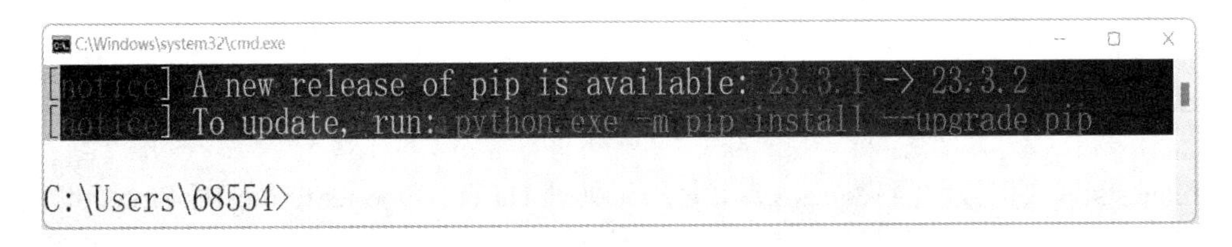

图 10-11　pip 命令升级提示语句

升级 pip 命令的语法结构如下：

```
Python -m pip install --upgrade pip
```

在 DOS 窗口输入 pip 的升级命令“python -m pip install --upgrade pip”，如图 10-12 所

当看到“Successfully installed pip-23.3.2”时，表示 pip 命令升级成功。

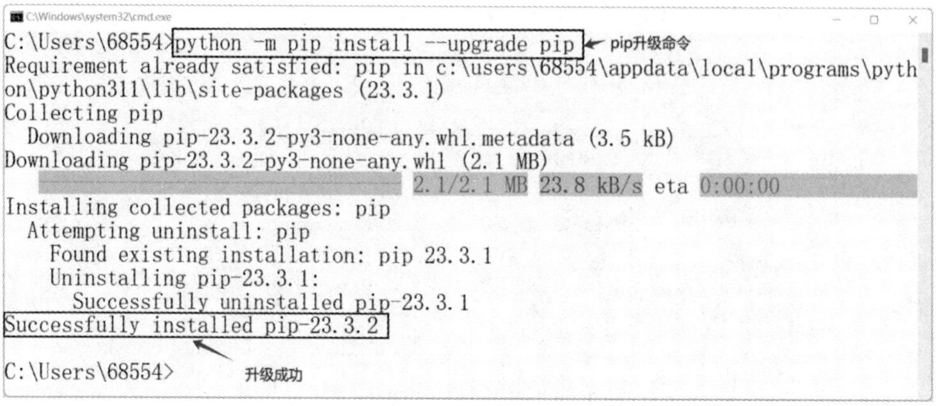

```
C:\Users\68554>python -m pip install --upgrade pip      ← pip升级命令
Requirement already satisfied: pip in c:\users\68554\appdata\local\programs\pyth
on\python311\lib\site-packages (23.3.1)
Collecting pip
  Downloading pip-23.3.2-py3-none-any.whl.metadata (3.5 kB)
Downloading pip-23.3.2-py3-none-any.whl (2.1 MB)
   ---------------------------------------- 2.1/2.1 MB 23.8 kB/s eta 0:00:00
Installing collected packages: pip
  Attempting uninstall: pip
    Found existing installation: pip 23.3.1
    Uninstalling pip-23.3.1:
      Successfully uninstalled pip-23.3.1
Successfully installed pip-23.3.2

C:\Users\68554>        升级成功
```

图 10-12　升级 pip 命令

对于一个不使用的第三方库，也可以进行卸载。

卸载第三方模块的语法结构如下：

　　pip uninstall 模块名称

在 DOS 窗口输入“pip uninstall requests”即可卸载 requests 模块，当出现“Proceed(Y/n)?”时输入“y”表示继续操作；当看到“Successfully uninstalled requests-2.31.0”时表示卸载成功，如图 10-13 所示。

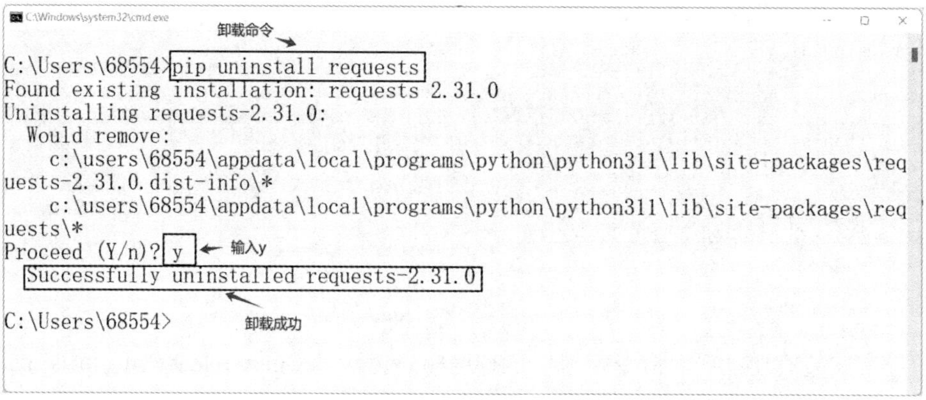

```
                卸载命令
C:\Users\68554>pip uninstall requests
Found existing installation: requests 2.31.0
Uninstalling requests-2.31.0:
  Would remove:
    c:\users\68554\appdata\local\programs\python\python311\lib\site-packages\req
uests-2.31.0.dist-info\*
    c:\users\68554\appdata\local\programs\python\python311\lib\site-packages\req
uests\*
Proceed (Y/n)? y   ← 输入y
  Successfully uninstalled requests-2.31.0

C:\Users\68554>       卸载成功
```

图 10-13　卸载第三方模块

10.5.2　requests 模块

requests 模块也被称为 requests 库，是用于处理 HTTP(Hypertext Transfer Protocol，超文本传输协议)请求的第三方库。该库在爬虫程序中应用非常广泛，requests 库的安装参考图 10-10 在线安装 requests 模块。

使用 requests 库中的 get()函数可以打开一个网络请求，并获取一个 Response 响应对象。响应结果中的字符串数据可以通过响应对象的 text 属性获取。编写爬虫程序爬取景区的天气预报，如示例 10-15 所示。将中国天气网中北京的天气预报首页的内容爬取到 Python 程序中并在控制台上进行输出，运行效果如图 10-14 所示。

【示例 10-15】 爬取景区天气预报。

```
# coding:utf-8
import requests
import re
url='http://www.weather.com.cn/weather/101010100.shtml'
# 防止反爬
headers={
'User-Agent': 'Mozilla/5.0 (Windows NT 10.0; WOW64) AppleWebKit/537.36 (KHTML, like Gecko)
Chrome/83.0.4103.97 Safari/537.36'
}

resp=requests.get(url,headers=headers)     # resp 就是响应结果对象
resp.encoding='utf-8'
print(resp.text)
# city=re.findall('<span class="name">([\u4e00-\u9fa5]*)</span>',resp.text)
# weather=re.findall('<span class="weather">([\u4e00-\u9fa5]*)</span>',resp.text)
# wd=re.findall('<span class="wd">(.*)</span>',resp.text)
# zs=re.findall('<span class="zs">([\u4e00-\u9fa5]*)</span>',resp.text)
#
# lst=[]
# for a,b,c,d in zip(city,weather,wd,zs):
#         lst.append([a,b,c,d])
# #print(lst)
# for item in lst:
#         print(item)
```

```
Run    示例10-15爬取景区天气预报 ×

<html>
<head>
<link rel="dns-prefetch" href="http://i.tq121.com.cn">
<meta charset="utf-8" />
<meta http-equiv="Content-Type" content="text/html; charset=UTF-8" />
<title>北京天气预报,北京7天天气预报,北京15天天气预报,北京天气查询</title>
<meta http-equiv="Content-Language" content="zh-cn">
<meta name="keywords" content="北京天气预报,bjtq,北京今日天气,北京周末天气,北京一周天气预报,北京蓝天,北京蓝天预报
,北京雾霾,北京雾霾消散,北京40日天气预报" />
<meta name="description" content="北京天气预报，及时准确发布中央气象台天气信息，便捷查询北京今日天气，北京周末天气
，北京一周天气预报，北京蓝天预报，北京天气预报，北京40日天气预报，还提供北京的生活指数、健康指数、交通指数、旅游指数，
及时发布北京气象预警信号、各类气象资讯。" />
```

图 10-14　示例 10-15 运行效果图

示例 10-15 中被注释掉的代码的功能是对响应结果中字符串数据进行提取，使用到第 6 章的正则表达式对字符串数据进行提取，读者可自行取消注释符号运行程序，运行效果如图 10-15 所示。

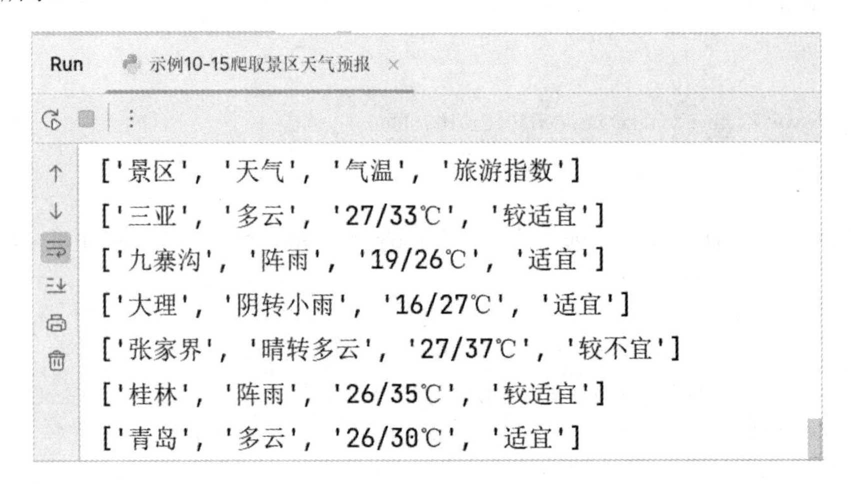

图 10-15　数据提取运行结果

响应结果中除了有字符串数据，还有二进制数据，响应结果中的二进制数据可以通过响应对象的 content 属性获取。编写爬虫程序下载百度 logo 图片，如示例 10-16 所示。将数据写入磁盘文件属于文件读写的内容，该内容将在第 11 章进行讲解，读者可根据源代码进行操作，其中“logo.png”表示要保存到磁盘上的文件名称，logo.png 文件默认保存在当前 Python 文件的路径下即“chap10”文件夹下，“wb”表示“write byte”即写入二进制数据。程序运行后将在当前路径下产生 logo.png 文件，双击打开该文件，如图 10-16 所示。

【示例 10-16】 爬取百度 logo 图片。

```
# coding:utf-8
import requests
url='https://www.baidu.com/img/PCtm_d9c8750bed0b3c7d089fa7d55720d6cf.png'
headers={
'User-Agent': 'Mozilla/5.0 (Windows NT 10.0; WOW64) AppleWebKit/537.36 (KHTML, like Gecko) Chrome/83.0.4103.97 Safari/537.36'
}

resp=requests.get(url,headers=headers)
# 将二进制数据写入磁盘(以下代码段将在文件与 IO 操作章节进行讲解)
with open('logo.png','wb') as file:
    file.write(resp.content)
```

图 10-16　示例 10-16 运行效果图

10.5.3　openpyxl 模块

openpyxl 模块是用于处理 Microsoft Excel 文件的第三方库，在使用之前需要使用 pip install openpyxl 进行安装。该模块可以对 Excel 文件中的数据进行写入和读取。openpyxl 模块中常用的函数如表 10-6 所示。

表 10-6　openpyxl 模块中常用的函数

函数/属性名称	说　　明
load_workbook(filename)	打开已存在的表格，结果为工作簿对象
workbook.sheetnames	工作簿对象的 sheetnames 属性，用于获取所有工作表的名称，结果为列表类型
sheet.append(lst)	向工作表中添加一行数据，新数据接在工作表已有数据的后面
workbook.save(excelname)	保存工作簿
Workbook()	创建新的工作簿对象

将示例 10-15 中爬取景区天气预报的代码封装成函数 get_html()，用于发送请求并获取响应结果，parse_html()用于解析响应回来的字符串数据，把函数 get_html()和函数 parse_html()编写到 weather 模块中，如示例 10-17 所示。

【示例 10-17】 weather 模块中的代码。

```
# coding:utf-8
import requests
import re
# 发请求获取响应结果
def get_html():
    url='http://www.weather.com.cn/weather/101010100.shtml'
    # 防止反爬
    headers={
    'User-Agent': 'Mozilla/5.0 (Windows NT 10.0; WOW64) AppleWebKit/537.36 (KHTML, like Gecko)
Chrome/83.0.4103.97 Safari/537.36'
    }
```

```
    resp=requests.get(url,headers=headers)     # resp 就是响应结果对象
    # 设置响应的编码格式
    resp.encoding='utf-8'
    return resp.text

# 提取有用数据
def parse_html(html_str):

    city=re.findall('<span class="name">([\u4e00-\u9fa5]*)</span>',html_str)
    weather=re.findall('<span class="weather">([\u4e00-\u9fa5]*)</span>',html_str)
    wd=re.findall('<span class="wd">(.*)</span>',html_str)
    zs=re.findall('<span class="zs">([\u4e00-\u9fa5]*)</span>',html_str)

    lst=[]
    for a,b,c,d in zip(city,weather,wd,zs):
        lst.append([a,b,c,d])
    return lst
```

将爬取的景区天气数据存储到 Excel 文件中，需要使用 openpyxl 模块中的 Workbook()类创建新的工作簿对象，一个工作簿对象对应磁盘上的一个 Excel 文件。使用工作簿对象创建一个名称为“景区天气”的工作表对象，再使用工作表对象的 append()方法将列表中的数据填入 Excel 工作表，最后使用工作簿对象的 save()方法保存 Excel 文件，具体操作如示例 10-18 所示。

【示例 10-18】 将爬取的景区天气数据存储到 Excel 文件中。

```
# coding:utf-8
import weather                                  # 导入 weather 模块
import openpyxl                                 # 先安装 pip install openpyxl

lst=weather.parse_html(weather.get_html())      # 调用 weather 模块中的函数
# print(lst)

workbook=openpyxl.Workbook()                    # 创建新的工作簿

sheet=workbook.create_sheet('景区天气')          # 创建工作表对象

for item in lst:                                # 向工作表中添加数据
    sheet.append(item)                          # 一次添加一行
workbook.save('景区天气.xlsx')
```

程序运行之后将在当前 Python 文件的路径下(即 chap10 目录)生成一个名称为“景区天气.xlsx”的文件，双击该文件即可看到在“景区天气”工作表中存储了爬取的景区天气数

据，如图 10-17 所示。

图 10-17　示例 10-18 运行效果图

openpyxl 模块不仅可以将列表中的数据存储到 Excel 文件中，而且可以从 Excel 文件中读取数据。读取 Excel 数据称为加载，会使用到 openpyxl 模块中的 load_workbook()函数将“景区天气.xlsx”文件加载到 Python 程序。表格数据可以看作一个二维列表，外层循环遍历得到行数据，内层循环遍历得到该行中每个单元格的数据。使用 openpyxl 读取“景区天气.xlsx”中的数据如示例 10-19 所示，程序运行效果如图 10-18 所示。

【示例 10-19】 从 Excel 文件中读取数据。

```
# coding:utf-8
import openpyxl
# 打开 Excel 文件
wk=openpyxl.load_workbook('景区天气.xlsx')
# 选择要操作的工作表
sheet=wk['景区天气']
# 表格数据是一个二维数据，先读取行再读取列
lst=[]                          # 存储行数据
for row in sheet.rows:          # 行
    sublst=[]                   # 存储单元格数据
    for cell in row:            # 遍历单元格
        sublst.append(cell.value)  # 单元格的值 value
    lst.append(sublst)

for item in lst:
    print(item)
```

```
['景区', '天气', '气温', '旅游指数']
['三亚', '多云', '33/27℃', '较适宜']
['九寨沟', '阵雨转多云', '25/17℃', '适宜']
['大理', '阵雨转小雨', '28/17℃', '适宜']
['张家界', '多云', '38/25℃', '较不宜']
['桂林', '阵雨转多云', '36/27℃', '一般']
['青岛', '多云', '30/26℃', '适宜']
```

图 10-18　示例 10-19 运行效果图

10.5.4　pdfplumber 模块

第三方模块 pdfplumber 可用于从 PDF 文件中读取内容，在使用该模块之前使用 pip install pdfplumber 对该模块进行安装。使用 pdfplumber 模块读取“小学数学-公式.pdf”文件中的内容，如示例 10-20 所示。首先使用 pdfplumber 模块中的 open()函数打开该 pdf 文件，由于该 pdf 文件有多页，所以需要使用循环，每循环一次读取一页，最后将读取的内容在控制台上进行打印输出，如图 10-19 所示。

【示例 10-20】 从 PDF 文件中提取数据。

```
# coding:utf-8
import pdfplumber
# 打开 PDF 文件
with pdfplumber.open('小学数学-公式.pdf') as pdf:
    for i in pdf.pages:
        # print(i,type(i))
        print(i.extract_text())    # 使用 extract_text()方法提取内容
        print(f'----------第{i.page_number}页结束----------------------')    # 每提取完一页之后使用
下画线分隔
```

图 10-19　示例 10-20 运行效果图

注意事项：“小学数学-公式.pdf”文件与示例 10-20 的 Python 文件必须位于同一个目录下。

10.5.5　Numpy 模块

第三方模块 Numpy 用于 Python 数据分析，是其他库的依赖库，可以处理数组、矩阵等数据。在使用该模块之前使用 pip install numpy 安装该库。使用 Numpy 模块对图像进行灰度处理，还需要安装一个第三方库 Matplotlib，用于数据可视化。使用 Matplotlib.pyplot 中的 imread()函数读取数据，结果是一个三维数组，使用灰度公式对图像开始处理。本案例是对谷歌的 logo 图片进行灰度处理，如示例 10-21 所示。灰度处理前的图片如图 10-20 所示，灰度处理之后的程序运行效果如图 10-21 所示。

【示例 10-21】 图像的灰度处理。

```
# coding:utf-8
import numpy as np                    # pip install numpy
import matplotlib.pyplot as plt       # pip install matplotlib

# 读取图片
n1=plt.imread('google.jpg')
# print(type(n1),n1)
# n1 为三维数组，最高维表示的是图像的高，次高维表示的是图像的宽，最低维表示 RGB 颜色
plt.imshow(n1)
# 编写灰度公式
n2=np.array([0.299,0.587,0.114])
# 将数组 n1(RGB)颜色值与数组 n2(灰度公式固定值)进行点乘运算
x=np.dot(n1,n2)
# 传入数组，显示灰度
plt.imshow(x,cmap='gray')
# 显示图像
plt.show()
```

图 10-20　处理前 google.jpg 图片

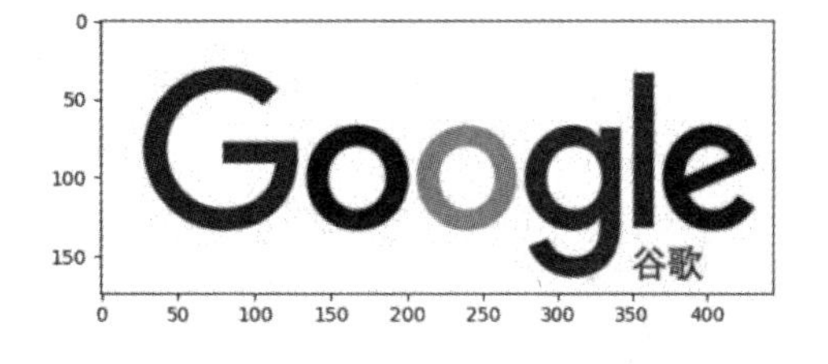

图 10-21　处理后 google.jpg 图片

10.5.6　Pandas 模块与 Matplotlib 模块

第三方模块 Pandas 是基于 Numpy 模块扩展的一个非常重要的数据分析模块，使用

Pandas 读取 Excel 数据更加方便。在使用该模块之前使用 pip install pandas 对 Pandas 模块进行安装。

第三方模块 Matplotlib 是用于数据可视化的模块，使用 Matplotlib.pyplot 可以非常方便地绘制饼图、柱形图、折线图等。

使用 Pandas 读取“JD 手机销售数据.xlsx”文件，并使用 Matplotlib.pyplot 绘制相应的饼图，Excel 表结构如图 10-22 所示。

	A	B	C	D	E	F	G	H
1	商品名称	北京出库销量	上海出库销量	广州出库销量	天津出库销量	苏州出库销量	沈阳出库销量	杭州出库销量
2	荣耀V40轻奢版	747	666	578	284	246	156	152
3	OPPO Reno5	149	100	115	82	63	37	40
4	荣耀X10	88	69	81	48	43	29	29
5	Redmi 9	84	64	75	53	35	13	23
6	Redmi K30S	56	39	51	27	16	9	7
7	OPPOA8	48	45	42	18	22	5	12

图 10-22　JD 手机销售数据表的表结构

使用 Pandas 模块中的 read_excel()函数读取“JD 手机销售数据.xlsx”文件，由于 Matplotlib.pyplot 在处理中文时可能会出现乱码，需要使用 rcParams['font.sans-serif'] = ['SimHei']将图表中的中文设置为“SimHei”即黑体字体，使用 Matplotlib.pyplot 的 pie()函数绘制饼图，参数“autopct = '%1.1f%%'”设置数据要保留 1 位小数，最后使用 Matplotlib.pyplot 的 show()函数显示饼图，具体操作如示例 10-22 所示，程序运行的效果如图 10-23 所示。

【示例 10-22】 使用 Pandas 与 Matplotlib.pyplot 绘制饼图。

```
# coding:utf-8
import pandas as pd
import matplotlib.pyplot as plt
# 读取 Excel 文件
df=pd.read_excel('JD 手机销售数据.xlsx')      # df 为 DataFrame 类型，DataFrame 类型是 pandas 中重要的数据类型
# print(df)
# 解决中文乱码问题
plt.rcParams['font.sans-serif']=['SimHei']

# 设置画布大小
plt.figure(figsize=(10,6))
labels=df['商品名称']      # 获取商品名称这一列
y=df['北京出库销量']      # 获取北京出库销量

# print(labels)
# print(y)
# 绘制饼图
plt.pie(y,labels=labels,autopct='%1.1f%%',startangle=90)

# 设置 x,y 轴刻度一致，保证饼形图是一个圆形
```

```
plt.axis('equal')

plt.title('2028 年 1 月北京各手机品牌出库量占比图')
# 显示出来
plt.show()
```

注意事项：“JD 手机销售数据.xlsx”文件与示例 10-22 的 Python 文件必须位于同一个目录下。

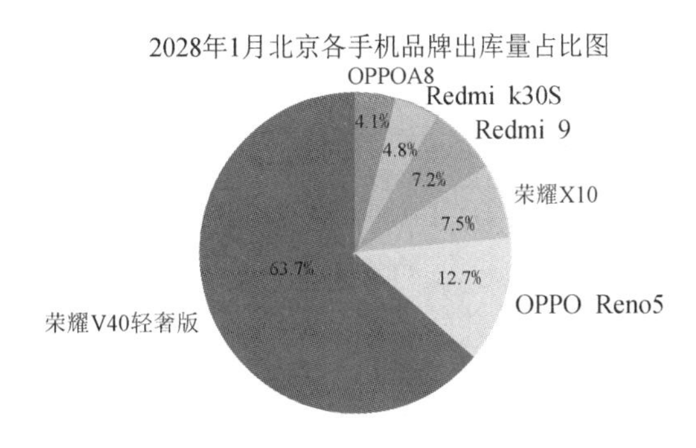

图 10-23　示例 10-22 运行效果图

10.5.7　PyEcharts 模块

Matplotlib 是 Python 中的第三方 2D 绘图库，工具比较成熟，而 PyEcharts 是由百度开源的数据可视化库，它对流行图的支持度比较高，给用户提供了 30 多种图形，如柱形渐变图、K 线周期图(如图 10-24 所示)等。在使用 PyEcharts 之前需要使用 pip install pyecharts 进行安装。

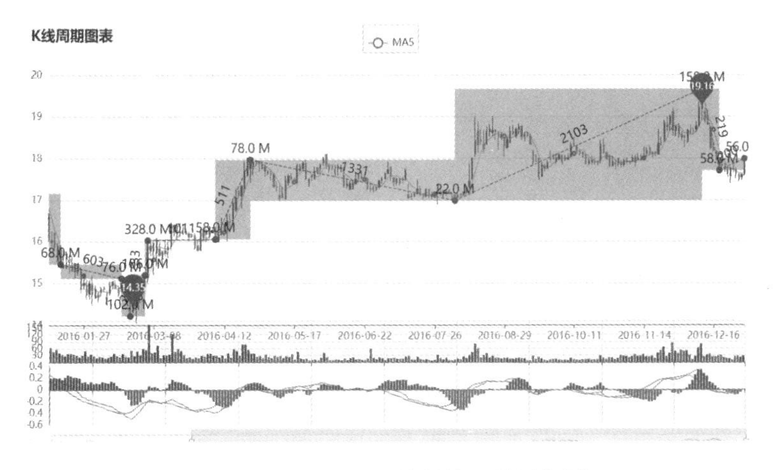

图 10-24　PyEcharts 绘制的 K 线周期图

PyEcharts 的使用可以分 4 个步骤实现：

(1) 导入 PyEcharts 包；

(2) 找到相应图形模板；

(3) 准备相应数据；

(4) 对图表进行个性化修饰。

PyEcharts 的模板可以在 PyEcharts 的官方帮助文档中找到，中文帮助文档的网址为 https://pyecharts.org/#/zh-cn/。在浏览器中打开帮助文档，如图 10-25 所示，可以在左侧的图表类型中找到适合的图表。本书以饼图为例介绍 PyEcharts 的使用。

图 10-25　PyEcharts 中文帮助文档首页

单击图 10-25 左侧的“基本图表”，找到饼图，在右侧滚动鼠标滚轮找到“Demo-gallery 示例”，如图 10-26 所示。单击“gallery 示例”进入饼图的详细页面，如图 10-27 所示。

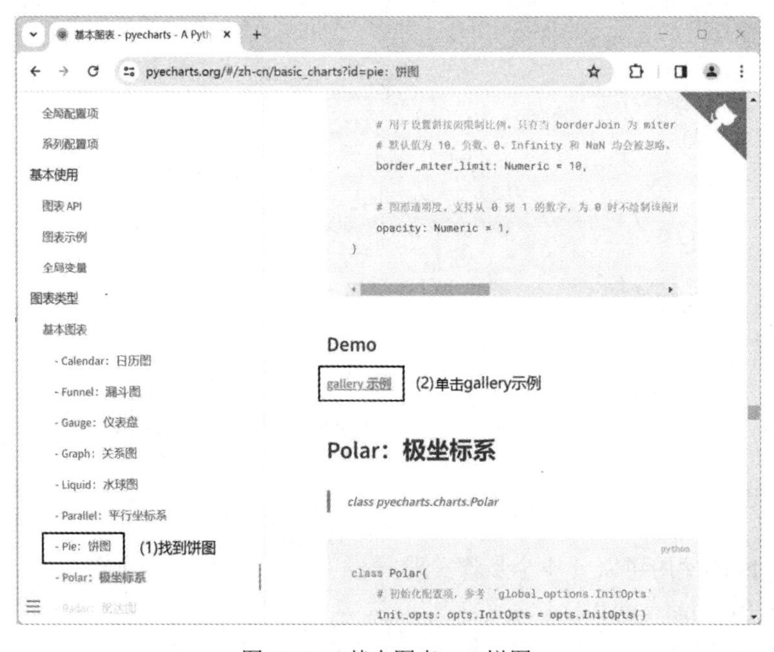

图 10-26　基本图表——饼图

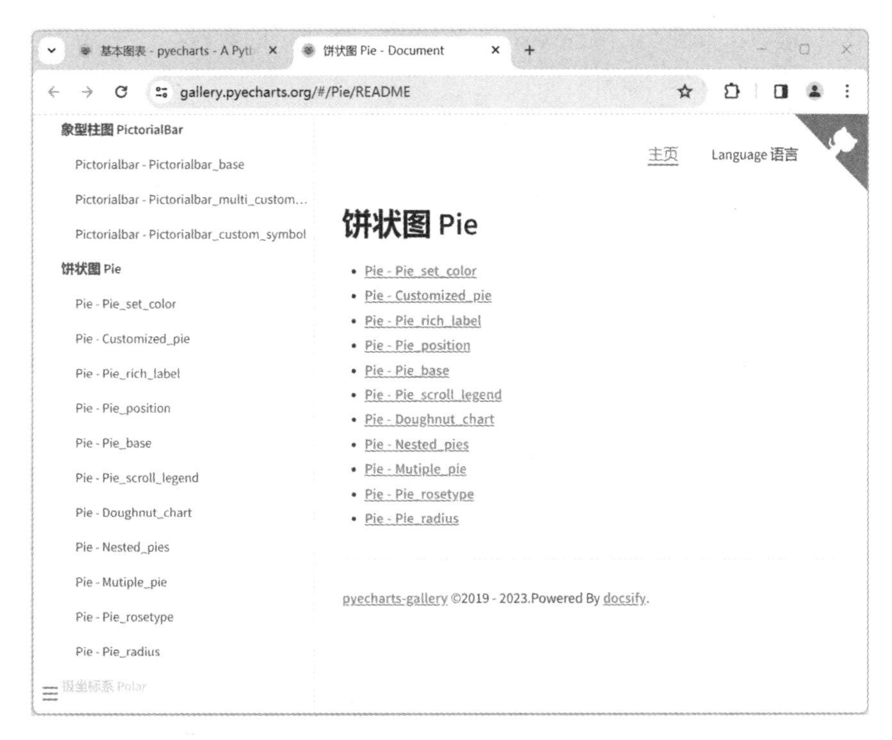

图 10-27　饼图的详细页面

单击图 10-27 左侧任意一个饼图的案例，将打开该案例的详情页面，有代码和图表。以“Pie-Nested_pies”为例，单击“Pie-Nested_pies”，在右侧将出现案例的详细代码及代码的运行效果，如图 10-28 所示。

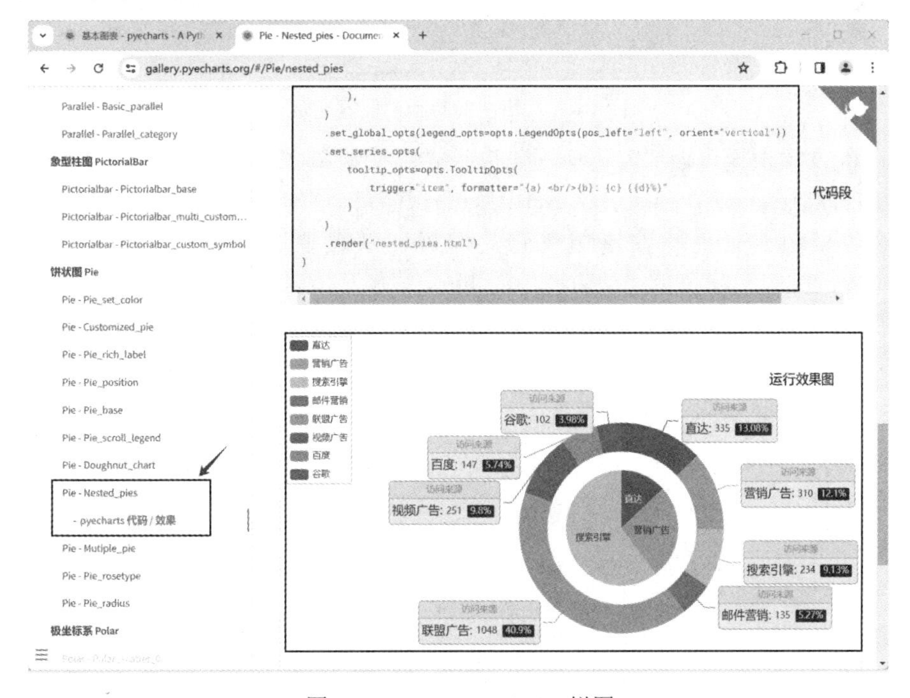

图 10-28　Pie-Nested_pies 饼图

注意事项：读者在查看 Pie-Nested_pies 饼图时，可能显示的数据不一样，因为 PyEcharts 的数据源会变，但是图表是相同的。

如何找到饼图的基本模板呢？单击图 10-29 左侧“Pie-Pie_base”，将在右侧显示模板代码和模板运行效果。

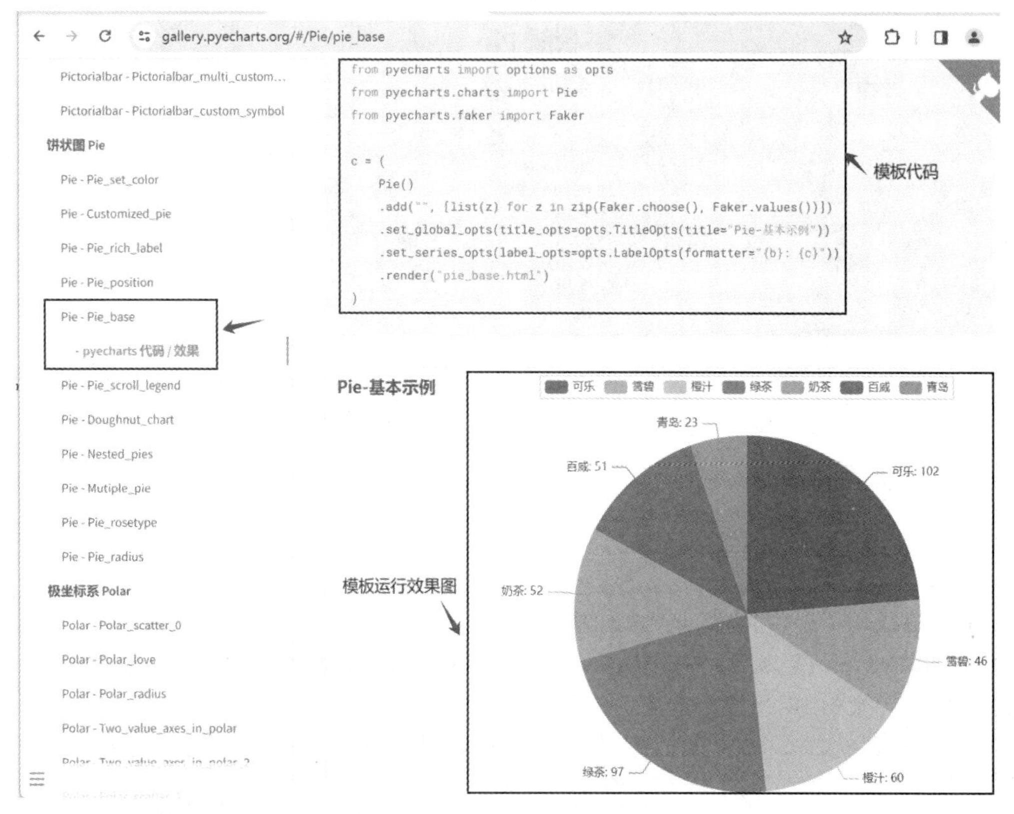

图 10-29　饼图的基本模板效果图

将图 10-29 中模板代码部分进行复制并粘贴到示例 10-23 中，并将代码“.add("", [list(z) for z in zip(Faker.choose(), Faker.values())])”进行注释，该句代码的功能是从网络上获取产生图表的数据源，只需修改该句代码，即可在图表上展示自定义的数据。代码中“pie_base.html”表示程序运行结束产生的 html 文件，该名称可以根据实际情况进行自定义。示例 10-23 的运行结果是一个 .html 文件，可使用浏览器打开该文件，查看运行效果，如图 10-30 所示。

【示例 10-23】　基本饼图的使用。

```
# coding:utf-8
from pyecharts import options as opts
from pyecharts.charts import Pie
from pyecharts.faker import Faker


c = (
    Pie()
```

```
        #.add("", [list(z) for z in zip(Faker.choose(), Faker.values())])
        .add("", [list(z) for z in zip(['华为','OPPO','苹果','小米'], [1000,1200,300,980])])
        .set_global_opts(title_opts=opts.TitleOpts(title="Pie-基本示例"))
        .set_series_opts(label_opts=opts.LabelOpts(formatter="{b}: {c}"))
        .render("pie_base.html")
)
```

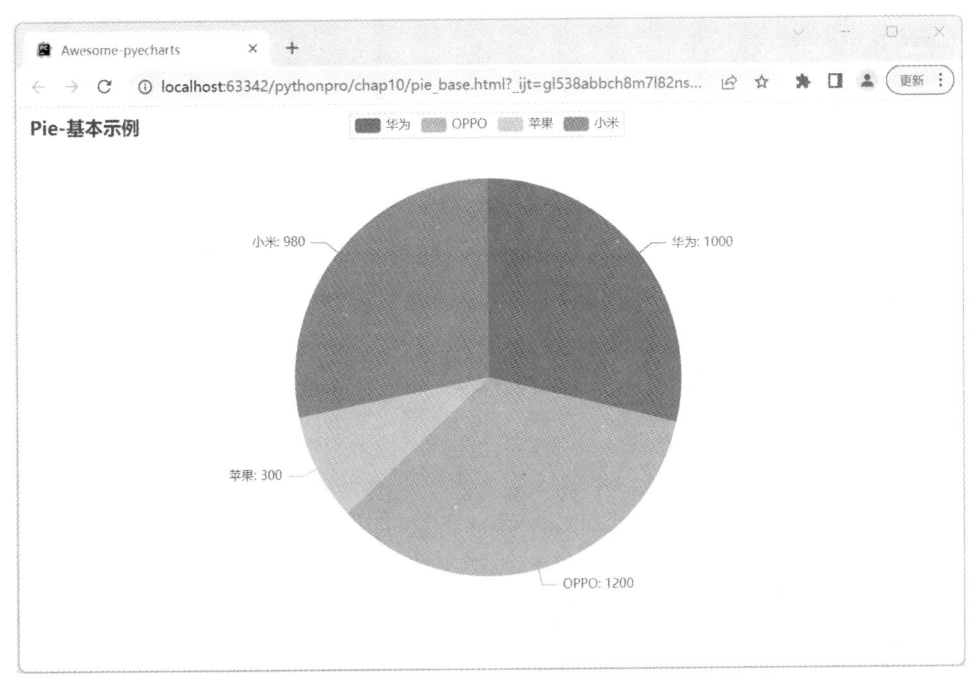

图 10-30　示例 10-23 运行效果图

对于其他类型的图表，读者可自行练习修改，只需要找到 XXX_base 的代码段进行修改即可。

10.5.8　PIL 库

第三方库 PIL 是用于图像处理的第三方库，它支持图像存储、处理和显示等操作。使用 pip install pillow 安装 PIL 库。使用 PIL 库可实现图像的颜色交换，如示例 10-24 所示，运行效果如图 10-31 所示(黑白图显示效果不明显，读者可在计算机上运行查看图像颜色交换的效果)。

【示例 10-24】 PIL 模块：图像的颜色交换。

```
# coding:utf-8
from PIL import Image
# 加载图片
im=Image.open('google.jpg')
# print(type(im),im)
```

```
# 提取 RGB 图像的每个颜色通道，返回结果是图像的副本
r,g,b=im.split()
# print(r)
# print(g)
# print(b)
# 合并通道，其中 mode 表示色彩，bands 表示的是新的色彩通道
om=Image.merge(mode='RGB',bands=(r,b,g))
om.save('new_google.jpg')
```

图 10-31　示例 10-24 运行效果图

10.5.9　jieba 库

第三方库 jieba 是 Python 中用于对中文进行分词的模块，它可以将一段中文文本分隔成中文词组的序列。使用 pip install jieba 进行安装。使用 jieba 对“华为笔记本.txt”文件中华为笔记本的评论数据进行中文分词，如示例 10-25 所示，分词之后的结果是一个列表类型，统计每个词语出现的频次并根据词频高低进行排序，运行效果如图 10-32 所示。

【示例 10-25】 jieba 模块：中文分词。

```
# coding:utf-8
import jieba
with open('华为笔记本.txt','r',encoding='utf-8') as file:
    s=file.read()   # 3，4 行代码功能是从"华为笔记本.txt"中读取内容，文件读取将在第 11 章节
讲解
# print(s)
# 分词
lst=jieba.lcut(s)
# print(lst)
set1=set(lst)          # 将列表转成集合的目的，是为了去重
d={}                   # 使用字典存储词频，key：词，value：出现的次数
```

```
for item in set1:
    if len(item)>=2:
        d[item]=0
#print(d)

# 遍历列表统计词频
for item in lst:
    if item in d:
        d[item]=d[item]+1
# 将字典转成列表类型[词，次数]，[好,10]
new_lst=[]
for item in d:
    new_lst.append([item,d[item]])
# print(new_lst)
# 列表排序
new_lst.sort(key=lambda x:x[1],reverse=True)
print(new_lst[0:11])    # 显示列表中前 10 项
```

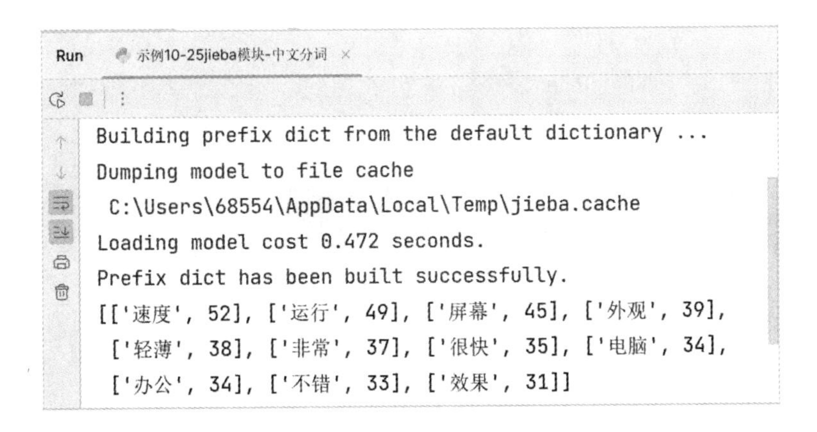

图 10-32　示例 10-25 运行效果图

10.5.10　PyInstaller 模块

第三方模块 PyInstaller 可以在 Windows 操作系统中将 Python 源文件打包成.exe 的可执行文件，还可以在 Linux 和 Mac OS 操作系统中对源文件进行打包操作。使用 pip install pyinstaller 安装该模块。

打包的语法结构如下：

pyinstaller -F 源文件文件名

参数“-F”表示生成一个单独的可执行文件。将示例 10-25 的代码进行打包操作，如图 10-33 所示。

```
C:\Users\68554>pyinstaller -F d:\pythonpro\chap10\示例10-25jieba模块-中文分词.py
1871 INFO: PyInstaller: 6.0.0
1872 INFO: Python: 3.11.4
2110 INFO: Platform: Windows-10-10.0.22000-SP0
2112 INFO: wrote C:\Users\68554\示例10-25jieba模块-中文分词.spec
```

图 10-33　打包源文件

打包后的可执行文件“示例 10-25jieba 模块-中文分词 .exe”所在路径如图 10-34 所示。

```
33338 INFO: Building EXE from EXE-00.toc
33339 INFO: Copying bootloader EXE to C:\Users\68554\dist\示例10-25jieba模块-中文分词.exe
33349 INFO: Copying icon to EXE
33356 INFO: Copying 0 resources to EXE
33356 INFO: Embedding manifest in EXE
33364 INFO: Appending PKG archive to EXE
33398 INFO: Fixing EXE headers
33604 INFO: Building EXE from EXE-00.toc completed successfully.
```

图 10-34　打包后的 .exe 文件所在路径

示例 10-25 中的文本文件“华为笔记本.txt”在源文件打包的过程中不会被打包到可执行文件所在的 dist 文件夹中。要想运行打包后的.exe 可执行文件，需要手动将“华为笔记本 .txt”的文本文件复制到 dist 目录下。打包后的结果如图 10-35 所示。

图 10-35　打包后的文件结构

双击“示例 10-25jieba 模块-中文分词 .exe”的可执行文件即可运行该程序。程序运行结果会一闪而过，如果希望让运行结果进行停留，可以在示例 10-25 的代码最后加上一句空的输入语句 input()，那么当程序将执行 input()语句时需要等待用户输入，程序暂停向下执行。加入 input()语句之后再重新执行一次打包命令，再双击“示例 10-25jieba 模块-中文分词 .exe”的可执行文件，运行效果如图 10-36 所示，然后按回车，程序运行结束。

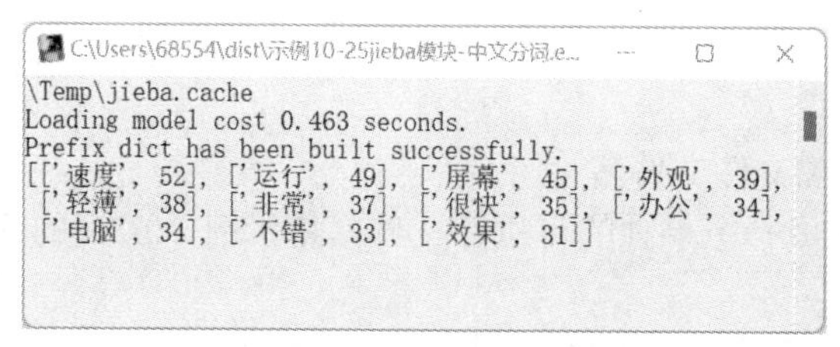

图 10-36　打包后的文件运行结果图

注意事项：在进行文件打包时，需要打包的文件名尽量不要包含中文，而且需要打包的文件路径也尽量不要包含中文，路径中包含中文有可能导致打包失败。

Python 中的第三方库非常多，本章选取了一些常用的第三方库进行了功能的演示，由于各模块涉及的领域不同，所以只演示了基本使用。如果希望对这些模块进行详细的学习，读者可以选择具体的方向进行专业性的学习。

本章小结

本章介绍了模块及模块的作用，需要注意的事项是自定义模块在命名时要遵循标识符的命名规则和规范，而且尽量不要与 Python 内置的模块名称同名，否则会在导入模块时造成不必要的麻烦。无论是系统内置模块、自定义模块还是第三方库在使用时都需要导入，当导入的模块的名称比较长时，可以为模块起一个简短的别名，如 Numpy 模块在使用时的别名通常为 np、Pandas 模块的别名通常为 pd。掌握一些常用的模块的别名对阅读程序是很有帮助的。

Python 中的包只比 Python 中的文件夹多了一个名称为“_ _init_ _.py”的文件，在一个自定义的文件夹手动创建一个名称为“_ _init_ _.py”的文件，那么该文件夹就转成 Python 中的包。在以后的代码编写过程中要去使用包，它不但可以对代码起到规范的作用，而且避免了模块名称相冲突的情况。

Python 中常用内置模块，如 os 模块、re 模块、random 模块、json 模块、time 模块和 datetime 模块等，要求读者对这些模块中的函数、方法、类有一定的积累，这些模块在后续的学习过程中使用很频繁。

本章最后介绍了常用的第三方模块，所有的第三方模块在使用之前都需要使用 pip 命令进行安装。本章的第三方模块都没有详细讲解，只是简单使用了这些模块中的一些常用函数、类、方法等。读者可根据自身的情况选择特定的领域，然后针对该领域中的具体模块再进行详细的学习，本章只是起到了“抛砖引玉”的作用。

第 10 章习题、习题答案及程序源码

第 11 章 文件及 I/O 操作

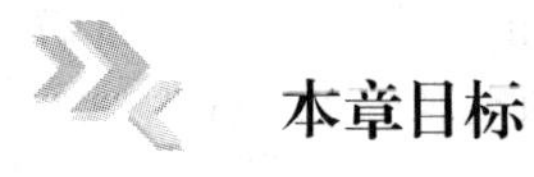

本章目标

☆ 掌握文件读写的基本操作；
☆ 掌握 with 语句的使用；
☆ 熟悉数据的组织维度；
☆ 掌握不同维度数据的存储；
☆ 掌握目录与文件的相关操作。

11.1 文件概述

在计算机中，一首歌曲是一个文件，一张图片是一个文件，一个 Word 文档也是一个文件，存储在计算机存储设备中的一组数据序列就是文件。不同类型的文件通过后缀名进行区分，如以 .txt 为后缀名的文件为文本文件，以 .py 为后缀名的文件为 Python 文件。

在 Python 中文件可分为两大类，一类为文本文件，另一类为二进制文件。其中文本文件中的内容由于编码格式的不同，所占磁盘空间的字节数不同。比如 GBK 编码的中文“北京你好”，占磁盘空间为 8 个字节，每个中文占 2 个字节，如果是 UTF-8 的编码格式，那么“北京你好”则占磁盘空间为 12 个字节，每个中文占 3 个字节。

二进制文件没有统一的编码，直接由 0 或 1 组成，需要使用指定的软件才能打开，例如，“.png”文件需要使用图片浏览器打开。

11.2 文件的基本操作

11.2.1 Python 操作文件的步骤

使用 Python 程序操作磁盘上文件的操作步骤为：打开文件、操作文件和关闭文件。在 Python 中使用内置函数 open()打开文件，结果是一个文件对象。

open()函数的语法结构如下：

文件对象 = open(filename,mode,encoding)

其中：filename 是要打开文件的完整的路径，mode 表示打开文件的模式，encoding 表示要打开文件的编码格式。如果要打开的文件不存在，则会在磁盘上创建该文件，所以打开文件也叫创建文件。

操作文件是指对文件中内容的读写操作，在 Python 中使用文件对象的 read()方法进行读数据，使用文件对象的 write()方法向文件中写入数据。

文件读写的语法结构如下：

文件对象.read()

文件对象.write(s)

write(s)方法中，s 为要写入文件中的内容，在向文件中写入数据时，要求 s 为字符串类型。

当对文件读写结束之后，需要关闭文件，使用文件对象的 close()方法来关闭文件，释放资源。

关闭文件的语法结构如下：

文件对象.close()

文件基本的读写操作如示例 11-1 所示，将“伟大的中国梦”写入 a.txt 文本文件，并使用文件对象的 read()方法再从文件中读取数据，最后使用 print()函数在控制台上进行打印输出。图 11-1 为运行示例 11-1 代码在磁盘上创建的 a.txt 文件，图 11-2 为示例 11-1 在控制台上的输出结果。

【示例 11-1】 文件的读写操作。

```
# coding:utf-8
# 文件的基本操作
def my_write():
    # (1)创建(打开)文件
    file=open('a.txt','w',encoding='utf-8')
    # (2)操作文件
    file.write('伟大的中国梦')
```

```
    # (3)关闭文件
    file.close()


#读文件
def my_read():
    # (1)打开文件
    file=open('a.txt','r',encoding='utf-8')
    # (2)操作文件
    s=file.read()
    print(s)
    # (3)关闭文件
    file.close()

# 调用函数
my_write()
my_read()
```

图 11-1　a.txt 文件中的内容

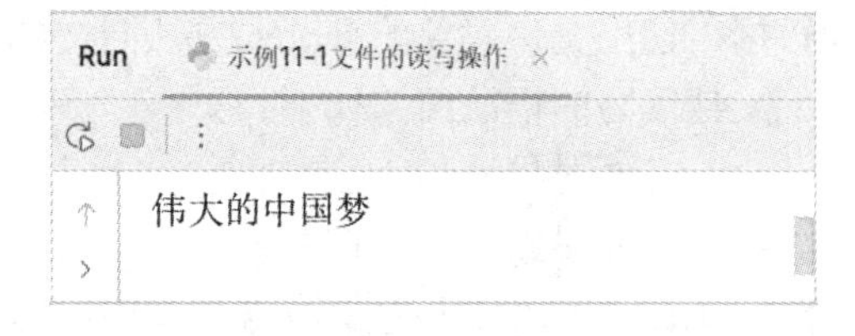

图 11-2　控制台输出结果

示例 11-1 中代码“file = open('a.txt','w',encoding = 'utf-8')”只写了文件的名称为 a.txt，并没有写文件的路径，那么运行程序所产生的 a.txt 文件与编写 python 代码的 Python 文件在同一个目录下(chap11 目录)，代码中'w'是单词 write 的缩写，表示文件的打开模式为写入模式，“encoding = 'utf-8'”表示 a.txt 文件的编码格式为 utf-8，即一个中文占 3 个字节进行存储。代码“file = open('a.txt','r',encoding = 'utf-8')”中打开模式 'r' 是单词 read 的缩写，表示文件的打开模式为读取模式，将从 a.txt 文件中读取的数据“伟大的中国梦”使用 print()函数在控制台上进行输出。

11.2.2　文件的状态和操作过程

文件在磁盘上未被打开之前的状态为存储状态，当使用内置函数 open()打开文件之后，文件的状态则变为占用状态，占用状态的文件是不允许其他程序进行操作的。当操作完成之后，使用对象的 close()方法关闭文件，这时文件又重新回到了存储状态。文件的状态和操作过程如图 11-3 所示。

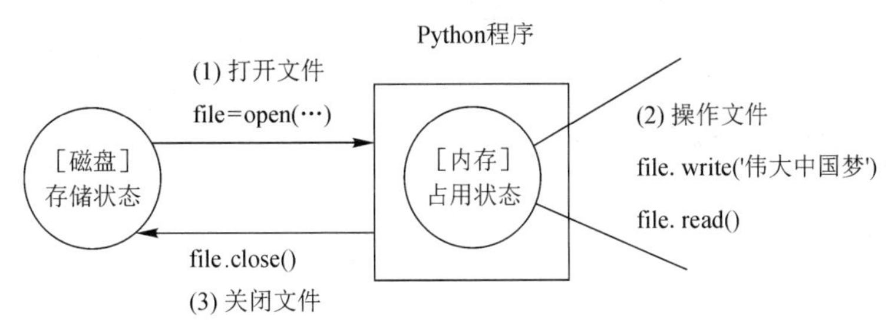

图 11-3　文件的状态和操作过程示意图

11.2.3　文件的打开模式

除了 w 和 r 这两种打开模式之外，还有一些常用的打开模式，如表 11-1 所示。

表 11-1　常用的文件打开模式

文件的打开模式	说　明
r	以只读模式打开文件，文件指针在文件的开头，如果文件不存在，程序抛出异常
rb	以只读模式打开二进制文件，如图片文件
w	覆盖写模式，文件不存在则创建，文件存在则内容覆盖
wb	覆盖写模式写入二进制数据，文件不存在则创建，文件存在则覆盖
a	追加写模式，文件不存在则创建，文件存在则在文件最后追加内容
+	与 w/r/a 等一同使用，在原功能的基础上同时增加读写功能

11.2.4　文件的读写方法

在示例 11-1 中使用文件对象的 write(s)方法向文本文件写入数据，要求参数 s 为字符串类型；使用 read()方法读取磁盘文件中的数据，该方法的返回值为字符串类型。除了这两个方法之外，常用的文件读写方法如表 11-2 所示。

表 11-2　常用的文件读写方法

读写方法	说　明
file.read(size)	从文件中读取 size 个字符或字节，如果没有给定参数，则读取文件中的全部内容
file.readline(size)	读取文件中的一行数据，如果给定参数，则为读取这一行中的 size 个字符或字节
file.readlines()	从文件中读取所有内容，结果为列表类型
file.write(s)	将字符串 s 写入文件
file.writelines(lst)	将内容全部为字符串的列表 lst 写入文件
file.seek(offset)	改变当前文件操作指针的位置，英文占 1 个字节，中文 gbk 编码占 2 个字节，utf-8 编码占 3 个字节

文件写入方法的使用如示例 11-2 所示。

【示例 11-2】 文件的写入操作。

```
# coding:utf-8
```

```
def my_write(s):
    # (1)打开文件
    file=open('b.txt','a',encoding='utf-8')
    # (2)写入内容
    file.write(s)
    file.write('\n')
    # (3)关闭文件
    file.close()


def my_write_list(file,lst):
    # 打开文件
    file=open(file,'a',encoding='utf-8')
    # 操作文件
    file.writelines(lst)
    # 关闭文件
    file.close()

if __name__ == '__main__':
    # 调用两次
    my_write('伟大中国梦')
    my_write('北京欢迎你')
    # 调用 my_write_list 函数
    lst=['姓名\t','年龄\t','成绩\n','张三\t','30\t','98']
    my_write_list('c.txt',lst)
```

示例 11-2 中代码“open('b.txt','a',encoding = 'utf-8')”的文件打开模式为 'a' 即追加写模式打开，所以在调用两次 my_write()函数之后，b.txt 文件中的内容如图 11-4 所示。当将列表中的内容写入 c.txt 文件时，列表中的 30 和 98 使用了引号，表示是数字串，因为写入的数据要求都是字符串类型，否则程序会报错。c.txt 文件中的内容如图 11-5 所示。

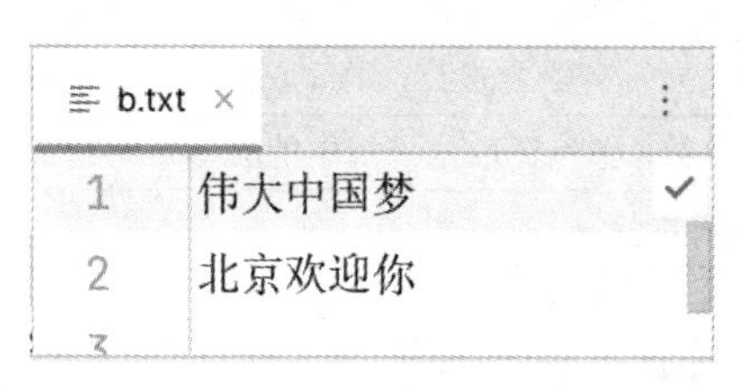

图 11-4　b.txt 文件中的内容

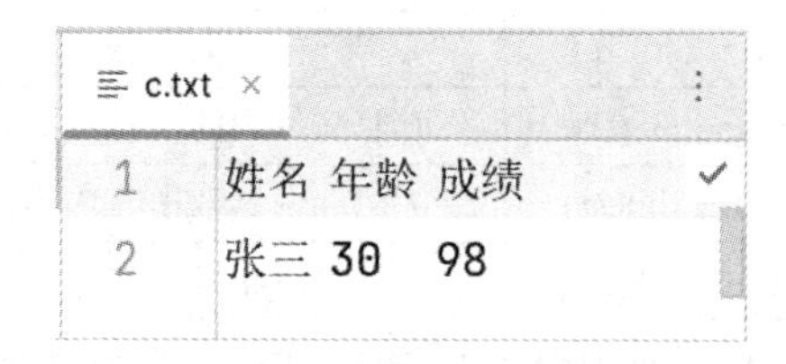

图 11-5　c.txt 文件中的内容

文件读取方法的使用如示例 11-3 所示，读取 c.txt 文件中的内容，并将读取的内容在控制台上进行打印输出。示例 11-3 的运行效果如图 11-6 所示。

【示例 11-3】 文件的读取操作。

```
# coding:utf-8
```

```
def my_read(filename):
    # (1)打开文件
    file=open(filename,'w+',encoding='utf-8')
    file.write('你好啊')
    # (2)读取文件中的内容
    # s=file.read()
    # s=file.read(2)          # 读取 2 个字符
    # s=file.readline()       # 读取一行数据
    # s=file.readline(2)      # 从一行中读取 2 个字符
    # s=file.readlines()
    file.seek(3)              # 改变当前文件指针的位置，单位是字节
    s=file.read()
    print(type(s))
    print(s)
    # (3)关闭文件
    file.close()
if __name__ == '__main__':

    my_read('c.txt')
```

示例 11-3 中注释掉的代码“s = file.read()”表示读取 c.txt 文件中所有数据并赋值给变量 s，结果为字符串类型。代码“s = file.read(2)”表示读取 c.txt 文件中的 2 个字符。代码“s = file.readline()”表示读取 c.txt 文件中的第 1 行数据，如果文件中有 N 行数据，只读取第 1 行。代码“s = file.readline(2)”表示从第 1 行中读取 2 个字符的数据。代码“s = file.readlines()”表示读取 c.txt 文件中所有行的数据，结果是列表类型。读者可自行取消注释符号查看运行效果，建议测试哪句代码取消哪句代码的注释符号，测试之后再加上注释符号，否则会对后续没有注释的代码产生影响，导致运行效果与图 11-6 不一致。

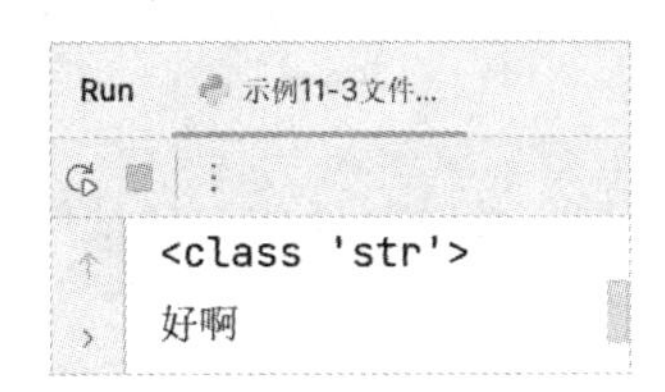

图 11-6　示例 11-3 运行效果图

文件的复制其实就是文件的读写操作，将磁盘文件读取到 Python 程序中，再使用文件对象的写入方法写入到指定的路径下就是文件的复制操作。使用文件读写复制图片如示例 11-4 所示。

【示例 11-4】 文件的复制。

```
# coding:utf-8
def copy(src,new_path):
    # (1)打开源文件
```

```
    file1=open(src,'rb')
    # (2)打开目标文件
    file2=open(new_path,'wb')
    # (3)开始复制
    s=file1.read() #  读取全部内容
    file2.write(s) #  写入全部内容
    # (4)关闭文件
    file2.close()
    file1.close()

if __name__ == '__main__':

    copy('./不同进制的计算.png','../chap10/copy2.png')

#  一个“.”表示是当前目录，两个“..”表示的是上一级目录
```

示例 11-4 使用文件的读写将当前路径下的图片“不同进制计算.png”复制到了上一级目录 chap10 中，并将图片命名为 copy2.png。示例 11-4 中代码 'rb' 表示读取二进制文件，'wb' 表示写入二进制文件。

11.2.5　with 语句

文件操作步骤的第 3 步是关闭文件，万一忘了关怎么办？文件操作出现异常导致没有关闭怎么办？这个时候可以使用 with 语句。with 语句又称上下文管理器，在处理文件时，无论是否产生异常，都能保证 with 语句执行完毕后关闭已经打开的文件，这个过程是自动的，无须手动操作。

with 语句的语法结构如下：

```
with open(...) as file:
    pass
```

使用 with 语句实现文件读写与文件复制操作，如示例 11-5 所示。

【示例 11-5】 with 语句。

```
# coding:utf-8
def write_fun():
    with open('aa.txt','w',encoding='utf-8') as file:
        file.write('2022 北京冬奥会欢迎你')


def read_fun():
    with open('aa.txt','r',encoding='utf-8') as file:
        print(file.read())


def copy(src_file,target_file):
```

```
    with open(src_file,'r',encoding='utf-8') as file:
        with open(target_file,'w',encoding='utf-8') as file2:
            file2.write(file.read())

if __name__ == '__main__':

    write_fun()
    read_fun()

    copy('aa.txt','./dd.txt')
```

示例 11-5 中代码“copy('aa.txt','./dd.txt')”表示将当前目录下的 aa.txt 文件复制到当前目录，新文件名为 dd.txt，其中“./”表示当前目录，可以省略不写。

11.3　数据的组织维度及存储

数据的组织维度也称为数据的组织方式或存储方式，在 Python 中常用的数据组织方式可分为一维数据、二维数据和高维数据。

一维数据通常采用线性方式组织数据，一般使用 Python 中的列表、元组或者集合进行存储数据。

二维数据也被称为表格数据，由行和列组成，类似于 Excel 表格，在 Python 中使用二维列表进行存储。一维数据和二维数据的存储如示例 11-6 所示。

【示例 11-6】 一维数据和二维数据的存储。

```
# coding:utf-8
# 存储和读取一维数据
def my_write():
    # 一维数据可以使用列表，元组，集合进行存储
    lst=['张三','李四','王五','陈六','梅七' ]     # 一维数据
    with open('student.csv','w') as file:
        file.write(','.join(lst))



def my_read():
    with open('student.csv','r') as file:
        s=file.read()
        lst=s.split(',')     # 使用字符串的 split 方法，对字符串使用逗号分隔成多个字符串
        print(lst)
```

```
# 存储和读取二维数据
def my_write_table():
    lst=[
        ['商品名称','单价','采购数量'],
        ['水杯','98.5','20'],
        ['鼠标','89','100']
    ]  # 二维数据使用二维列表存储
    with open('table.csv','w',encoding='gbk') as file:
        for item in lst:
            line=','.join(item)
            file.write(line)
            file.write('\n')


def my_read_table():
    data=[]
    with open('table.csv','r',encoding='gbk') as file:
        lst=file.readlines()   # 结果是一个列表类型
        #print(lst)
        for item in lst:
            newlst=item[:len(item)-1].split(',')
            #print(newlst)
            data.append(newlst)
    print(data)


if __name__ == '__main__':
    # 存储一维数据
    my_write()
    # 读取一维数据
    my_read()
    # 存储二维数据
    my_write_table()
    # 读取二维数据
    my_read_table()
```

函数 my_write()用于将一维数据存储到 student.csv 文件中，存储到 csv 文件中的数据之间是使用逗号进行分隔的，如图 11-7 所示。函数 my_read()则是从 student.csv 文件中将一维数据读取，数据读取的结果是一个字符串类型，通过字符串对象的 split()方法按照逗号进行拆分，结果是一个列表类型，使用 print()函数输出列表中的数据。函数 my_write_table()用于将二维数据存储到 table.csv 文件中，由于二维数据是表格数据，所以使用了循环，每循环一次写入一行数据，一行之后要使用\n 进行换行。函数 my_read_table()用于从 table.csv

文件中读取数据，代码 item[:len(item)-1]的作用是使用切片操作将字符串最后一个换行\n 去掉，去掉\n 之后再使用字符串对象的 split() 拆分方法按逗号进行拆分，拆分之后的结果是列表类型，即表格中的一行数据。示例 11-6 的运行效果如图 11-8 所示。

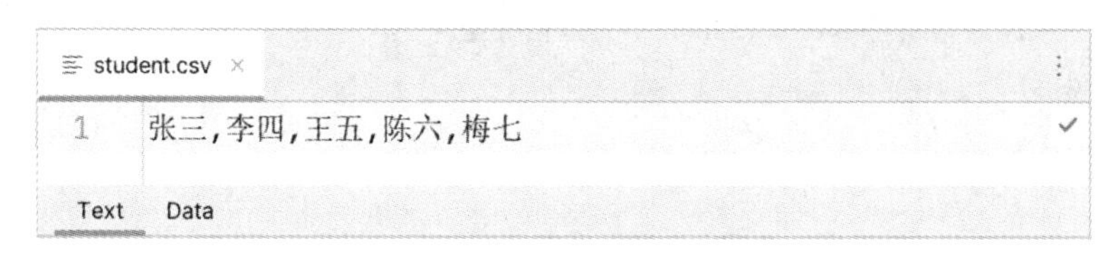

图 11-7　student.csv 文件中的内容

```
['张三', '李四', '王五', '陈六', '麻七']
[['商品名称', '单价', '采购数量'], ['水杯', '98.5', '20'],
 ['鼠标', '89', '100']]
```

图 11-8　示例 11-6 运行效果图

高维数据是使用 Key-Value 方式进行组织数据，在 Python 中使用字典进行数据存储。在 Python 中内置的 json 模块专门用于处理 JSON(JavaScript Object Notation)格式的数据。json 模块在处理高维数据时有编码和解码两个过程，其中将 Python 数据类型转成 JSON 格式的过程称为编码，将 JSON 格式解析成对应 Python 数据类型的过程称为解码。json 模块常用的函数如表 11-3 所示。

表 11-3　json 模块的常用函数

函数名称	说　　明
json.dumps(obj)	将 Python 数据类型转成 JSON 格式过程，编码过程
json.loads(s)	将 JSON 格式字符串转成 Python 数据类型，解码过程
json.dump(obj,file)	与 dumps()功能相同，将转换结果存储到文件 file 中
json.load(file)	与 loads()功能相同，从文件 file 中读入数据

高维数据的存储和读取如示例 11-7 所示，程序运行效果如图 11-9 所示。

【示例 11-7】 高维数据的存储。

```
# coding:utf-8
import json
# 准备高维数据
lst=[
    {'name':'杨淑娟','age':18,'score':90},
    {'name':'陈梅梅','age':21,'score':89},
    {'name':'李一一','age':19,'score':100}
]
# 编码，转成 JSON 格式，结果为一个字符串
# ensure_ascii=False 正常显示中文
# indent 增加数据的缩进，使生成的 JSON 格式字符串更具有可读性
```

```
s=json.dumps(lst,ensure_ascii=False,indent=4)
print(type(s))
print(s)
# 解码，将 JSON 格式字符串转成 Python 中的数据类型
lst2=json.loads(s)
print(type(lst2))
print(lst2)

# 编码到文件
with open('student.txt','w') as file:
    json.dump(lst,file,indent=4,ensure_ascii=False)

# 解码到程序
with open('student.txt','r') as file:
    print(json.load(file))
```

```
Run    示例11-7高维数据的存储
[
    {
        "name": "杨淑娟",
        "age": 18,
        "score": 90
    },
    {
        "name": "陈梅梅",
        "age": 21,
        "score": 99
    },
    {
        "name": "张一一",
        "age": 19,
        "score": 89
    }
]
<class 'list'>
[{'name': '杨淑娟', 'age': 18, 'score': 90}, {'name': '陈梅梅', 'age': 21, 'score':
 99}, {'name': '张一一', 'age': 19, 'score': 89}]
<class 'list'>
[{'name': '杨淑娟', 'age': 18, 'score': 90}, {'name': '陈梅梅', 'age': 21, 'score':
 99}, {'name': '张一一', 'age': 19, 'score': 89}]
```

图 11-9　示例 11-7 运行效果图

内置模块json的dumps()函数用于将高维数据转成JSON格式，结果是一个字符串类型，在控制台上进行输出时采用了“优美”的格式进行输出，是因为在 dumps()函数中使用了 indent 关键字参数进行了有效缩进，使代码更具有可读性。将关键字参数 ensure_ascii 的值设置为 False，是为了正常显示中文。

11.4 目录与文件的相关操作

11.4.1 os 模块

os 模块是 Python 内置的与操作系统相关的模块，该模块中语句的执行结果通常与操作系统有关，即有些函数的运行效果在 Windows 操作系统和 MacOS 系统中不一样。os 模块中常用的函数如表 11-4 所示。

表 11-4　os 模块中常用的函数

函数名称	说　明
getcwd()	获取当前的工作路径
listdir(path)	获取 path 路径下的文件和目录信息，如果没有指定 path，则获取当前路径下的文件和目录信息
mkdir(path)	在指定路径下创建目录(文件夹)
makedirs(path)	创建多级目录
rmdir(path)	删除 path 下的空目录
removedirs(path)	删除多级目录
chdir(path)	把 path 设置为当前工作路径
walk(path)	遍历目录树，结果为元组类型，包含所有路径名、所有目录列表和文件列表
remove(path)	删除 path 指定的文件
rename(old,new)	将 old 重命名为 new
stat(path)	获取 path 指定的文件信息
startfile(path)	启动 path 指定的文件

os 模块中常用函数的使用如示例 11-8 所示，由于操作路径不同，程序的运行效果也会不同，读者在编写这段代码时，可根据提供的实际路径，自行查看运行效果。

【示例 11-8】 os 模块的使用。

```
# coding:utf-8
import os
print('当前的工作目录:',os.getcwd())
lst=os.listdir()
print('当前路径下所有的目录及文件:',lst)
print('指定路径下的所有目录及文件:',os.listdir('D:/pythonpro'))    # D:\\pythonpro    r'D:\pythonpro'


# 创建目录
```

```
# os.mkdir('好好学习')      # 如果要创建的文件夹(目录)已存在，程序报错
# os.makedirs('D:/pythonpro/chap11/aa/bb/cc')    # 创建多级目录

# 删除目录
# os.rmdir('./好好学习')     # 目录不存在，执行删除程序报错
# os.removedirs('./aa/bb/cc')

# 把 path 设置为当前工作路径
os.chdir('D:/pythonpro')
print('获取当前工作路径:',os.getcwd())

# 遍历目录树，类似于递归操作，展示指定路径下所有的目录、文件
for dirs,dirlst,filelst in os.walk('D:/pythonpro'):
    print(dirs)
    print(dirlst)
    print(filelst)
    print('--------------------------')
```

os 模块的删除、启动指定路径下文件的操作如示例 11-9 所示。

【示例 11-9】 os 模块的高级操作。

```
# coding:utf-8
import os
# 删除文件
# os.remove('./a.txt')    # 如果文件存在则删除，文件不存在，程序报错

# 重命名文件
# os.rename('./aa.txt','./newaa.txt')



# 转换时间格式
import time    # 内置的 time 模块
def date_format(longtime):
    s=time.strftime('%Y-%m-%d %H:%M:%S',time.localtime(longtime))
    return s
# 获取文件的信息
info=os.stat('./aa.txt')
print(type(info))
print(info)
print('最近一次访问时间:',date_format(info.st_atime))
print('在 Windows 操作系统中显示的文件的创建时间:',date_format(info.st_ctime))
print('最后的一次修改时间:',date_format(info.st_mtime))
```

```
print('文件的大小(单位为字节):',info.st_size)

# 启动路径下的指定文件
# os.startfile('calc.exe')    # 启动系统计算器
# 启动 python.exe
os.startfile(r'C:\Users\68554\AppData\Local\Programs\Python\Python311\python.exe')
```

示例 11-9 中代码“os.remove('./a.txt')”，表示删除当前路径下的 a.txt 文件，如果该文件在磁盘上存在则删除，如果该文件不存在则程序将抛出异常，所以当执行一次删除之后，再次运行程序时要将该句代码进行注释。代码“os.rename('./aa.txt','./newaa.txt')”是将当前路径下的 aa.txt 文件重命名为 newaa.txt，同样程序执行完一次之后，要将该行代码进行注释，因为已经将 aa.txt 重命名为 newaa.txt 了，再执行程序时 aa.txt 不存在，程序将抛出异常。

11.4.2　os.path 模块

os.path 模块是 os 模块的子模块，也提供了一些目录和文件的操作函数。os.path 模块中常用的函数如表 11-5 所示。

表 11-5　os.path 模块中常用的函数

函数名称	说　　明
abspath(path)	获取目录或文件的绝对路径
exists(path)	判断目录或文件在磁盘上是否存在，结果为 bool 类型，如果目录或文件在磁盘上存在，结果为 True，否则为 False
join(path,name)	将目录与目录名或文件名进行拼接，相当于字符串的“+”操作
splitext()	分别获取文件名和后缀名
basename(path)	从 path 中提取文件名
dirname(path)	从 path 中提取路径(不包含文件名)
isdir(path)	判断 path 是否是有效目录
isfile(path)	判断 file 是否是有效文件

os.path 模块中常用函数的使用如示例 11-10 所示，程序运行效果如图 11-10 所示。

【示例 11-10】 os.path 模块的使用。

```
# coding:utf-8
import os.path
print('获取目录或文件的绝对路径:',os.path.abspath('./b.txt'))
print('判断目录或文件在磁盘上是否存在:',os.path.exists('b.txt'))          # True
print('判断目录或文件在磁盘上是否存在:',os.path.exists('newbb.txt'))      # False
print('判断目录或文件在磁盘上是否存在:',os.path.exists('新建的目录'))     # False
print('拼接路径:',os.path.join('D:/pythonpro/chap11','b.txt'))
print('分割文件名与文件的后缀名:',os.path.splitext(r'b.txt'))
print('提取文件名:',os.path.basename('D:/pythonpro/chap11/b.txt'))
```

```
print('提取路径:',os.path.dirname('D:/pythonpro/chap11/b.txt'))

print('判断一个路径是不是有效路径:',os.path.isdir('D:/pythonpro/chap11'))          # True
print('判断一个路径是不是有效路径:',os.path.isdir('D:/pythonpro/chap100'))         # False

print('判断一个文件是不是有效文件:',os.path.isfile('D:/pythonpro/chap11/b.txt'))      # True
print('判断一个文件是不是有效文件:',os.path.isfile('D:/pythonpro/chap11/b100.txt'))   # False
```

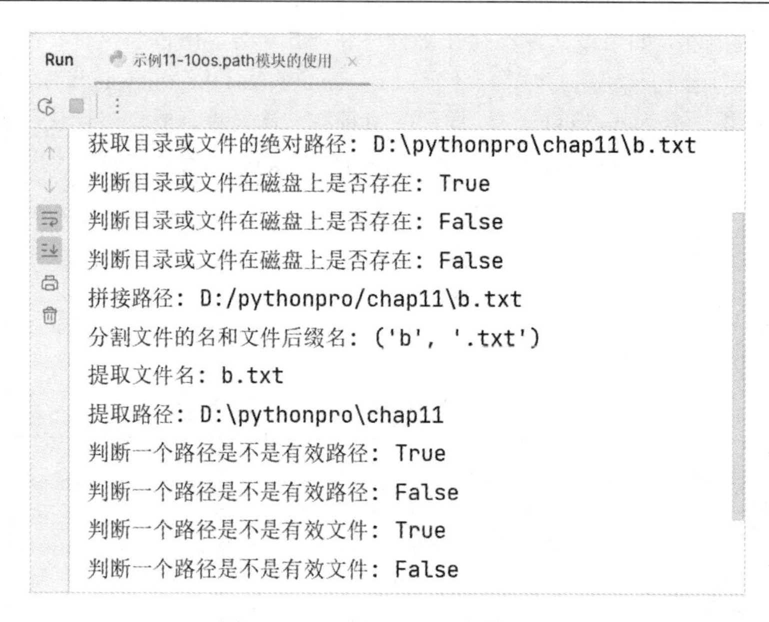

图 11-10　示例 11-10 运行效果图

本 章 小 结

在本章中介绍了文件的读写操作，掌握文件的分类并能根据不同的分类进行磁盘文件的读取和写入是非常重要的。在进行文件读写的过程中文件处于占用状态，占用状态的文件是不允许其他程序进行操作的，所以为了防止在操作文件时由于忘记关闭文件而产生异常，在进行文件读写时建议使用 with 语句，这样在文件读写操作完毕之后会自动关闭文件。

数据的组织维度与语言无关，它可分为一维数据、二维数据和高维数据。要学会分析数据的维度，并根据不同的维度选择合适的组合数据类型进行存储，只有对 Python 中每种组合数据类型的特点进行很好的掌握，才能够达到应用自如的地步。

本章最后介绍了用于目录和文件操作的 os 模块和 os.path 模块，这两个模块也是 Python 中常用的内置模块。这两个模块中的常用方法，在后续的程序开发中也是应用比较广泛的。

第 11 章习题、习题答案及程序源码

第 12 章
网 络 编 程

本章目标

☆ 了解网络编程的基本概念；
☆ 了解七层协议与四层协议；
☆ 掌握 TCP/IP 协议；
☆ 掌握 UDP 协议；
☆ 掌握 Socket 套接字；
☆ 熟练应用 TCP 编程；
☆ 熟练应用 UDP 编程。

12.1 网络编程与通信协议

当今社会网络无处不在，计算机可以上网，平板可以上网，手机也可以上网。那么，什么是网络编程呢？网络编程就是通过编程语言实现网络计算机之间的数据通信和交互。网络编程不仅可以使用 Python 语言实现，也可以使用其他编程语言实现。

通信协议是什么？协议即规则，就好比汽车上路要遵守交通规则一样，为了使全世界不同类型的计算机都可以连接起来，所以制定了一套全球通用的通信协议——Internet 协议。任何私有网络只要支持这个协议，就可以接入互联网。

在 1983 年，国际标准化组织(International Organization for Standardization, ISO)发布了

著名的 ISO/IEC7498 标准，也就是开放式互连参考模型(Open System Interconnection Reference Model，OSI)。这个标准定义了网络的七层框架，简称七层协议，如图 12-1 右侧所示。七层协议从下到上分别为物理层、数据链路层、网络层、传输层、会话层、表示层以及应用层。OSI 模型的七层协议从来都没有被真正实现过，所以七层协议又被称为理论协议，真正被实现和使用的是四层协议，即图 12-1 左侧所示的网络接口层、网际层、传输层和应用层。本章将要学习的 TCP 协议和 UDP 协议均为传输层协议。

四层协议	七层协议
应用层	应用层
	表示层
传输层	会话层
	传输层
网际层	网络层
网络接口层	数据链路层
	物理层

图 12-1　四层协议与七层协议

12.2.1　TCP/IP 协议

IP 协议是整个 TCP/IP(Transmission Control Protocol/Internet Protocol，传输控制协议/网际协议)协议族的核心，也是构成互联网的基础，因为互联网上两台计算机之间要进行通信就需要明确对方的标识，而 IP 地址就是互联网上计算机的唯一标识。目前的 IP 地址有两种表示方式，即 IPv4 和 IPv6，在命令行下使用 ipconfig 命令可以查看本机的 IP 地址，如图 12-2 所示。IPv4 使用十进制点分制表示，IPv6 使用十六进制表示。

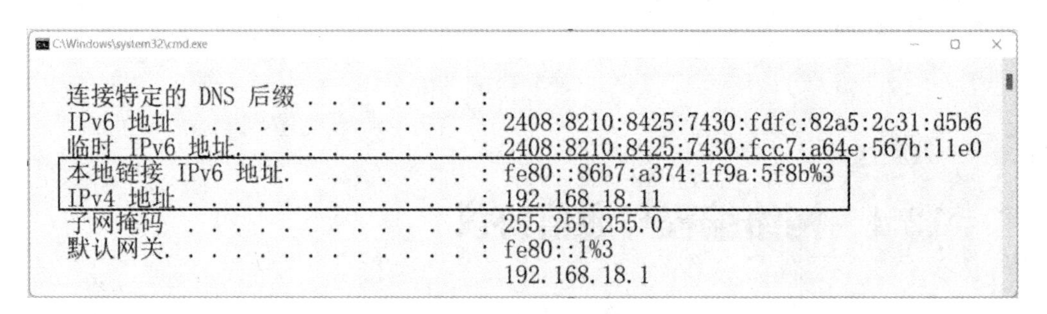

图 12-2　查看本机 IP 地址

TCP 协议即传输控制协议，是建立在 IP 协议基础之上的。TCP 协议负责在两台计算机之间建立可靠连接，可以保证数据包按顺序发送。它是一种可靠的、一对一的、面向连接的通信协议。

TCP/IP 协议又被称为四层协议，如图 12-3 所示。应用层是用于获取用户数据的，例如登录时输入的用户名和密码就是用户数据，应用层对应的是应用程序。应用程序就是面向用户、面向使用者的程序，它获取数据之后加上一个应用程序的首部，就相当于在用户数据上盖了一个印章。数据通过传输层进行传输，所使用的协议是 TCP 协议，在上一层数据(应用程序首部 + 用户数据 = 应用数据)的基础上再加盖一个传输层的印章，即 TCP 首部，再继续往下传，传到网际层，所使用的协议为 IP 协议，需要在 TCP 首部+应用数据的基础上再加上 IP 首部，最后传到网络接口层，其所对应的是以太网驱动程序，在网络接口层会对上一层传输过来的数据加上以太网的首部和以太网的尾部。经过以上四层的传输，数据就开始准备发送了。

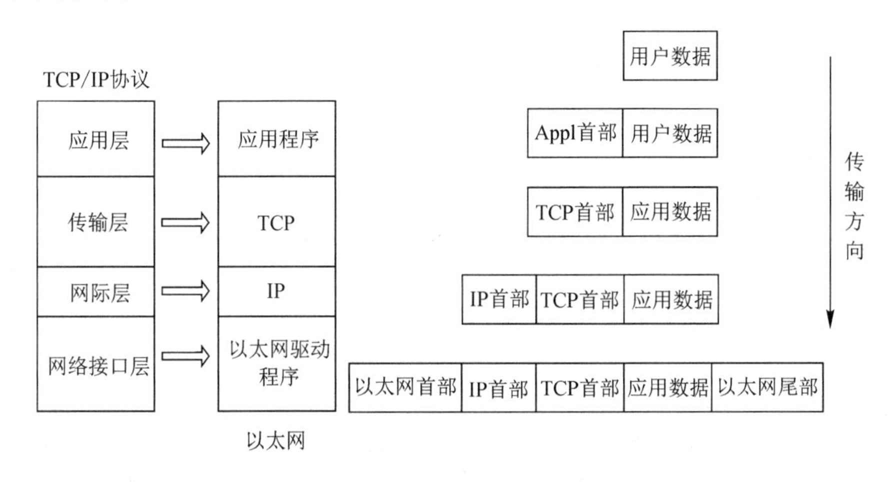

图 12-3　TCP/IP 协议中的 4 个层次

使用 TCP/IP 协议发送数据和接收数据的示意图如图 12-4 所示。发送方是对数据是一层一层地“封包”，接收方的过程相反，是一层一层地对数据进行“拆包”。

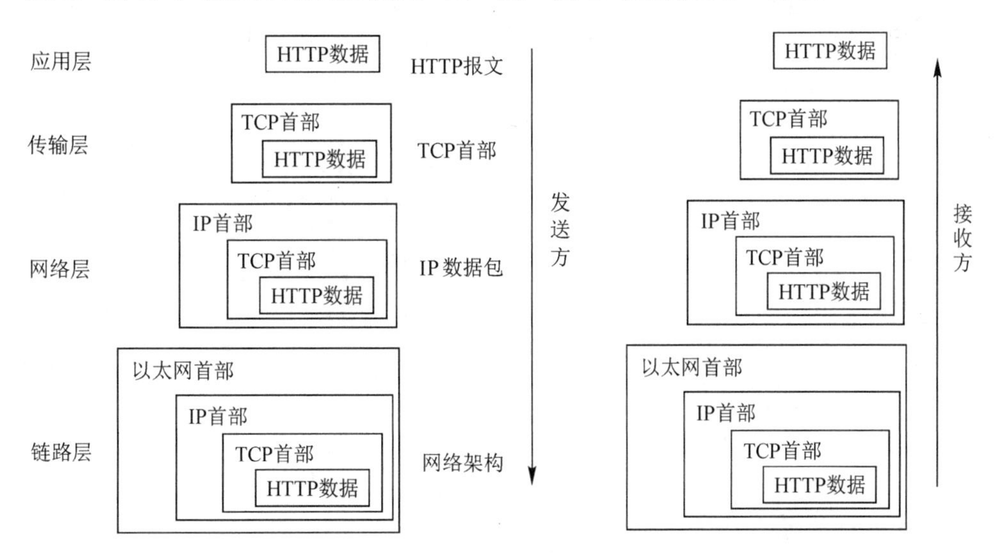

图 12-4　TCP/IP 协议数据发送和数据接收

TCP 协议是一个可靠的协议，它能保证数据传送到接收方，是由 TCP 协议的三次握手决定的，如图 12-5 所示。

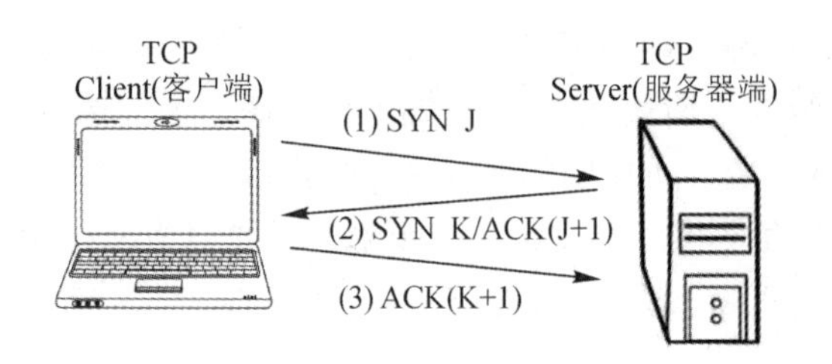

图 12-5　TCP 协议的三次握手

第一次握手是客户端首先向服务器端发送一个 SYN(同步)信号，这个信号中包含客户端的初始序列号 J，客户端发送 SYN J 就是要与服务器端建立连接。

第二次握手是服务器端向客户端发送一个 SYN K/ACK(J + 1)，其中 K 是服务器端的初始号，ACK(J + 1)表示服务器端对客户端 SYN J 的确认。

第三次握手是客户端对服务器端的SYN K的确认，向服务器端发送确认信号ACK(K+1)。

12.2.2　UDP 协议

UDP(User Datagram Protocol)协议又被称为用户数据包协议，它是面向无连接的协议，只要知道对方的 IP 地址和端口，就可以直接发送数据包。由于是面向无连接的，所以无法保证数据一定会到达接收方。如果把 TCP 比喻成打电话，那么 UDP 就好比发短信，不需要与对方建立连接，只需要发送即可，所以速度要比 TCP 快，但是效率不能保证。

什么是端口号呢？在一台计算机上运行了很多应用程序，如何区分这些应用程序呢？应用程序实际就是由端口号决定的，如 MySQL 数据库的标准端口号为 3306。端口号的取值范围是 0～65 535，一共 65 536 个，其中 80 这个端口号分配给了 HTTP(Hyper Text Transfer Protocol，超文本传输协议)服务，21 这个端口号分配给了 FTP(File Transfer Protocol，文件传输协议)服务。

TCP 协议与 UDP 协议都是传输层的协议，二者的区别如表 12-1 所示。

表 12-1　TCP 协议与 UDP 协议的区别

传输性能	TCP 协议	UDP 协议
连接方面	面向连接的	面向无连接的
安全方面	传输消息可靠、不丢失、按顺序到达	无法保证不丢包
传输效率方面	传输效率相对较低	传输效率高
连接对象数量方面	只能是点对点、一对一	支持一对一、一对多、多对多的交互通信

12.2.3　Socket 简介

无论是使用 TCP 协议还是使用 UDP 协议编写程序来实现两台计算机之间的通信，都需要使用 Socket 套接字。Socket 用于描述 IP 地址和端口号，如图 12-6 所示。例如，IP 地址为 192.168.1.1 的计算机中端口号为 3456 的应用程序向 IP 地址为 192.168.1.110 的计算机发送数据，数据将由 192.168.1.110 这台计算机中端口号为 3456 的应用程序接收，反过来

192.168.1.110 计算机中 5678 端口发送的数据由 192.168.1.1 计算机中的 5678 端口进行接收。

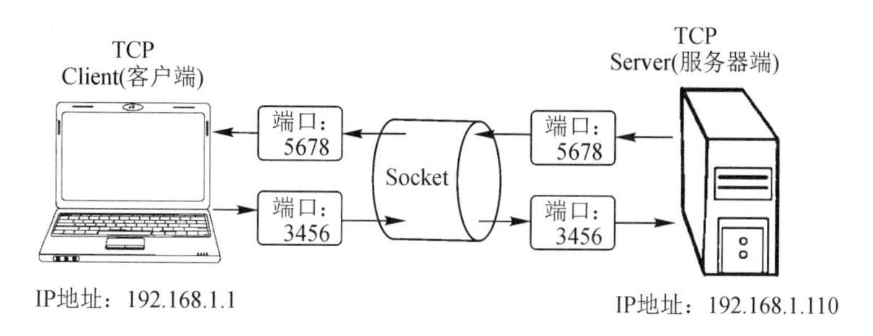

图 12-6　Socket 通信模拟图

Python 中内置的 socket 模块支持 TCP 编程与 UDP 编程，socket 模块中的 socket 类常用方法如表 12-2 所示。

表 12-2　socket 对象的常用方法

方法名称	说　　明
bind((ip,port))	绑定 IP 地址和端口
listen(N)	开始 TCP 监听，N 表示操作系统挂起的最大连接数量，取值范围为 1～5，一般设置为 5
accept()	被动接收 TCP 客户端连接，阻塞式
connect((ip,port))	主动初始化 TCP 服务器连接
recv(size)	接收 TCP 数据，返回值为字节串类型，size 表示要接收的最大数据量
send(str)	发送 TCP 数据，返回值是要发送的字节数量
sendall(str)	完整发送 TCP 数据，将 str 中的数据发送到连接的套接字，在返回值之前尝试发送所有数据，如果成功则为 None，如果失败则抛出异常
recvfrom()	接收 UDP 数据，返回值为一个元组(data,address)，data 表示接收的数据，address 表示发送数据的套接字地址
sendto(data,(ip,port))	发送 UDP 数据，返回值是发送的字节数
close()	关闭套接字

12.2 TCP 编程

由于 TCP 协议是点对点的、一对一的，需要建立连接才可以交互通信，所以 TCP 编程分为客户端编程与服务器端编程。

TCP 服务器端操作流程如下：

(1) 使用 socket 类创建一个套接字对象；

(2) 使用 bind((ip,port))方法绑定 IP 地址和端口号；

(3) 使用 listen()方法开始 TCP 监听；

(4) 使用 accept()方法等待客户端的连接；

(5) 使用 recv()/send()方法接收/发送数据；

(6) 使用 close()关闭套接字。

TCP 服务器端代码编写如示例 12-1 所示，该代码用于实现接收来自客户端的数据并对该数据进行打印输出，程序运行效果如图 12-7 所示。

【示例 12-1】 TCP 服务器端代码编写。

```
# coding:utf-8

from socket import socket, AF_INET,SOCK_STREAM      # 导入 socket 模块下的 socket 类
# (1)创建 socket 对象，其中 socket.AF_INET 用于 Internet 之间进程通信，socket.SOCK_STREAM
用于 TCP 协议
server_socket=socket(AF_INET,SOCK_STREAM)

# (2)绑定 IP 地址和端口
ip='127.0.0.1'        # 代表本机 IP
port=8888             # 0～65 535 之间的整数
server_socket.bind((ip,port))

# (3)使用 listen()开始 TCP 监听
server_socket.listen(5)
print('服务器已启动')

# (4)accept()等待客户端的连接
client_socket,client_addr=server_socket.accept()     # 系列解包赋值，client_socket 的类型
为 socket,client_addr 为元组类型，内容为客户端的 IP 地址和客户端的端口号

# (5)接收来自客户端的数据
data=client_socket.recv(1024)
print('客户端发送过来的数据为:',data.decode('utf-8'))     # 将 utf-8 字节数据解码为字符串数据

# (6)关闭套接字
server_socket.close()
```

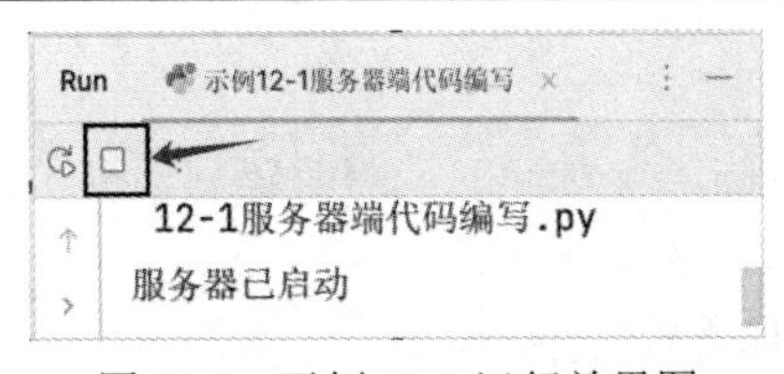

图 12-7　示例 12-1 运行效果图

通过图 12-7 可以看到“服务器已启动”，但程序并没有运行结束，左上角的红边方框表示程序还处在运行中，因为 accept()方法是阻塞的，只有等到客户端的连接成功之后，服

务器端的代码才能继续向下执行。

TCP 客户端的操作流程如下：

(1) 使用 socket 类创建一个套接字对象；

(2) 使用 connect((host, port))设置连接的主机 IP 地址和主机设置的端口号；

(3) 使用 recv()/send()方法接收/发送数据；

(4) 使用 close()关闭套接字。

TCP 客户端代码编写如示例 12-2 所示，该代码向服务器端发送一条数据，客户端运行效果如图 12-8 所示，服务器端运行效果如图 12-9 所示。

【示例 12-2】 客户端代码编写。

```
# coding:utf-8
import socket
# (1)创建 socket 对象
client_socket=socket.socket()
# 被连接的主机 IP 地址
ip='127.0.0.1'
# 主机服务器程序的端口号
port=8888
# (2)连接服务器
client_socket.connect((ip,port))
print('-------与服务器的连接建立成功------')
# (3)向服务器端发送数据
client_socket.send('welcome to python world'.encode('utf-8'))    # 对字符串 welcome to python world
进行编码
# (4)关闭 socket
client_socket.close()
print('发送完毕')
```

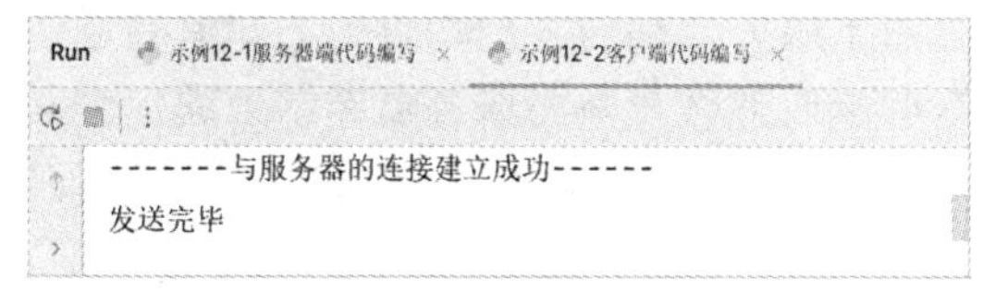

图 12-8　客户端发送数据

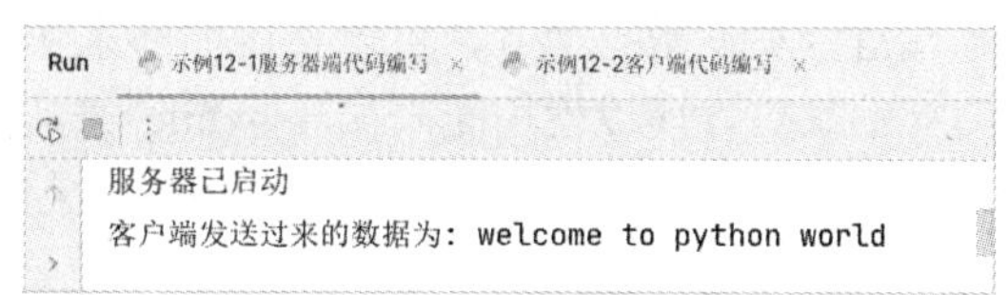

图 12-9　服务器端接收数据

注意事项： 要先运行示例 12-1，再运行示例 12-2，如果运行顺序颠倒，将出现 ConnectionRefusedError 的异常，如图 12-10 所示。

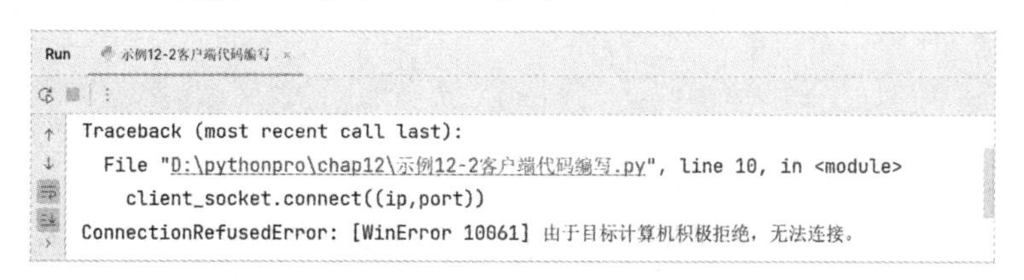

图 12-10　先启动客户端程序出现的异常

当客户端与服务器端建立连接之后，客户端与服务器端的“地位”平等，谁先发送数据均可，但一般习惯上先由客户端发送数据。TCP 客户端与服务器端的通信模型如图 12-11 所示。

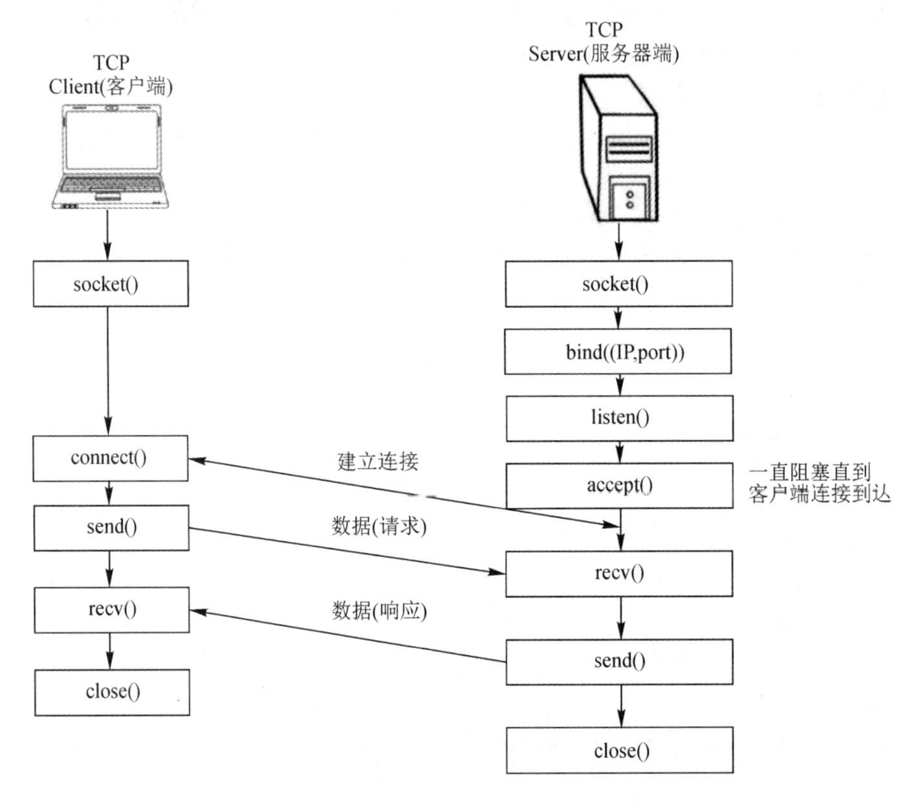

图 12-11　TCP 客户端与服务器端的通信模型

图 12-11 所示的 TCP 客户端与服务器端通信模型表达了客户端与服务器端双向交互的过程，即客户端发一条数据，服务器端收到后并回复一条数据。如果希望在客户端与服务器端进行多次数据交互，可以使用循环来实现。由于服务器端与客户端事先不知道要通信交互的次数，所以使用无限循环 while 来实现。什么时候客户端与服务器端结束通信交互呢？在编写代码时，可以事先定义一个结束的关键词。例如，当客户端向服务器发送“bye”时，表示通信可以结束了。

当 TCP 客户端与服务器端进行多次通信操作时，服务器端代码的实现如示例 12-3 所示。

【示例 12-3】 多次通信服务器端代码。

```
# coding:utf-8
import socket # 导入
ip='127.0.0.1'
port=8888
print('--------------------服务器端已启动------------------------')
# (1)创建 socket 对象   socket.AF_INET 用于 Internet 之间的进程通信，socket.SOCK_STREAM 用
于 TCP 协议
```

```
socket_obj=socket.socket(socket.AF_INET,socket.SOCK_STREAM)
# (2)绑定主机 IP 地址和端口号
socket_obj.bind((ip,8888))

# (3)设置最大的连接数量
socket_obj.listen(5)

# (4)被动等待客户端 TCP 连接
client_socket_obj,addr=socket_obj.accept()
print('-------------成功建立连接-----------------')

# (5)接收客户端发送的数据
info=client_socket_obj.recv(1024).decode(encoding='utf-8')
while info!='bye':
    if info!='':
        print('接收到的数据是:',info)
    # 准备发送信息
    data=input('请输入要发送的内容:')
    client_socket_obj.send(data.encode(encoding='utf-8'))
    if data=='bye':
        break
    info = client_socket_obj.recv(1024).decode(encoding='utf-8')

# 关闭套接字
client_socket_obj.close()
socket_obj.close()
```

当 TCP 客户端与服务器端进行多次通信操作时，客户端代码的实现如示例 12-4 所示。

【示例 12-4】 多次通信客户端代码。

```
# coding:utf-8
import socket
# 创建 socket 对象
client_socket=socket.socket()

# 主机服务器 IP 地址
ip='127.0.0.1'

# 主机服务器程序的端口号
port=8888

# 连接服务器
```

```
client_socket.connect((ip,port))
print('--------已建立服务器连接----------------')
info=''
while info!='bye':
    send_data=input('请客户端输入要发送的数据:')
    client_socket.send(send_data.encode(encoding='utf-8'))
    if send_data=='bye':
        break
    info=client_socket.recv(1024).decode(encoding='utf-8')
    print('收到服务器的响应数据是:',info)

client_socket.close()
```

程序运行先启动示例 12-3 所示的服务器端程序，再启动示例 12-4 所示的客户端程序。当客户端与服务器端建立连接之后，由客户端先输入要发送的数据，当服务器端收到客户端发送的数据之后，在服务器端的控制台上打印输出，然后服务器端再从控制台输入要回复客户端的数据；当客户端输入“bye”之后，客户端与服务器端程序运行结束。客户端运行效果如图 12-12 所示，服务器端程序运行效果如图 12-13 所示。

图 12-12　客户端运行效果图

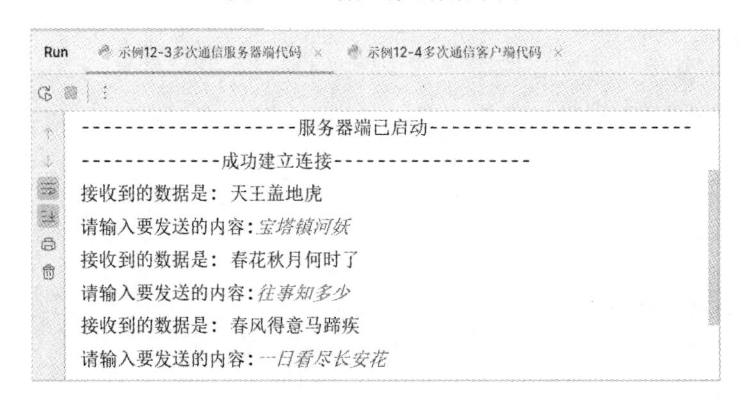

图 12-13　服务器端运行效果图

12.3 UDP 编程

UDP 协议是面向无连接的，只需要知道双方的 IP 地址和端口号就可以发送数据包，但不保证数据包能发送到。UDP 接收方与发送方的通信模型如图 12-14 所示。

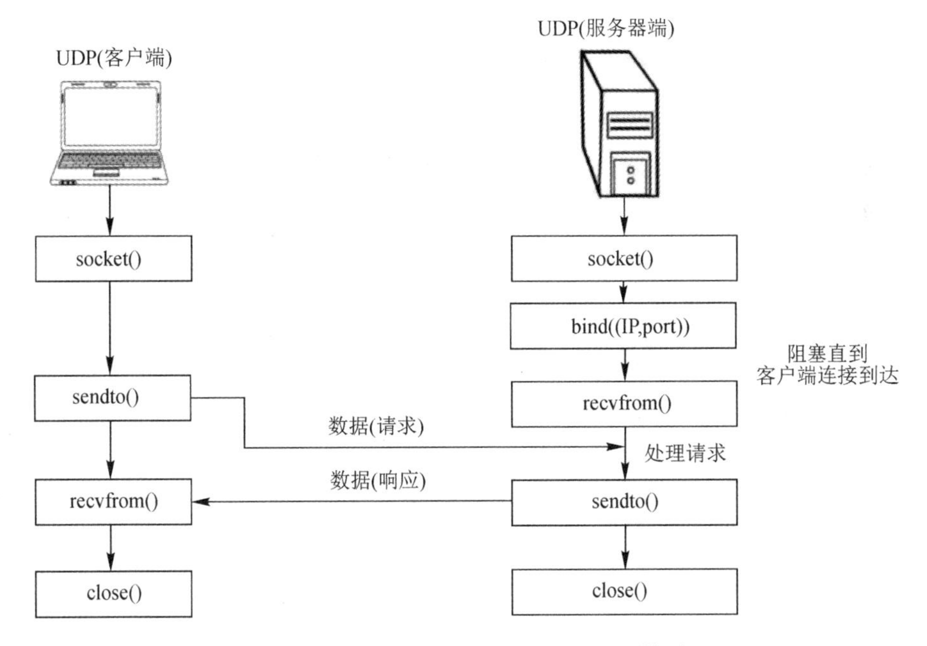

图 12-14　UDP 接收方与发送方的通信模型

通过图 12-14 可知，无论是数据发送方还是数据接收方都需要创建 socket 对象，UDP 服务器端需要绑定 IP 地址和端口号，UDP 客户端的端口号将由系统随机分配。UDP 的发送方使用 sendto()方法发送数据，UDP 接收方使用 recvfrom()方法接收数据。UPD 编程的一次双向交互通信的 UDP 发送方代码实现如示例 12-5 所示。

【示例 12-5】 UDP 发送方代码。

```
# coding:utf-8
from socket import socket, AF_INET,SOCK_DGRAM      # 导入 socket 模块下的 socket 类
# (1)创建 socket 对象，其中 socket.AF_INET 用于 Internet 之间的进程通信，socket.SOCK_DGRAM
用于 UDP 协议
send_socket=socket(AF_INET,SOCK_DGRAM)

# (2)准备发送的数据
data=input('请输入要发送的数据:')
```

```
# (3)接收方的 IP 地址和端口号，元组类型
ip_port=('127.0.0.1',8888)

# (4)发送数据，将要发送的数据转成字节类型
send_socket.sendto(data.encode('utf-8'),ip_port)

# (5)接收对方发送的数据
recv_data,addr=send_socket.recvfrom(1024)
print('接收到的数据为:',recv_data.decode('utf-8'))

# (6)关闭 socket 对象
send_socket.close()
```

UDP 编程的一次双向通信 UDP 接收方的代码实现如示例 12-6 所示。

【示例 12-6】 UDP 接收方代码。

```
# coding:utf-8
from socket import socket, AF_INET,SOCK_DGRAM    # 导入 socket 模块下的 socket 类
# (1)创建 socket 对象，其中 socket.AF_INET 用于 Internet 之间的进程通信，socket.SOCK_DGRAM
用于 UDP 协议
recv_socket=socket(AF_INET,SOCK_DGRAM)

# (2)绑定 IP 地址和端口号
recv_socket.bind(('127.0.0.1',8888))

# (3)接收对方发送的数据
recv_data,addr=recv_socket.recvfrom(1024)
print('接收到的数据为:',recv_data.decode('utf-8'))

# (4)准备回复对方的数据
data=input('请输入要回复的数据:')

# (5)回复数据，将要发送的数据转成字节类型
recv_socket.sendto(data.encode('utf-8'),addr)

# (6)关闭 socket 对象
recv_socket.close()
```

程序运行时，先启动示例 12-6 的 UDP 接收方程序，再启动示例 12-5 的 UDP 发送方程序。虽然 UDP 的接收方与发送方的启动顺序无先后，但是如果先启动发送方，然后启动接收方，那么发送的数据就发丢了，但程序不会报错。程序运行后发送方的运行效果如图 12-15 所示，从控制台输入“hello”，接收方接收到“hello”之后在控制台上打印输出，并

在控制台上接收要回复给发送方的数据“你好”，如图 12-16 所示；UDP 的发送方在接收到“你好”之后，在控制台上打印输出，双方程序运行结束。

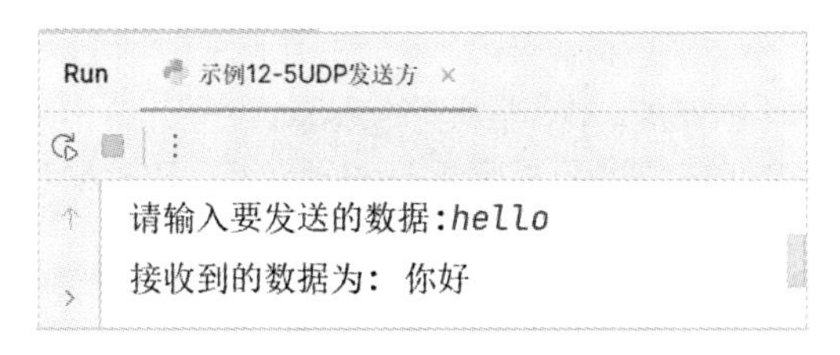

图 12-15　UDP 发送方运行效果

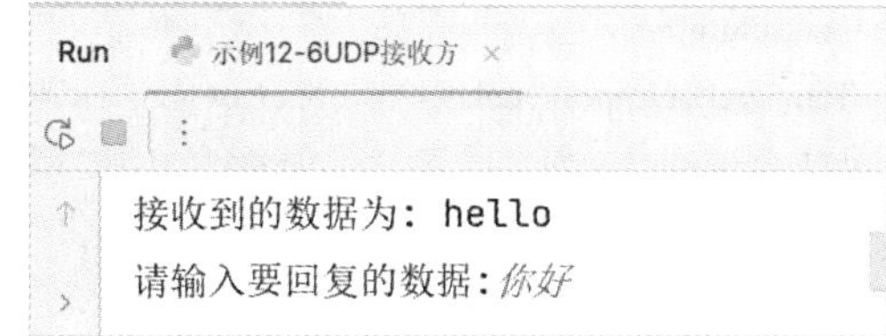

图 12-16　UDP 接收方运行效果

网站上的聊天软件就是使用 UDP 编程来实现的，现在使用 UDP 编程来模拟客户咨询客服人员问题，由于事先不知道咨询问题的多少，所以使用无限循环 while 来实现，当客户咨询人员回复“bye”时整个对话结束。聊天程序客服人员(接收方)的代码实现如示例 12-7 所示。

【示例 12-7】 客服人员的代码。

```
# coding:utf-8
from socket import socket, AF_INET, SOCK_DGRAM     # 导入 socket 模块下的 socket 类
# (1)创建 socket 对象，其中 socket.AF_INET 用于 Internet 之间的进程通信，socket.SOCK_DGRAM
用于 UDP 协议
recv_socket=socket(AF_INET,SOCK_DGRAM)

# (2)绑定 IP 地址和端口号
recv_socket.bind(('127.0.0.1',8888))
while True:
    # (3)接收对方发送的数据
    recv_data,addr=recv_socket.recvfrom(1024)
    print('客户说:',recv_data.decode('utf-8'))
    if recv_data.decode('utf-8') == 'bye':
        break
    # (4)准备回复对方的数据
    data=input('客服回:')

    # (5)回复数据，将要发送的数据转成字节类型
    recv_socket.sendto(data.encode('utf-8'),addr)

# (6)关闭 socket 对象
recv_socket.close()
```

聊天程序客户咨询者(发送方)的代码实现如示例 12-8 所示。

【示例 12-8】客户咨询者的代码。

```
# coding:utf-8
from socket import socket, AF_INET,SOCK_DGRAM     # 导入 socket 模块下的 socket 类
# (1)创建 socket 对象，其中 socket.AF_INET 用于 Internet 之间的进程通信，socket.SOCK_DGRAM 
用于 UDP 协议
send_socket=socket(AF_INET,SOCK_DGRAM)
while True:
    # (2)准备发送的数据
    data=input('客户说:')
    # (3)接收方的 IP 地址和端口号，元组类型
    ip_port=('127.0.0.1',8888)
    # (4)发送数据，将要发送的数据转成字节类型
    send_socket.sendto(data.encode('utf-8'),ip_port)
    if data=='bye':
        break
    # (5)接收对方发送的数据
    recv_data,addr=send_socket.recvfrom(1024)
    print('客服回:',recv_data.decode('utf-8'))
# (5)关闭 socket 对象
send_socket.close()
```

程序运行先启动示例 12-7 的客服人员(接收方)，再启动示例 12-8 的客户咨询者(发送方)。示例 12-7 客服人员的程序运行效果如图 12-17 所示，当客户咨询者输入“bye”时双方程序运行结束。示例 12-8 客户咨询者的程序运行效果如图 12-18 所示。

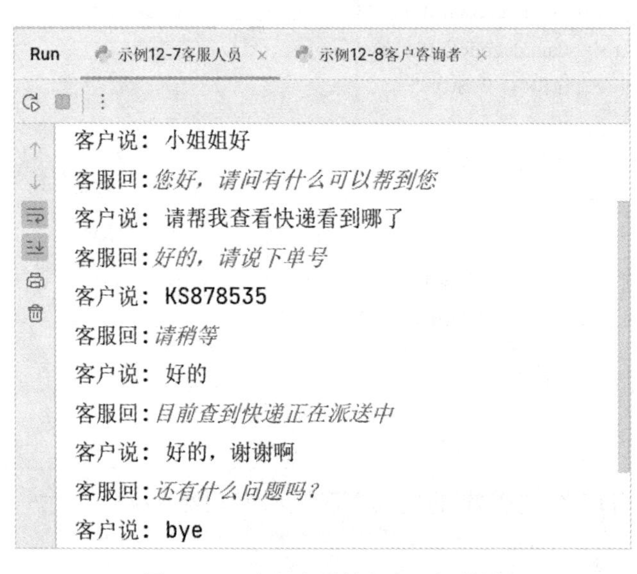

图 12-17　客服人员的程序运行效果

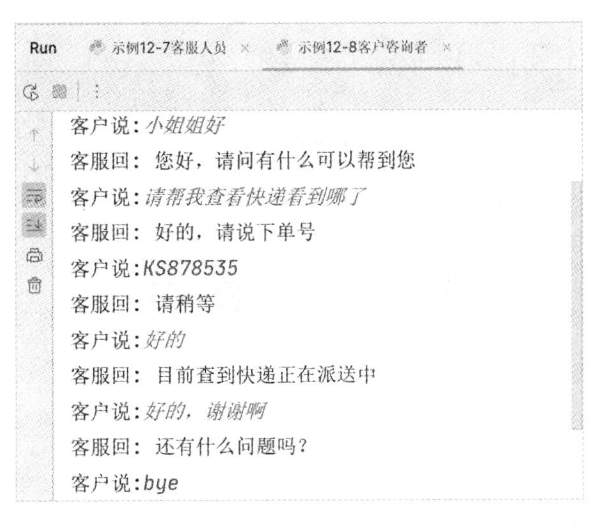

图 12-18　客户咨询者的程序运行效果

本章小结

本章主要介绍了网络编程的概念、实现网络通信必须遵守的通信协议即 Internet 协议以及七层协议。七层协议从下到上分别是物理层、数据链路层、网络层、传输层、会话层、表示层和应用层，对于七层协议读者了解即可。在网络通信中真正被实现和使用的是四层协议，从下到上分别是网络接口层、网际层、传输层和应用层，每层都对应相应的协议，本章重点讲解的是传输层所对应的 TCP 协议和 UDP 协议。

TCP 协议和 UDP 协议是网络编程中非常重要的两个传输层协议，读者要掌握这两个协议的特点，在编写程序时根据程序的应用场景选择不同的协议去实现。在实际开发中一个程序可能会同时使用 TCP 协议和 UDP 协议，例如视频聊天使用 TCP 协议建立双方的连接，在连接之后数据的发送可以使用 UDP 协议去实现。

熟练掌握 TCP 编程和 UDP 编程对于读者学习其他课程也是非常有帮助的。例如，MySQL 数据库就是典型的使用 TCP 协议实现的程序，有数据库服务器端和数据库客户端，需要先启动数据库服务器端，再启动数据库客户端进行连接服务器，然后才能实现后续的操作。

第 12 章习题、习题答案及程序源码

第 13 章

进程与线程

本章目标

☆ 了解程序与进程；
☆ 掌握创建进程的方式；
☆ 掌握进程之间的通信；
☆ 了解进程与线程的区别；
☆ 掌握创建线程的方式；
☆ 掌握线程之间的通信方式；
☆ 掌握生产者与消费者模式。

13.1 程序与进程

13.1.1 初识程序与进程

程序英文单词为 Program，是指使用编程语言所编写的一系列有序指令的集合，用于实现一定的功能。例如，QQ 就是腾讯公司所开发的一款聊天程序，QQ.exe 的可执行文件如图 13-1 所示，双击 QQ.exe 就可以将 QQ 这款聊天程序安装在本机中，同时在桌面上生成一个 QQ 程序的快捷方式。

图 13-1　QQ.exe

进程则是指启动后的程序，系统会为进程分配内存空间。双击桌面上 QQ 程序的快捷方式，启动运行 QQ 程序，后台将产生一个名称为“腾讯 QQ”的进程，操作系统会为这个进程分配内存空间，如图 13-2 所示。

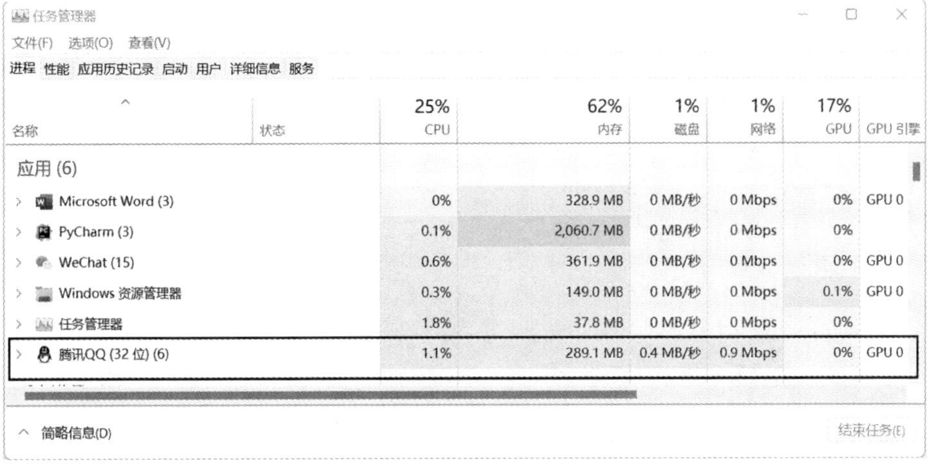

图 13-2　启动后的 QQ 进程

13.1.2　创建进程的方式

在 Python 中创建进程的方式有两种，一种是使用 os 模块中的 fork()函数，但是该函数只适用于 UNIX、Linux、Mac OS 操作系统；另一种是使用 multiprocessing 模块中的 Process 类创建进程，对于 Windows 操作系统只能使用该方法。

使用 Process 类创建进程的语法结构如下：

Process(group=None,target,name,args,kwargs)

参数说明：

(1) group 表示分组，实际上不使用，值默认为 None 即可；

(2) target 表示子进程要执行任务的目标函数；

(3) name 表示子进程的名称；

(4) args 表示调用函数的位置参数，以元组的形式进行传递；

(5) kwargs 表示调用函数的关键字参数，以字典的形式进行传递。

使用 Process 类创建进程，如示例 13-1 所示，程序运行效果如图 13-3 所示。

【示例 13-1】 使用 multiprocessing 模块创建进程。

```
# coding:utf-8
from multiprocessing import Process
# 定义函数，函数中的代码就是进程要执行的代码
import os
import time
def test():
```

```
        print(f'我是子进程，我的 PID 是:{os.getpid()}，我的父进程是:{os.getppid()}')
        time.sleep(1)

if __name__ == '__main__':
    start=time.time()    # 开始时间
    lst=[]
    print('主进程开始执行:')
    # 创建 5 个子进程
    for i in range(5):
        # 创建一个子进程对象
        pro=Process(target=test)
        # 启动进程
        pro.start()
        # 启动的进程添加到列表中
        lst.append(pro)
    # 列表中每个元素都是一个进程
    for item in lst:
        item.join()    # 阻塞主进程

    print(f'运行 5 个子进程一共花了:{time.time()-start}')
    print('主进程执行结束')    # 只是主进程中没有代码了，但并不是主进程结束
# 主进程要等到所有的子进程结束之后才会结束
```

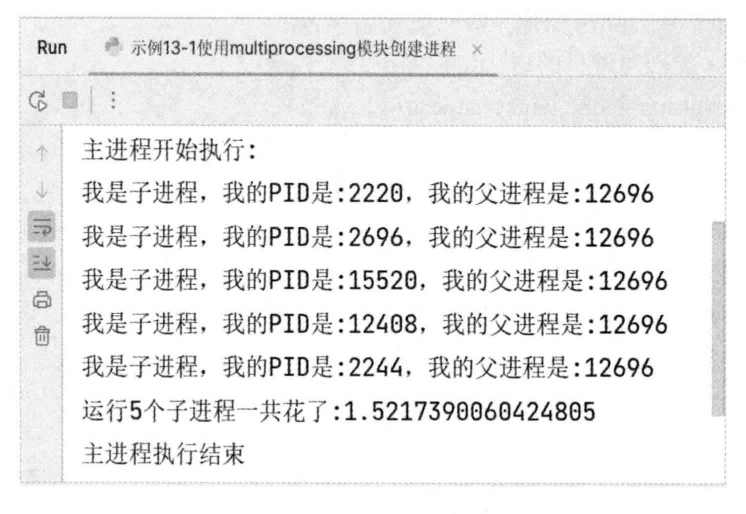

图 13-3 示例 13-1 运行效果图

示例 13-1 中定义进程要执行的函数 test()，使用 Python 内置模块 os 中的 getpid()获取子进程的 PID，使用 getppid()获取子进程的父进程的 PID。以主程序方式运行，使用 for 循环创建 5 个子进程，并调用进程对象的 start()方法启动进程。for 循环中 item.join()，调用进程对象的 join()方法阻塞主进程，使所有的子进程都执行完毕之后，再执行主进程中

的代码。

除了 start()方法和 join()方法之外，Process 类中还有很多常用的方法和属性，如表 13-1 所示。

表 13-1 Process 类中常用的方法和属性

方法/属性名称	说明
name	当前进程实例名称 ，默认为 Process-N
pid	当前进程对象的 PID 值
is_alive()	进程是否执行完，没执行完结果为 True，否则为 False
join(timeout)	等待结束或等待 timeout 秒
start()	启动进程
run()	如果没有指定 target 参数，则启动进程后，会调用父类中的 run 方法
terminate()	强制终止进程

Process 类中常用方法和属性的使用分两个案例讲解，示例 13-2 演示了 Process 类中 name 属性、pid 属性、is_alive()方法和 join()方法的使用，示例 13-2 程序运行效果如图 13-4 所示。

【示例 13-2】 Process 类中常用方法和属性的使用。

```
# coding:utf-8
# Process 类的常用方法
from multiprocessing import Process
import os,time
def sub_process1(name):
    print(f'子进程 PID:{os.getpid()}，父进程的 PID:{os.getppid()},-----------{name}')
    time.sleep(1)

def sub_process2(age):
    print(f'子进程 PID:{os.getpid()}，父进程的 PID:{os.getppid()}-----------{age}')
    time.sleep(1)

if __name__ == '__main__':
    print('父进程开始执行')
    for i in range(5):
        # 创建子进程 1
        p1=Process(target=sub_process1,args=('yjs',))
        # 创建子进程 2
        p2=Process(target=sub_process2,args=(18,))
        # 启动子进程
        p1.start()
```

```
        p2.start()
        print(p1.name,'是否执行完毕',p1.is_alive())
        print(p2.name,'是否执行完毕',p2.is_alive())
        print(p1.name,'的 PID 是:',p1.pid)
        print(p2.name,'的 PID 是:',p2.pid)
        p1.join()    # 等待 p1 执行结束
        p2.join()    # 等待 p2 执行结束
    print('父进程执行结束')

# 多个进程同时执行的顺序是随机的，不会根据创建的顺序执行
```

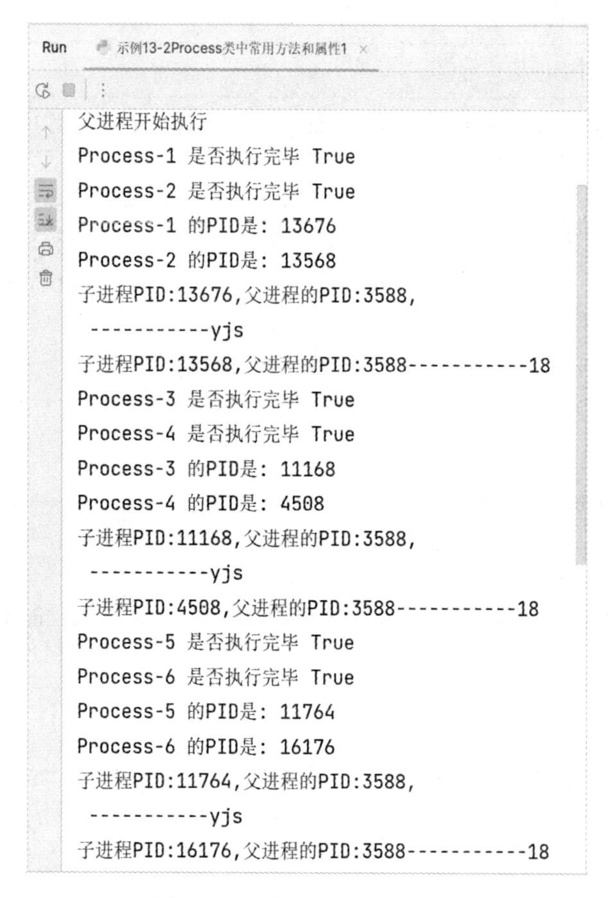

图 13-4　示例 13-2 运行效果图

p1.join()表示阻塞主进程，必须等待 p1 这个子进程执行结束之后才能执行主进程中的代码 p2.join()，而 p2.join()继续阻塞主进程，等待 p2 这个子进程执行结束之后才能继续循环到条件的判断处，检查是否满足了循环次数，如果没有满足则继续循环，如果已达到 5 次循环，则执行主进程中的最后一句代码，显示“父进程执行结束”。

如果将示例 13-2 中的代码“p1.join()”和“p2.join()”注释掉，那么运行效果如图 13-5 所示。

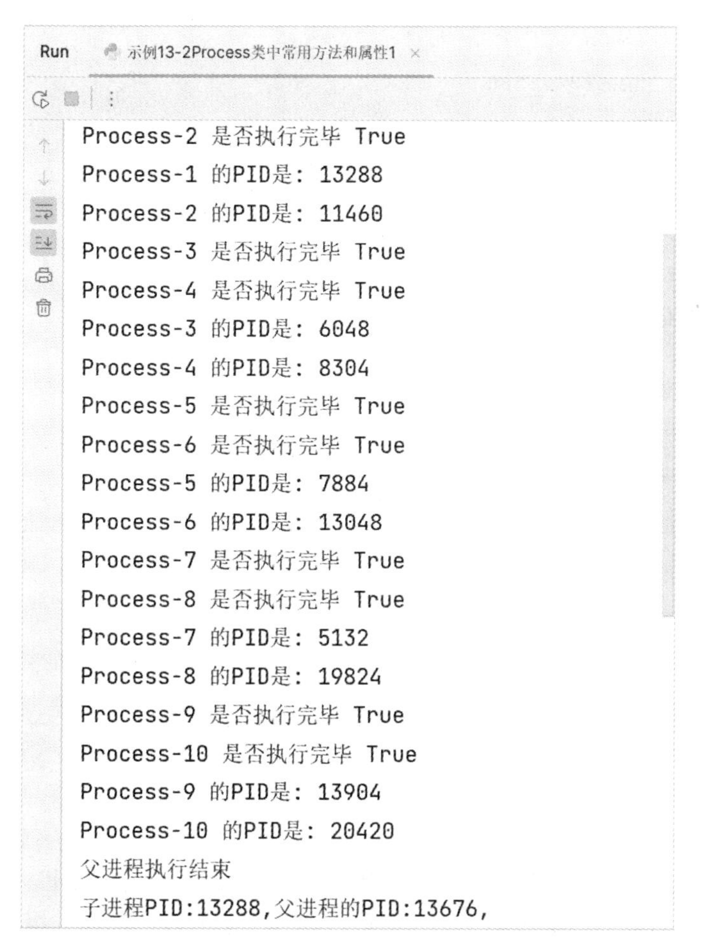

图 13-5　注释掉“p1.join()”和“p2.join()”之后运行效果图

通过图 13-5 可以看出在注释掉了“p1.join” ()和“p2.join()”之后，进程间的执行顺序是随机的，主进程中的“父进程执行结束”被先执行了。

Process 类中 terminate()方法的使用如示例 13-3 所示，程序运行效果如图 13-6 所示。

【示例 13-3】 terminate 方法的使用。

```
# coding:utf-8
# Process 类的常用方法
from multiprocessing import Process
import os,time


def sub_process1(name):
    print(f'子进程 PID:{os.getpid()},父进程的 PID:{os.getppid()},-----------{name}')
    time.sleep(1)


def sub_process2(age):
    print(f'子进程 PID:{os.getpid()},父进程的 PID:{os.getppid()}-----------{age}')
    time.sleep(1)
```

```
if __name__ == '__main__':
    print('父进程开始执行')
    for i in range(5):
        p1 = Process(target=sub_process1, args=('ysj',))
        p2 = Process(target=sub_process2, args=(18,))
        p1.start()
        p2.start()

        # 终止进程
        p1.terminate()
        p2.terminate()
    print('父进程执行结束')
```

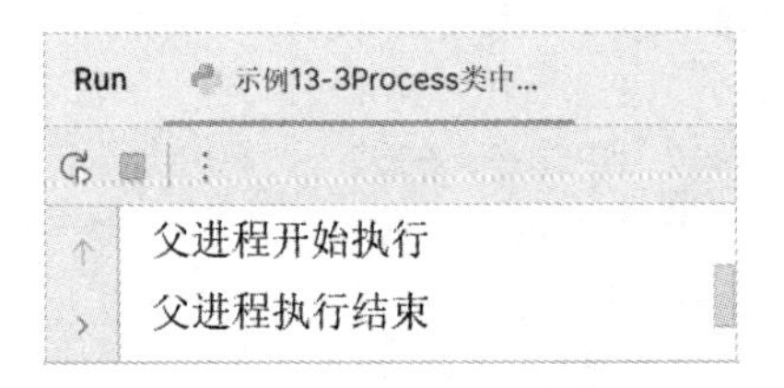

图 13-6　示例 13-3 运行效果图

示例 13-3 循环 5 次一共创建了 10 个子进程，但在控制台上并没有输出任何子进程的信息，因为使用了进程对象的 terminate()方法对子进程进行了强制终止。

除了使用 Process 类创建进程之外，还可以通过继承的方式创建进程。编写自定义类继承 Process 类，重写该类中的 run 方法即可实现子进程的创建。使用继承方式创建进程如示例 13-4 所示，程序运行效果如图 13-7 所示。

【示例 13-4】 使用 Process 子类创建进程。

```
# coding:utf-8
# 使用 Process 子类创建进程
from multiprocessing import Process
import os
# 自定义类
class SubProcess(Process):
    # 初始化的方法
    def __init__(self,name):
        # 调用父类 Process 的初始化方法
        Process.__init__(self)
        self.name=name

    # 重写 run 方法
    def run(self):
```

```
        print(f'子进程的名称:{self.name},PID:{os.getpid()},父进程的 PID:{os.getppid()}')

if __name__ == '__main__':
    print('父进程开始执行')
    lst=[]
    for i in range(1,6):
        p1=SubProcess(f'进程--{i}')
        # 启动进程
        p1.start()
        lst.append(p1)
    for item in lst:
        item.join()
    print('父进程执行结束')
```

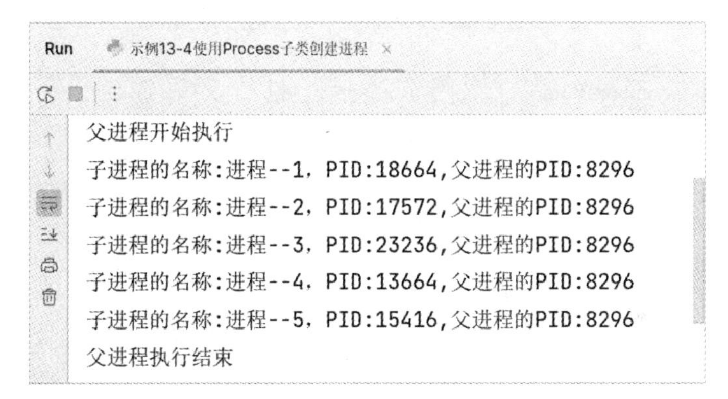

图 13-7 示例 13-4 运行效果图

示例 13-4 中代码“p1.start()”使用进程对象的 start()方法启动进程，该方法是父类 Process 类中定义的方法，当使用 start()方法启动进程后，在底层调用 run 方法执行进程中的代码。

13.1.3 Pool 进程池

当进程数量比较少时，可以使用 Process 创建进程或者 Process 的子类创建进程。如果需要创建的进程有上百个、上千个怎么办？这些进程如何管理？创建进程和销毁进程也会消耗大量的时间，这时可以使用 multiprocessing 中的 Pool 类创建进程池。

进程池的原理是：创建一个进程池，并设置进程池中最大的进程数量。假设进程池中最大的进程数为 3，现在有 10 个任务需要执行，那么进程池一次可以执行 3 个任务，4 次即可完成全部任务的执行。

创建进程池的语法结构如下：

　　进程池对象 = Pool(N)

Pool(N)中的 N 表示创建的进程池中进程的数量。进程池对象有一些常用的方法，如表 13-2 所示。

表 13-2　Pool 对象常用的方法

方法名称	说　　明
apply_async(func,args,kwargs)	使用非阻塞方式调用函数 func
apply(func,args,kwargs)	使用阻塞方式调用函数 func
close()	关闭进程池，不再接收新任务
terminate()	不管任务是否完成，立即终止
join()	阻塞主进程，必须在 terminate()或 close()之后使用

进程池中进程的执行方式有阻塞式和非阻塞式两种。创建进程池对象，并使用进程非阻塞的方式执行，如示例 13-5 所示，程序运行效果如图 13-8 所示。

【示例 13-5】 使用进程池-非阻塞方式。

```
# coding:utf-8
from multiprocessing import Pool
import time
import os
# 编写任务
def task(name):
    print(f'子进程的 PID:{os.getpid()},执行任务---task---{name}')
    time.sleep(1)

if __name__ == '__main__':
    start=time.time()
    print('父进程开始执行')
    # 创建一个进程池
    p=Pool(3)    # 进程池里最大的进程个数是 3

    # 创建 10 个任务
    for i in range(10):
        # 以非阻塞方式执行
        p.apply_async(func=task,args=(i,))
    p.close()       # 关闭进程池，不再接收新任务
    p.join()        # 阻塞父进程，等待子进程结束
    print('所有子进程结束，父进程执行结束')
    print(time.time()-start)
```

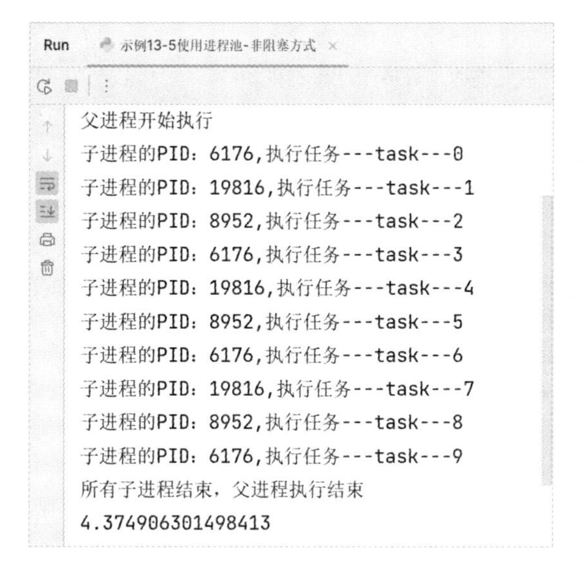

图 13-8　示例 13-5 运行效果图

示例 13-5 中代码“p.apply_async(func=task,args=(i,))”使用非阻塞的方式调用执行任务 task()函数，由于进程池中最大的进程数是 3，所以程序在运行过程中控制台的输出会 3 个一组地进行。而如果使用阻塞的方式调用执行任务，那么在程序运行过程中控制台的输出会一个一个地进行，所以程序的执行时间也会增大。创建进程池对象，并使用进程阻塞的方式执行任务，如示例 13-6 所示，程序运行效果如图 13-9 所示。

【示例 13-6】 使用进程池-阻塞方式。

```
# coding:utf-8
from multiprocessing import Pool
import time
import os
# 编写任务
def task(name):
    print(f'子进程的 PID:{os.getpid()},执行任务---task---{name}')
    time.sleep(1)

if __name__ == '__main__':
    start=time.time()
    print('父进程开始执行')
    # 创建一个进程池
    p=Pool(3)    # 进程池里最大的进程个数是 3

    # 创建 10 个进程
    for i in range(10):
        # 以阻塞方式进行
        p.apply(func=task,args=(i,))
```

```
        p.close()        # 关闭进程池，不再接收新任务
        p.join()         # 阻塞父进程，等待子进程结束
        print('所有子进程结束，父进程执行结束')
        print(time.time()-start)
```

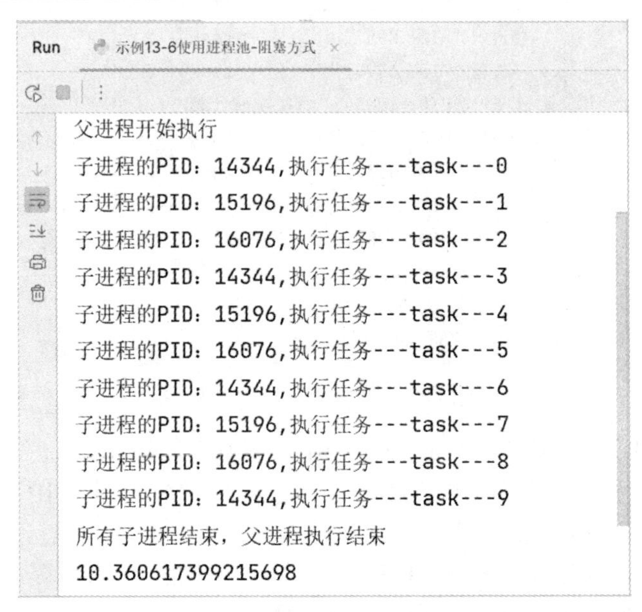

图 13-9　示例 13-6 运行效果图

通过图 13-8 和图 13-9 的运行结果进行对比，发现使用阻塞的方式执行任务会比非阻塞的方式执行任务使用的时间要长。因为阻塞方式是一个任务一个任务地执行(每一个进程执行一个任务)，一个任务的执行时间大概是 1 s，而非阻塞方式执行任务是 3 个任务 3 个任务地执行(3 个进程一起执行 3 个任务)，每执行 3 个任务的时间大概是 1 s，10 个任务 4 次执行完毕，所在总共执行时长为 4 s 多一点。

13.1.4　并发和并行

并发是指两个或多个事件在同一时间间隔内发生，多个任务被交替轮换着执行。比如 A 事件是吃苹果，在吃苹果的过程中有快递员敲门让你收下快递，收快递就是 B 事件，那么收完快递继续吃没吃完的苹果，这就是并发，如图 13-10 所示，A 事件与 B 事件在同一时间间隔内发生。

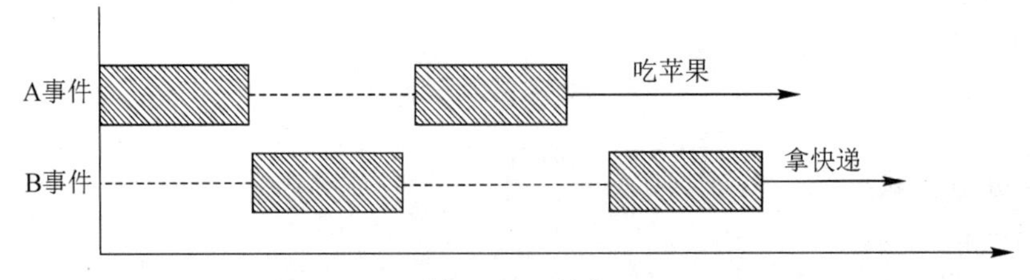

图 13-10　并发

并行则是指两个或多个事件在同一时刻发生，多个任务在同一时刻在多个处理器上同

时执行。比如 A 事件是泡脚，B 事件是打电话，C 事件是记录电话内容，这 3 件事可以在同一时刻发生，这就是并行，如图 13-11 所示。

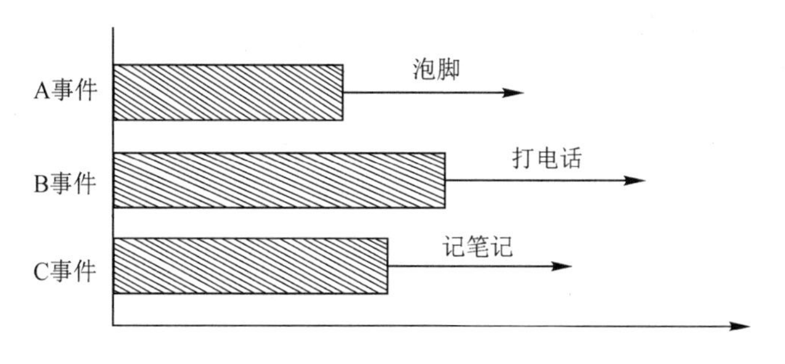

图 13-11　并行

在 Python 中并发对应的是多线程或协程，而并行则对应的是多进程。

13.1.5　进程之间的通信

多个进程之间的数据可以共享吗？假设有全局变量 a，值为 100，在第一个子进程中对全局变量 a 进行加法操作，例如 a + = 30，在第二个子进程中对全局变量进行减法操作，例如 a -= 50，那么最终 a 的值是多少呢？130，50，还是 80 呢？如示例 13-7 所示，多个进程操作全局变量，程序运行效果如图 13-12 所示。

【示例 13-7】 多个进程之间数据是否共享。

```
# coding:utf-8
from multiprocessing import Process
a=100

def add():
    print('子进程 1 开始执行')
    global a
    a+=30
    print('a=',a)
    print('子进程 1 执行结束')

def sub():
    print('子进程 2 开始执行')
    global a
    a-=50
    print('a=',a)
    print('子进程 2 执行结束')



if __name__ == '__main__':
```

```
    print('父进程开始执行')
    print('a 的值为:',a)
    # 创建加的进程
    p1=Process(target=add)
    # 创建减的进程
    p2=Process(target=sub)
    # 启动两个子进程
    p1.start()
    p2.start()
    # 等待 p1 进程执行结束
    p1.join()
    # 等待 p2 进程执行结束
    p2.join()

    print('父进程执行结束')
    print('a 的值:',a)
```

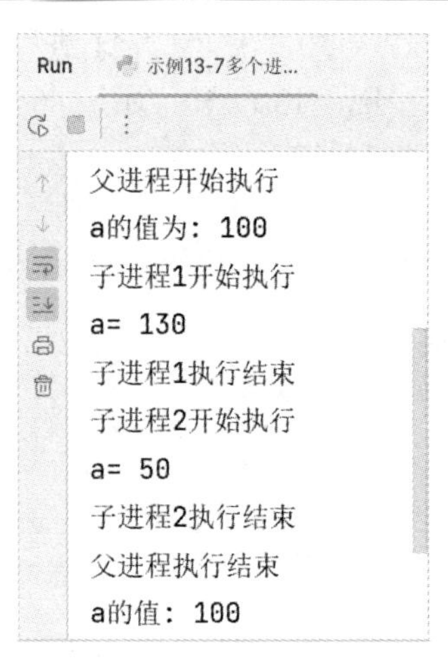

图 13-12　示例 13-7 运行效果图

通过图 13-12 可知，全局变量 a 在父进程和两个子进程中各一份，各自操作各自 a 的值，a 的计算结果并没有在进程之间传递，进程之间并没有共享数据。一个父进程两个子进程操作全局变量 a 的值，模拟图如图 13-13 所示，父进程 a 的值不变，add 进程中 a 的值为 130，sub 进程中 a 的值为 50。

父进程	add进程	sub进程
a=100	a=100 a+=30 a=130	a=100 a-=50 a=50

图 13-13　各进程之间的数据操作

进程之间可以通过队列(Queue)进行通信，队列是一种先进先出(First In First Out)的数据结构。生活中的队列如图 13-14 所示，排在队伍的第一个人先接水，最后一个人最后接水。将排队的过程称为入队，接完水离开的过程称为出队，入队和出队的示意图如图 13-15 所示。

图 13-14 生活中的队列

图 13-15 入队与出队

在 Python 中使用 multiprocessing 模块中的 Queue 类创建一个队列。创建队列的语法结构如下：

队列对象 = Queue(N)

Queue(N)中的参数 N 表示队列中最多可接收的消息数量。Queue 对象中一些常用的方法如表 13-3 所示。

表 13-3 Queue 中常用的方法

方法名称	说 明
qsize()	获取当前队列包含的消息数量
empty()	判断队列是否为空，为空，结果为 True，否则为 False
full()	判断队列是否满了，满结果为 True，否则为 False
get(block = True)	获取队列中的一条消息，然后从队列中移除，block 默认值为 True
get_nowait()	相当于 get(block = False)，消息队列为空时，抛出异常
put(item,block = True)	将 item 消息放入队列，block 默认为 True
put_nowait(item)	相当于 put(item, block = False)

Queue 对象中常用方法的使用如示例 13-8 所示，程序运行效果如图 13-16 所示。

【示例 13-8】 队列的基本使用。

```
# coding:utf-8
from multiprocessing import Queue
if __name__ == '__main__':
    # 创建一个队列，最多可以接收 3 条消息
    q=Queue(3)
    print('队列是否为空:',q.empty())
    print('队列是否为满:',q.full())
```

```
# 向队列中添加消息
q.put('hello')    # block 默认为 True
q.put('world')
print('队列是否为空:', q.empty())
print('队列是否为满:', q.full())
q.put('python')
print('队列是否为空:', q.empty())
print('队列是否为满:', q.full())
print('队列中消息的个数：',q.qsize())
print('------------------')
# 从队列中获取消息，出队的操作
print(q.get())
print('出队之后，消息的个数:',q.qsize())
q.put_nowait('html')    # 入队
print('入队之后，消息的个数',q.qsize())
# 通过遍历出队所有元素
if not q.empty():    # 判断队列是否为空
    for i in range(q.qsize()):
        print(q.get_nowait())

print('队列是否为空:', q.empty())
print('队列是否为满:', q.full())
print('队列中消息的个数：',q.qsize())
```

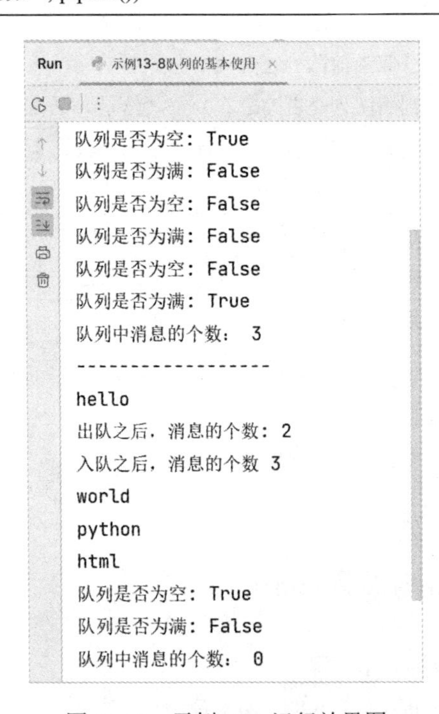

图 13-16　示例 13-8 运行效果图

当队列中的元素已满，是无法再向队列中添加元素的，程序会一直等待直到队列有空位置时才会添加新元素。如示例 13-9 所示，向已满队列中添加元素，程序运行效果如图 13-17 所示。

【示例 13-9】 向已满队列中添加元素。

```
# coding:utf-8
from multiprocessing import Queue

if __name__ == '__main__':
    # 创建一个队列，最多可以接收 3 条消息
    q = Queue(3)

    # 向队列中添加消息
    q.put('hello')    # block 默认为 True
    q.put('world')
    q.put('python')

    q.put('html')     # 队列已满，block=True 默认为 True，一直等待队列(阻塞)有空位置才会将
html 入队，然后继续执行
```

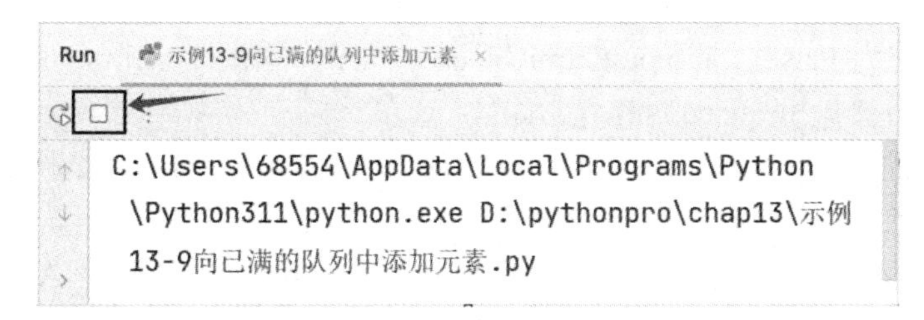

图 13-17 示例 13-9 运行效果图

通过图 13-17 可以看到程序左上方的红色方框一直亮着，说明程序一直在运行，不管后面有多少代码都不执行，什么时候 q.put('html')成功添加到队列中，程序才会继续向下执行。该程序需要手动单击红色方框使其变灰，让程序停止运行。

可以通过设置 put()方法的 timeout 参数值，让程序等待几秒，如果等待时间到了，队列还没有空位置，那么将抛出 queue.Full 的异常。设置 put 方法的 timeout 参数值如示例 13-10 所示，程序运行效果如图 13-18 所示。

【示例 13-10】 设置 put 方法的参数值。

```
# coding:utf-8
from multiprocessing import Queue

if __name__ == '__main__':
    # 创建一个队列，最多可以接收 3 条消息
    q = Queue(3)
```

```
# 向队列中添加消息
q.put('hello')    # block 默认为 True
q.put('world')
q.put('python')

q.put('html', block=True, timeout=2)    # 等待 2 秒，还没有空位置，抛出异常 queue.Full
```

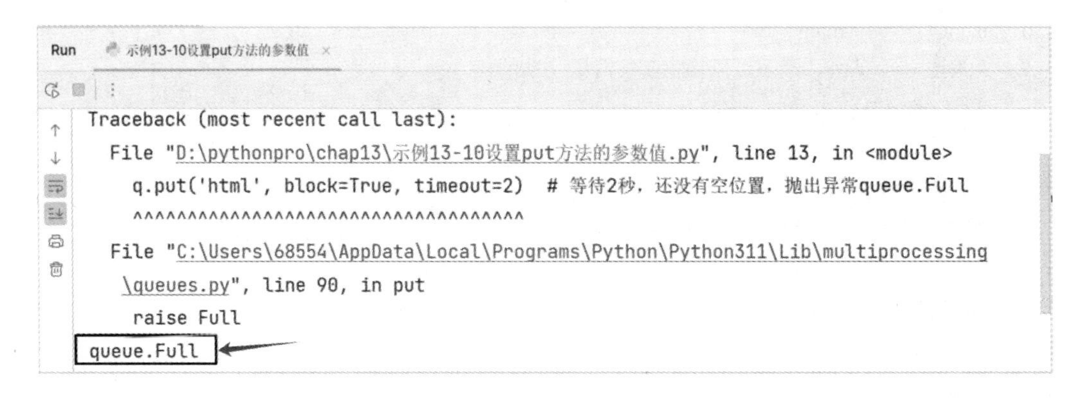

图 13-18　示例 13-10 运行效果图

如果将示例 13-10 中代码“q.put('html', block = True, timeout = 2)”的 timeout 参数删除，并修改 block 的值为 False，即 q.put('html',block = False)，不阻塞入队，那么一旦队列是满员状态，程序将直接抛出 queue.Full 异常。

掌握了队列的基本使用，那么使用队列实现进程之间通信的原理是什么呢？一个进程负责向队列中写入数据(入队)，另外一个进程负责从队列中读取数据(出队)，即可实现进程之间的通信。使用队列实现进程之间通信的原理如图 13-19 所示，进程 A 负责入队操作，进程 B 负责出队操作。

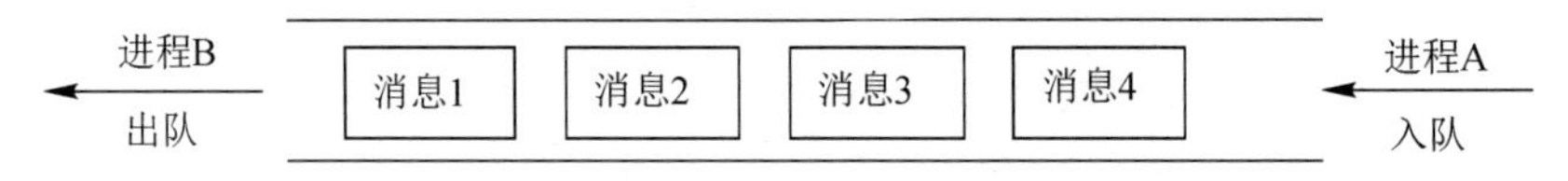

图 13-19　使用队列实现进程之间通信的原理

使用队列实现多进程之间的通信如示例 13-11 所示，程序运行效果如图 13-20 所示。

【示例 13-11】 使用队列实现进程之间的通信。

```
# coding:utf-8
from multiprocessing import Process,Queue
import time
a=100
# 向队列中写入消息的进程要执行的函数
def write_msg(q):
    global a
    if not q.full():
        for i in range(1,6):
```

```
            a-=10
            q.put(a)    # 入队操作，将 a 的值进行入队
            print('a 入队时的值:',a)

# 从队列中读取消息的进程要执行的函数
def read_msg(q):
    time.sleep(1)
    while not q.empty():
        print('出队 a 的值:',q.get())

if __name__ == '__main__':
    print('父进程开始执行')
    q=Queue()    # 由父进程创建队列，传给子进程，没有写个数，说明队列可接收的消息个数
没有上限
    # 创建两个子进程
    p1=Process(target=write_msg,args=(q,))
    p2=Process(target=read_msg,args=(q,))
    # 启动两个子进程
    p1.start()
    p2.start()
    # 等待写入进程结束
    p1.join()
    # 等待读取进程结束
    p2.join()

    print('----------------------父进程执行结束---------------')
```

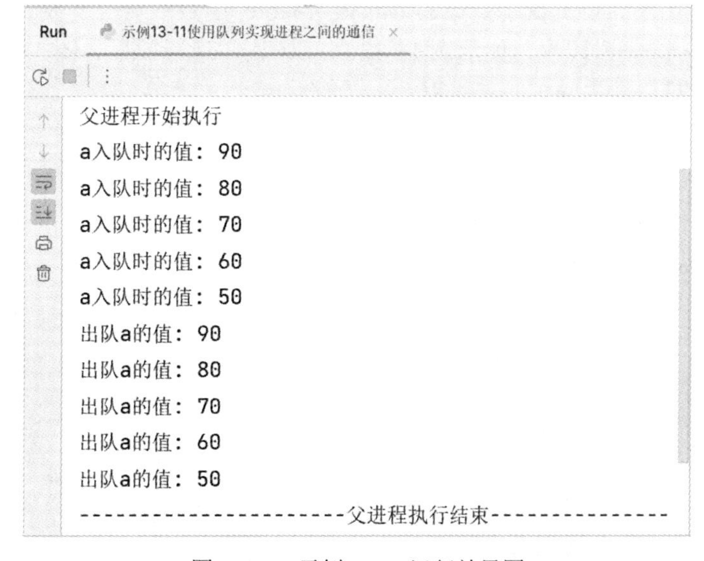

图 13-20　示例 13-11 运行效果图

13.2 线程

13.2.1 初识线程

在一个应用程序内的多任务方式采用多进程，而在一个进程内的多任务方式则可以采用多线程。

那什么是线程呢？线程是 CPU 可调度的最小单位，被包含在进程中，是进程中实际的运作单位。一个进程可以拥有 N 个线程，且并发执行，而每个线程并行执行不同的任务。

13.2.2 创建线程的方式

在 Python 中创建线程的方式有两种，一种是函数式创建线程，另外一种是使用 Thread 子类创建线程。

函数式创建线程的语法结构如下：

t = Thread(group,target,name,args,kwargs)

参数说明：

(1) group：创建线程对象的进程组；

(2) target：创建的线程对象所要执行的目标函数；

(3) name：创建线程对象的名称，默认为“Thread-n”；

(4) args：用元组以位置参数的形式传入 target 函数的对应参数；

(5) kwargs：用字典以关键字参数的形式传入 target 函数的对应参数。

使用函数式方式创建线程，如示例 13-12 所示，程序运行效果如图 13-21 所示。

【示例 13-12】 函数方式创建线程。

```
# coding:utf-8
# 多线程
import threading
from threading import Thread
import time
# 编写函数
def test():
    for i in range(3):
        time.sleep(1)
        print(f'线程{threading.current_thread().name}正在执行,{i}')
```

```
if __name__ == '__main__':
    start=time.time()
    print('主线程开始执行')

    lst=[ Thread(target=test) for i in range(2)]    # 使用了列表生成式
    for item in lst:
        item.start()
    for item in lst:
        item.join()
    print(f'一共耗时{time.time()-start}')
```

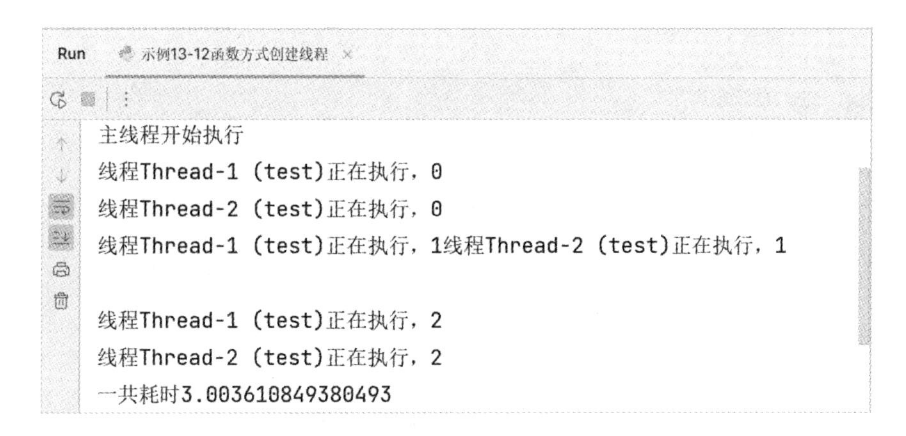

图 13-21　示例 13-12 运行效果图

由于每个线程是并行执行不同的任务，多个线程之间又是并发执行的，所以示例 13-12 每次运行的效果都不会相同，图 13-21 运行效果图仅供参考，哪个线程先被执行由 CPU 调度决定。

使用 Thread 子类创建线程的操作步骤如下：

(1) 自定义类继承 threading 模块下的 Thread 类；

(2) 实现 run 方法。

使用 Thread 子类创建线程如示例 13-13 所示，程序运行效果如图 13-22 所示。

【示例 13-13】 使用 Thread 子类创建线程。

```
# coding:utf-8
# 继承方式创建线程
import threading
from threading import Thread
import time
class SubThread(Thread):
    def run(self):
        for i in range(3):
            time.sleep(1)
```

```
            print(f'线程{threading.current_thread().name}正在执行, i 的值为{i}')
if __name__ == '__main__':
    print('主线程开始执行')
    lst=[SubThread() for i in range(2)]    # 创建 2 个线程，放到列表中存储
    for item in lst:
        item.start()    # 启动线程
    for item in lst:
        item.join()
    print('主线程执行结束')
```

图 13-22　示例 13-13 运行效果图

图 13-22 仅供参考，程序每次运行的效果都不相同，哪个线程先执行由 CPU 调度决定。

13.2.3　线程之间的通信

进程之间的数据是不能共享的，那么线程之间的数据可以共享吗？如示例 13-14 所示，设置全局变量 a 的值为 100，加的线程对全局变量 a 执行加 30 的操作，减的线程对全局变量 a 执行减 50 的操作，经过两个线程的操作之后，全局变量 a 的值是 100 还是 80 呢？示例 13-14 运行效果如图 13-23 所示。

【示例 13-14】 线程之间是否共享数据。

```
# coding:utf-8
from threading import Thread

a=100
def add():
    print('加的线程开始执行')
    global a
    a+=30
    print(f'a 的值为:{a}')
    print('加的线程执行结束')
```

```
def sub():
    print('减的线程开始执行')
    global a
    a -= 50
    print(f'a 的值为:{a}')
    print('减的线程执行结束')

if __name__ == '__main__':
    print('主线程开始执行')
    print(f'------全局变量 a 的值{a}-------')
    add=Thread(target=add)
    sub=Thread(target=sub)
    # 启动线程
    add.start()
    sub.start()
    add.join()    # 等待加的线程结束
    sub.join()    # 等待减的线结束
    print('--------主线程执行结束-----')
```

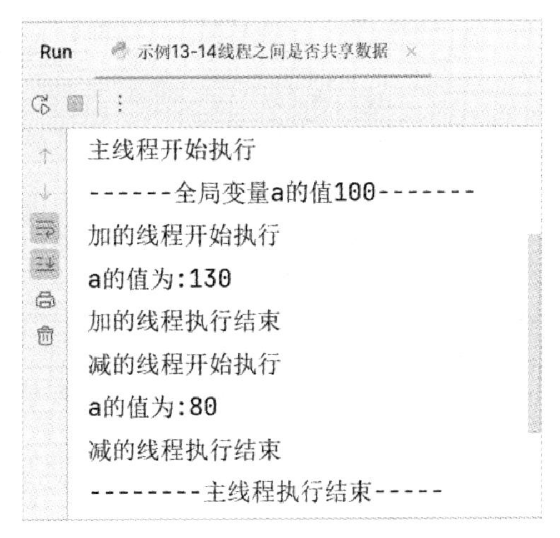

图 13-23　示例 13-14 运行效果图

通过图 13-23 可以看到全局变量 a 的值变成了 80，也就是说一个进程内的所有线程共享全局变量的值。

13.2.4　线程操作共享数据的安全性问题

在示例 13-14 中两个线程都是在同一个进程中运行的，所以全局变量 a 被这个进程中的两个线程共享。由于线程的执行顺序是无法确定的，所以很有可能造成数据的错乱。如示例 13-15 所示，设置全局变量 ticket 的值为 50，表示当前有 50 张票，编写线程要执行的函数 sale_ticket()进行售票操作，当余票的张数大于 0 时，线程进行售票操作，创建 3 个线程对象，代表 3 个售票窗口，3 个售票窗口同时销售这 50 张票，运行效果如图 13-24 所示。

【示例 13-15】 线程共享数据所带来的安全性问题。

```
# coding:utf-8
import threading
from threading import Thread
import time
ticket=50
def sale_ticket():
    global ticket
    for i in range(100):
        if ticket>0:
            print(threading.current_thread().name+f'正在出售第{ticket}张票')
            ticket-=1
        time.sleep(1)

if __name__ == '__main__':
    for i in range(3):
        t=Thread(target=sale_ticket)
        t.start()
```

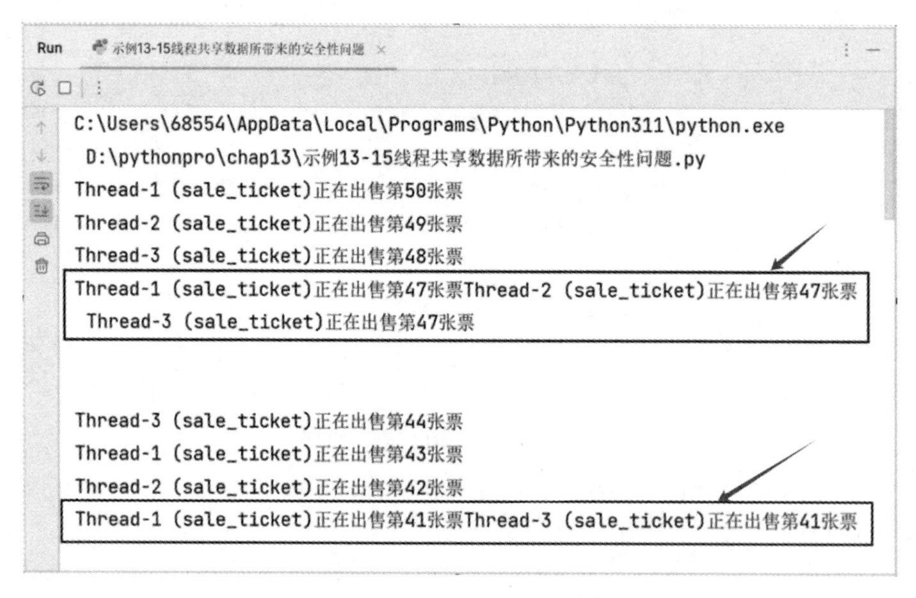

图 13-24　示例 13-15 运行效果图

通过图 13-24 可以看到 Thread-1 线程、Thread-2 线程和 Thread-3 线程都在出售第 47 张票，Thread-1 线程和 Thread-3 线程同时在出售第 41 张票，这种情况在实际生活中允许发生吗？肯定不允许，那么如何让多个线程之间实现数据共享，又能保证数据的安全性呢？

可以采用锁机制，当一个线程去访问操作共享资源时，先将共享资源“锁定”，其他线程不能修改该共享资源，直到访问操作共享资源的线程释放“锁”，其他线程才能操作共享资源。这种锁叫作“互斥锁”，该锁有两种状态，即锁定状态和非锁定状态。

使用 threading 中的 Lock 类创建锁对象，使用锁对象的 acquire()方法实现上锁，即锁定共享资源，使用锁对象的 release()方法释放锁。

在使用锁时要把尽量少的和不耗时的代码放到锁中执行，最后代码执行完毕之后要记得释放锁。使用锁机制实现系统售票功能，如示例 13-16 所示，程序运行效果如图 13-25 所示。

【示例 13-16】 使用 Lock 锁。

```
# coding:utf-8
import threading
from threading import Thread,Lock
import time
ticket=50
lock_obj=Lock()    # 创建锁对象
def sale_ticket():
    global ticket
    for i in range(100):
        lock_obj.acquire()    # 上锁
        if ticket>0:
            print(threading.current_thread().name+f'正在出售第{ticket}张票')
            ticket-=1
        time.sleep(1)
        lock_obj.release()    # 释放锁

if __name__ == '__main__':
    for i in range(3):
        t=Thread(target=sale_ticket)
        t.start()
```

图 13-25　示例 13-16 运行效果图

使用了锁之后，程序在运行的时候会一个线程一个线程地处理，所以读者可以看到运行时是一张票一张票地出售，时间也比示例 13-15(没有使用 Lock 锁)运行时间长。

13.3 生产者与消费者模式

生产者和消费者问题是线程模型中的经典问题，与编程语言无关。当程序中出现了明确的两类任务，一个任务负责生产数据，一个任务负责处理生产的数据时，就可以使用该模式。生产者线程和消费者线程共享同一块存储空间，生产者线程负责生产数据，并将数据放入“中间仓库”，消费者线程负责从“中间仓库”中取走生产的数据，如图 13-26 所示。当“中间仓库”为空时，消费者线程阻塞；当“中间仓库”满时，生产者阻塞。

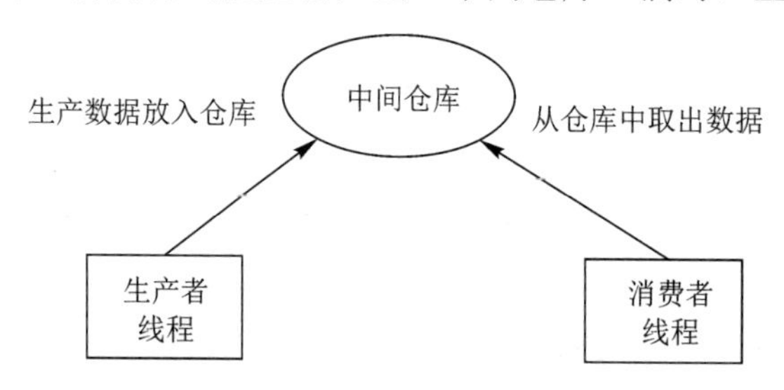

图 13-26　生产者与消费者模式模拟图

在 Python 中可以通过内置模块 queue 实现生产者和消费者模式。queue 模块中的 Queue 类作为生产者线程和消费者线程共享的“中间仓库”，该类中常用的方法如表 13-4 所示。

表 13-4　Queue 类中常用的方法

方法名称	说　明
put(item)	向队列中放置数据，如果队列为满，则阻塞
get()	从队列中取走数据，如果队列为空，则阻塞
join()	如果队列不为空，则等待队列变为空
task_done()	消费者从队列中取走一项数据，当队列变为空时，唤醒调用 join()的线程

使用队列实现生产者和消费者模式，如示例 13-17 所示。创建一个生产者线程类 Producer 继承 Thread 类，使用 run()方法向队列中存数据，消费者线程类 Consumer 继承 Thread 类，使用 run()方法从队列中取数据，示例 13-7 的运行效果如图 13-27 所示。

【示例 13-17】 使用队列实现生产者与消费者问题。

```
# coding:utf-8
from queue import Queue    #实现线程之间的通信
from threading import Thread
import time
# 创建一个生产者类
class Producer(Thread):
```

```
    def __init__(self,name,queue):
        Thread.__init__(self,name=name)
        self.queue=queue

    def run(self):
        for i in range(1,6):
            print(f'{self.name}将产品{i}放入队列')
            self.queue.put(i)
            time.sleep(1)
        print('生产者完成了所有数据的存放')

#创建一个消费者类
class Consumer(Thread):
    def __init__(self, name, queue):
        Thread.__init__(self, name=name)
        self.queue = queue

    def run(self):
        for _ in range(5):
            value=self.queue.get()
            print(f'消费者线程{self.name}取出了{value}')
            time.sleep(1)
        print('--------------消费者线程完成了所有数据的取出------------------')


if __name__ == '__main__':
    # 创建队列
    queue=Queue()
    # 创建生产者线程
    p=Producer('Produce',queue)
    # 创建消费者线程
    con=Consumer('Consumer',queue)
    # 启动线程
    p.start()
    con.start()
    # 等待生产者线程结束，等待消费者线程结束
    p.join()
    con.join()
    print('主线程运行结束')
```

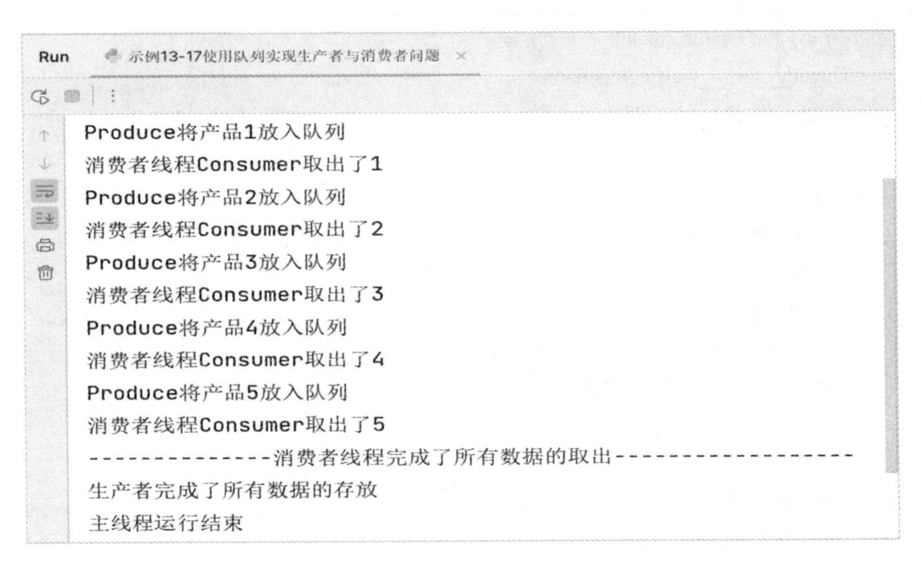

图 13-27　示例 13-17 运行效果图

本 章 小 结

本章介绍了程序、进程和线程的基本概念，程序是指一系列有序指令的集合，被安装在计算机的磁盘中；进程是启动中的程序，操作系统会为进程分配内存空间，进程中的资源被这个进程中的所有线程所共享；线程是进程中的实际运作单位，一个进程可以有 N 个线程，并发执行，每个线程并行执行不同的任务。在 Python 中并发可以使用多线程或协程(本书没有涉及协程)实现，并行可以使用多进程实现。

多进程和多线程的创建方式都有两种，一种是函数式，一种是继承式，当操作比较复杂时建议使用继承式实现，当操作的内容比较简单时可以使用函数式实现。如果要创建的进程有上百个、上千个时，可以使用进程池 Pool。

多进程不能实现全局变量的共享，而多线程则可以实现全局变量的共享，但是多个线程在操作共享数据时容易产生数据的错乱，这个时候可以使用 Lock 锁来解决多个线程操作共享资源的安全性问题。多进程的数据共享可以通过队列来实现。

最后介绍的生产者和消费者模式是一个十分经典的多线程并发协作的模式。本书中的案例，读者要熟练掌握，严格地讲生产者和消费者模式不属于设计模式的范畴，但是这种程序设计思想为程序设计提供了很好的思路。

第 13 章程序源码

第 14 章

项目案例——多人聊天室

本章目标

☆ 了解第三方库 wxPython 的作用；
☆ 使用 wxPython 库实现聊天室界面；
☆ 掌握网络编程与多线程的综合应用。

14.1 案例需求

什么是多人聊天室呢？例如，微信群、QQ 群等都属于多人聊天室的项目。多人聊天室的特点是可以有多个客户端，每个客户端都有自己唯一的名字，而且当一个客户端发送数据到聊天室时，聊天室中所有人都可看到这条数据。客户端是多个但是服务器只有一个，那么一个服务器要处理与多个客户端的通信，就需要使用多线程。当一个客户端连接服务器成功之后，在服务器端将开启一个新的线程与当前客户端进行交互通信。假设有 10 个客户端连接服务器成功，那么在服务器端就会开启 10 个线程分别与这 10 个客户端进行通信，10 个客户端之间相互独立。服务器中单独的主线程负责启动和管理服务，多个会话线程可以使用字典进行存储。多个客户端与服务器端通信模拟如图 14-1 所示。

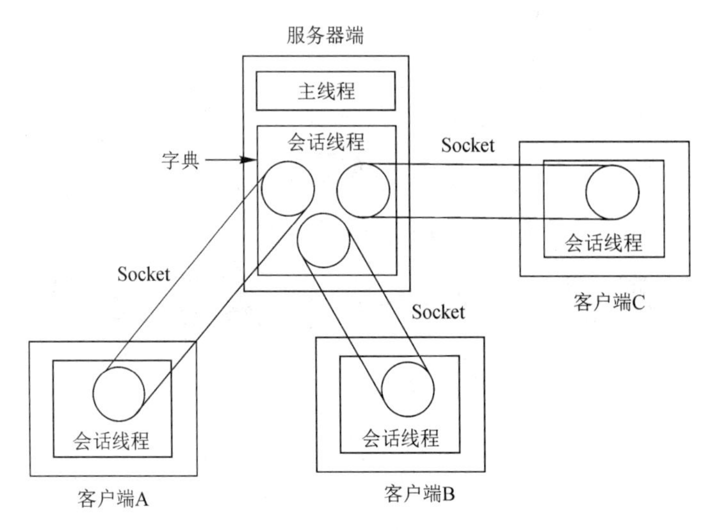

图 14-1　多个客户端与服务器端通信模拟图

项目的客户端与服务器端将采用图形化的界面来实现，开发界面所需要使用的是 Python 中的第三方库 wxPython。这个库是 Python 语言中一套优秀的 GUI(Graphic User Interface，图形用户界面)图形库，可以很方便地创建完整的、功能健全的 GUI 图形用户界面。在使用 wxPython 库之前，需要使用 pip install wxpython 进行安装。

该项目分客户端和服务器端两个模块，程序运行时首先启动服务器端应用程序，界面上有“启动服务”“保存聊天记录”和“停止服务”3 个按钮。“启动服务”按钮用于启动服务器，“保存聊天记录”按钮用于将聊天数据保存到文本文件中，“停止服务”按钮用于停止服务器。单击“启动服务”按钮启动服务，等待客户端进行连接，如图 14-2 所示。启动客户端程序，界面如图 14-3 所示。该界面分上中下三部分，最上面是两个按钮，“连接”按钮用于与服务器建立连接，“离开”按钮用于断开与服务器的连接；中间是两个文本框，第 1 个文本框是一个只读的文本框，用于显示聊天信息，第 2 个文本框是一个读写文本框，用于获取用户的输入数据；当单击最下方的“发送”按钮时，将数据发送到服务器端，“重置”按钮用于清空读写文本框中的数据。单击“连接”按钮与服务器建立连接，当连接建立成功，服务器给每一个连接成功的客户端发送一条服务器通知。

图 14-2　启动服务器

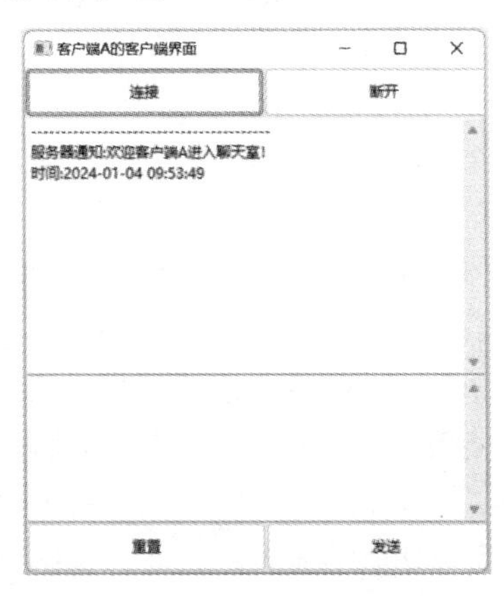

图 14-3　启动客户端 A 并连接服务器

再启动一个客户端应用程序，单击“连接”按钮与服务器建立连接，连接成功之后在只读文本框中显示服务器端通知，如图 14-4 所示。服务器端收到第 2 个客户端的连接，在只读文本框中显示服务器通知，这时服务器端有两个客户端连接，所以显示两条服务器通知，如图 14-5 所示。

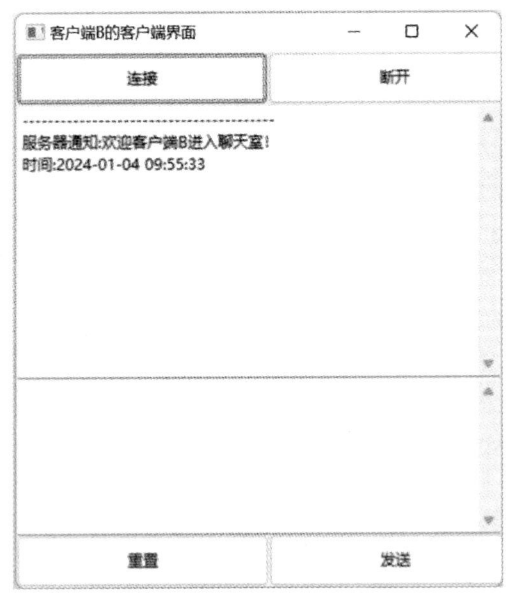

图 14-4　启动客户端 B 并连接服务器

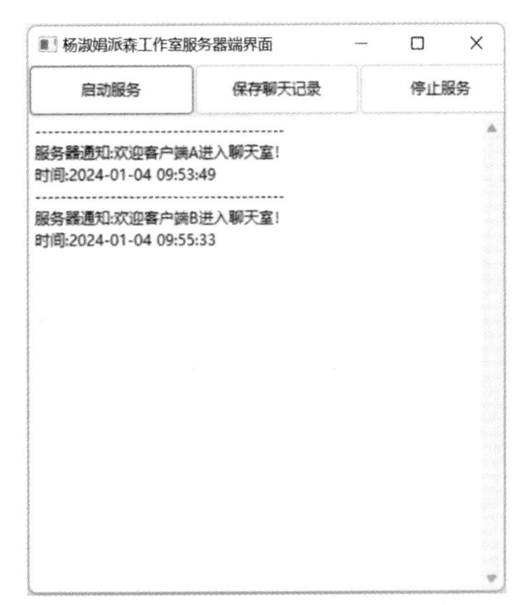

图 14-5　客户端 B 成功连接服务器端

客户端 A 输入“大家好，我是娟子姐”，单击“发送”按钮之后，这句话就发送到服务器端，服务器端收到来自客户端 A 的数据后，首先在服务器端的只读文本框中进行显示，然后将客户端 A 发送的信息发送给每一个连接到服务器的客户端去显示。客户端 A、客户端 B 以及服务器端此时的效果如图 14-6 所示。

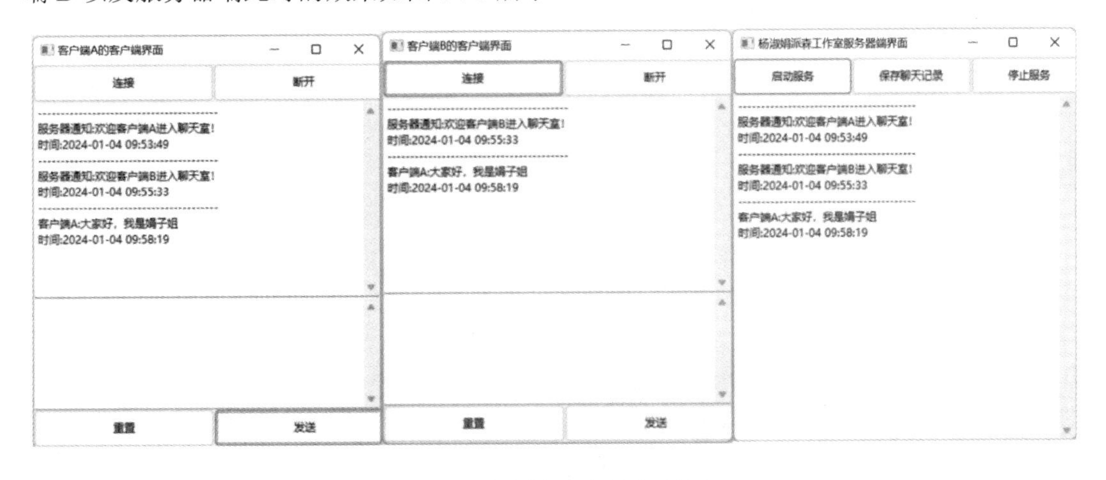

图 14-6　客户端 A 发送聊天信息

当客户端 B、客户端 A 都与服务器端断开连接，服务器端单击“保存聊天记录”按钮之后，将只读文本框中的聊天记录保存到服务器端的 record.log 文件中。双击该文件，文件内的内容如图 14-7 所示。

```
record.log
Plugins supporting *.log files found.    Install Ideolog plugin    Ignore extension
1  ----------------------------------------
2  服务器通知:欢迎客户端A进入聊天室!
3  时间:2024-01-04 09:53:49
4  ----------------------------------------
5  服务器通知:欢迎客户端B进入聊天室!
6  时间:2024-01-04 09:55:33
7  ----------------------------------------
8  客户端A:大家好，我是娟子姐
9  时间:2024-01-04 09:58:19
10 ----------------------------------------
11 服务器通知:客户端B离开聊天室
12 时间:2024-01-04 10:02:54
13 ----------------------------------------
14 服务器通知:客户端A离开聊天室
15 时间:2024-01-04 10:02:56
```

图 14-7　客户端退出服务器端保存的聊天记录

14.2 案例实现

14.2.1　客户端界面的实现

新建一个目录 chap14，在该目录中新建一个 Python 文件，名称为“client.py”。客户端界面的布局示意图如图 14-8 所示。最外层是窗体，窗体的最上面是窗体的标题，在窗体中使用面板 Panel 进行布局，Panel 组件主要用于组织和管理窗体中的其他组件。盒子 BoxSizer 是 wxPython 中的布局管理器，它可以根据窗口的尺寸和方向自动调整其内部控件的大小和位置。BoxSizer 将可伸缩的网格布局管理器、只读文本框、写入文本框和最下方的可伸缩的网格布局管理器按照垂直方向排列。FlexGridSizer 可伸缩的网格布局管理器允许我们创建一个灵活的网格结构，其中的每个单元格都可以根据需要自动调整大小，“连接按钮”“断开按钮”“重置按钮”和“发送按钮”分别被放置在两个可伸缩的网格布局管理器中。

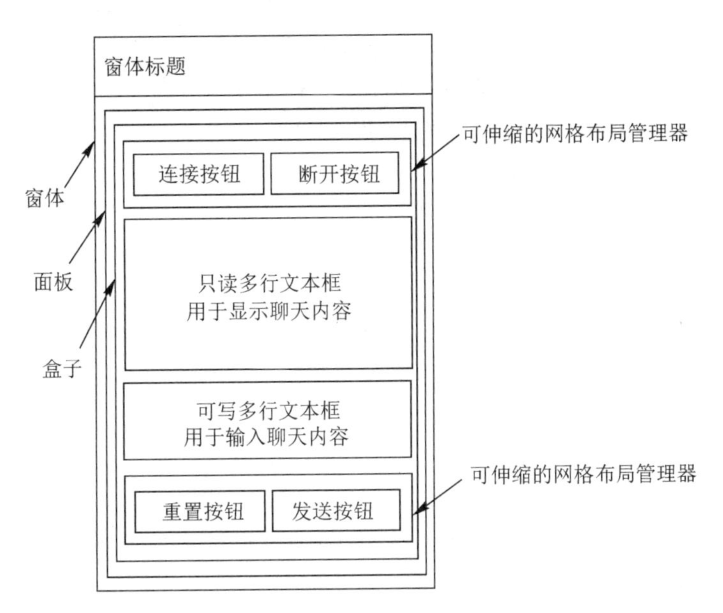

图 14-8　客户端界面布局示意图

客户端界面代码的实现如示例 14-1 所示，客户端界面的运行效果如图 14-9 所示。

【示例 14-1】 客户端界面代码的实现。

```
# coding:utf-8
import wx
# 客户端继承 wx.Frame 就拥有了窗口界面
class YsjClient(wx.Frame):    # 继承 wx 中的父类 Frame，Frame 窗口的意思
    # 重写父类中的初始化方法
    def __init__(self,client_name):    # client_name 客户端的名称
        # 调用父类的初始化方法
        # 没有父窗口，所以为 None，id 为当前窗口的编号，自定义即可，title 为窗口的标题名称，
        # pos 为打开窗口的位置(默认即可)，size 为窗口的大小，类型为元组，高为 450，宽为 400
        wx.Frame.__init__(self,None,id=1001,title=client_name+'的客户端界面', pos=wx.DefaultPosition,
        size=(400,450))
        # 在窗口中始化(放入)一个“面板”
        pl=wx.Panel(self)
        # 在面板里面放置按钮、文本框、文本输入框等，并把这些对象统一放到一个“盒子”中
        box=wx.BoxSizer(wx.VERTICAL)    # 盒子中的排版方式为垂直方向自动排版

        # 可伸缩的网格布局，用于放置按钮
        fgz1=wx.FlexGridSizer(wx.HSCROLL)    # 水平方向自动排版
        # 在面板中放置两个按钮“连接”和“断开”
        conn_btn=wx.Button(pl,size=(200,40),label='连接')    # 200 为按钮的宽度，40 为按钮的
高度，单位为像素
```

```
        dis_conn_btn=wx.Button(pl,size=(200,40),label='断开')
        fgz1.Add(conn_btn,1,wx.TOP|wx.LEFT)    # 第一个按钮在左上部，flag=1，任意赋值
        fgz1.Add(dis_conn_btn, 1, wx.TOP | wx.RIGHT)
        # 添加到 box 中
        box.Add(fgz1,1,wx.ALIGN_CENTER)    # 居中对齐
        # 创建一个文本框，用于显示聊天的内容(只读)，wx.TE_MULTILINE：多行文本框 wx.TE_
        READONLY：只读
        # self.show_text 为类 YsjClient 的实例属性
        self.show_text=wx.TextCtrl(pl,size=(400,210),style=wx.TE_MULTILINE|wx.TE_READONLY)
        box.Add(self.show_text,1,wx.ALIGN_CENTER)

        # 创建一个聊天的文本框，可写
        self.chat_text=wx.TextCtrl(pl,size=(400,120),style=wx.TE_MULTILINE)
        box.Add(self.chat_text, 1, wx.ALIGN_CENTER)

        # 底部创建两个按钮，发送按钮和重置按钮
        fgz2 = wx.FlexGridSizer(wx.HSCROLL)    # 水平方向自动排版
        # 在面板中放置两个按钮“重置”和“发送”
        reset_btn = wx.Button(pl, size=(200, 40), label='重置')    # 200 为按钮的宽度，40 为按钮的
高度，单位为像素
        send_btn = wx.Button(pl, size=(200, 40), label='发送')
        fgz2.Add(reset_btn, 1, wx.TOP | wx.LEFT)    # 第一个按钮在左上部，flag=1，任意赋值
        fgz2.Add(send_btn, 1, wx.TOP | wx.RIGHT)
        box.Add(fgz2,1,wx.ALIGN_CENTER)

        # 将盒子 box 放到面板 pl 中
        pl.SetSizer(box)

if __name__ == '__main__':
    # 初始化 wx.App()
    app=wx.App()
    # 创建客户端的界面，.Show()表示显示
    YsjClient('Python 娟子姐').Show()
    app.MainLoop()    # 循环刷新显示
```

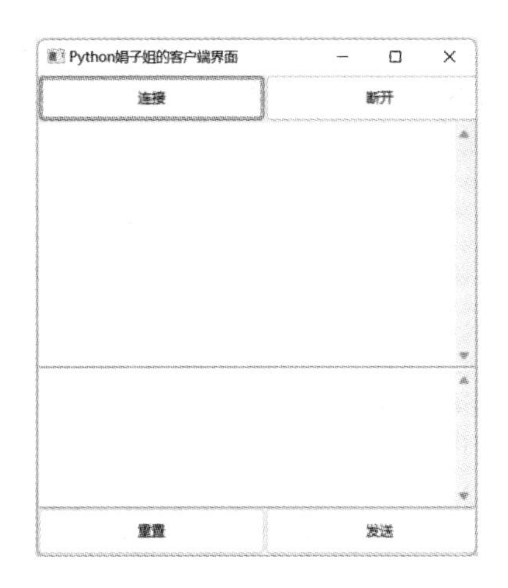

图 14-9　示例 14-1 运行效果

示例 14-1 中的代码，读者不需要记住也不需要背下来，关于 GUI 界面的内容不是本书中的重点，了解即可。在__init__方法中使用 self.标记的变量为类 YsjClient 的实例属性，该属性会在后面的方法中使用。没有使用 self.标记的变量为__init__方法中的局部变量，这些变量的作用域仅限于__init__方法内部使用。

“连接”“断开”“重置”“发送”四个按钮是可以单击的，但是目前为止不能实现任何功能，在后续的章节中将为这些按钮绑定功能。

14.2.2　服务器端界面的实现

在 chap14 目录中新建一个 Python 文件，名称为“server.py”，服务器端界面的布局示意图如图 14-10 所示。服务器端界面的布局与客户端界面的布局相似，最上面是窗体的标题，在窗体中放置面板 Panel，用于组织和管理其他组件；在 Panel 中添加盒子 BoxSizer 组件；在盒子中可伸缩的网格布局管理器和只读多行文本框垂直排列；可伸缩的网格布局管理器中水平布局放置“启动服务”“保存聊天记录”和“停止服务”3 个按钮。

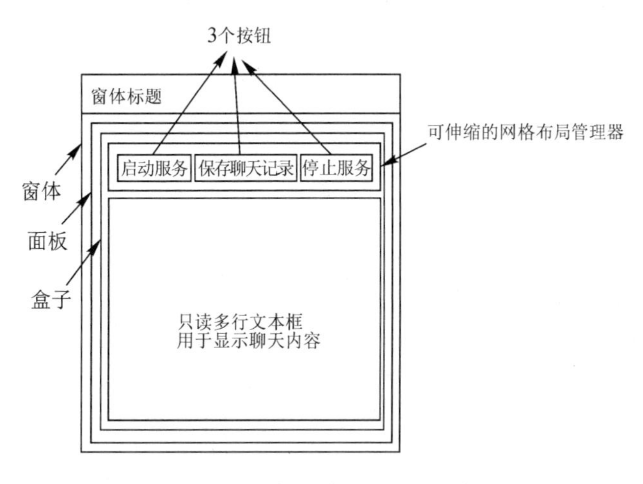

图 14-10　服务器端界面布局示意图

服务器端界面的代码实现如示例 14-2 所示，服务器端界面的运行效果如图 14-11 所示。

【示例 14-2】 服务器端界面代码的实现。

```
# coding:utf-8
import wx
class YsjServer(wx.Frame):
    def __init__(self):
        # 创建窗口
        wx.Frame.__init__(self, None, id=1002, title='杨淑娟派森工作室服务器界面',
pos=wx.DefaultPosition,size=(400, 450))
        # 在窗口中始化(放入)一个“面板”
        pl = wx.Panel(self)
        # 在面板里面放置按钮、文本框、文本输入框等，并把这些对象统一放到一个“盒子”中
        box = wx.BoxSizer(wx.VERTICAL)    # 盒子中的排版方式为垂直方向自动排版

        # 可伸缩的网格布局，用于放置按钮
        fgz1 = wx.FlexGridSizer(wx.HSCROLL)    # 水平方向自动排版
        # 在面板中放置 3 个按钮
        start_server_btn = wx.Button(pl, size=(133, 40), label='启动服务')
        record_btn = wx.Button(pl, size=(133, 40), label='保存聊天记录')
        stop_server_btn = wx.Button(pl, size=(134, 40), label='停止服务')
        fgz1.Add(start_server_btn, 1, wx.TOP)    # 第一个按钮在上部，flag=1，任意赋值
        fgz1.Add(record_btn, 1, wx.TOP)
        fgz1.Add(stop_server_btn, 1, wx.TOP )
        # 添加到 box 中
        box.Add(fgz1, 1, wx.ALIGN_CENTER)    # 居中对齐

        # 创建只读的文本框，用于显示聊天记录
        self.show_text = wx.TextCtrl(pl, size=(400, 410), style=wx.TE_MULTILINE |
wx.TE_READONLY)
        box.Add(self.show_text, 1, wx.ALIGN_CENTER)

        pl.SetSizer(box)
if __name__ == '__main__':
    # 初始化 wx.App()
    app = wx.App()
    # 创建服务器端的界面，.Show()表示显示
    YsjServer().Show()
    app.MainLoop()    # 循环刷新显示
```

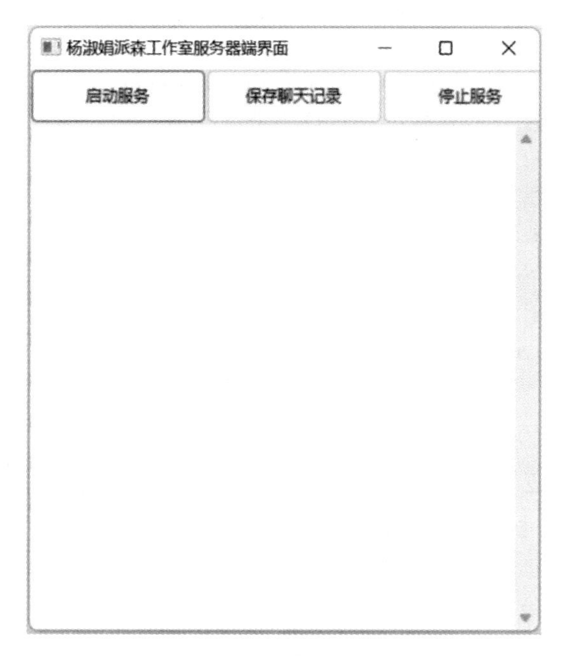

图 14-11　示例 14-2 运行效果图

14.2.3　启动服务器功能实现

服务器端窗口界面已经完成布局，但目前的服务器只是一个“样子”，什么功能都没有，接下来完成服务器功能实现的一些必要属性的设置，如创建 Socket 对象，绑定 IP 地址和端口号等，如示例 14-3 所示。示例 14-3 的代码是在示例 14-2 的基础上完成的。

【示例 14-3】 服务器功能实现的必要属性设置。

```
# coding:utf-8
import wx
from socket import *
class YsjServer(wx.Frame):
    def __init__(self):

        ...
  (窗口实现代码如示例 14-2 所示)

        '''以上代码为窗口实现代码'''
        '''服务器功能实现的必要属性设置'''
        # self.isOn 布尔型变量，存储服务器的启动状态，默认值为 False 表示没有启动
        self.isOn=False

        # 服务器绑定的 IP 地址和端口号
        self.host_port=('',8888)    # 空的字符串表示所有 IP 地址
```

```
        # 创建 socket 对象，在 import wx 下一行加上导入 socket 的代码 from socket import *
        self.server_socket=socket(AF_INET,SOCK_STREAM)

        # 绑定 IP 地址和端口号
        self.server_socket.bind(self.host_port)

        # 监听，允许有 5 个客户端在排队等待
        self.server_socket.listen(5)

        # 定义字典，存储所有的服务器会话线程
        self.session_thread_dict={}    # {客户端名称为 key：会话线程为 value}
```

设置完成服务器启动必要的属性之后，现在开始实现“启动服务”按钮的功能，需要为“启动服务”按钮绑定一个事件，关键代码为“self.Bind(wx.EVT_BUTTON,self.start_server, start_server_btn)”，其中第 1 个参数 wx.EVT_BUTTON 表示的是要为按钮(BUTTON)绑定事件，第 2 个参数 self.start_server 是服务器 YsjServer 中定义的一个实例方法，第 3 个参数 start_server_btn 是“启动服务”按钮的对象，当单击 server_server_btn 按钮时将触发执行 self.start_server 这个实例方法。在 start_server 方法中，首先要判断服务器是否启动，如果服务器没有启动则启动服务器，即创建主线程对象，用于启动和管理服务器。

服务器运行之后需要接收来自客户端的连接请求，并接收客户端发送过来的“客户端名称”，同时需要创建一个会话线程，用来与当前客户端进行会话操作。由于是多人聊天室，所以客户端的会话线程将存储到示例 14-3 中定义的字典 self.session_thread_dict 中。

多线程创建的方式有两种，一种是函数式，一种是继承式。服务器端会话线程可以使用继承式实现。服务器端“启动服务”按钮功能的实现如示例 14-4 所示，示例 14-4 的代码是在示例 14-3 的基础上实现的。

【示例 14-4】 服务器端启动服务功能的实现。

```
# coding:utf-8

import wx
from socket import *
import threading
class YsjServer(wx.Frame):
    def __init__(self):
        ……
        (服务器启动必要属性设置如示例 14-3)
        '''以上服务器启动必需的属性定义完毕'''
        '''分别给“启动服务”“保存聊天记录”“停止服务”3 个按钮绑定事件'''
        # 参数说明：wx.EVT_BUTTON 表示为按钮绑定事件
        # self.start_server 是本类中的一个实例方法的名称
```

```
        # start_server_btn 为“启动按钮”的名称
        # 当鼠标单击“启动服务”按钮的时候执行 self.start_server()方法
        self.Bind(wx.EVT_BUTTON,self.start_server,start_server_btn)

    # 服务器启动方法
    def start_server(self,event):
        # 判断服务器是否启动，只有服务器没有启动的时候才去启动
        if not self.isOn:
            # 启动服务器的主线程
            self.isOn=True

            # 在 from socket import *  的下一行导入线程的模块 import threading
            # 创建主线程对象，使用函数式实现多线程 target 指定线程要执行的方法
            main_thread=threading.Thread(target=self.do_work)

            # 设置为守护线程，父线程执行结束(窗体界面)，子线程(服务器)也自动关闭
            main_thread.daemon=True

            # 启动主线程
            main_thread.start()

    # 线程要执行的方法(服务器运行之后的方法)
    def do_work(self):
        while self.isOn:
            # 接收客户端的连接请求
            session_socket,client_addr=self.server_socket.accept()

            # 客户端发送连接请求之后，发送过来的第一条数据为客户端的名称(客户端的名称
              用作字典中的 key)
            user_name=session_socket.recv(1024).decode('utf-8')

            # 创建一个会话的线程 self 表示当前服务器 YsjServer 这个类的对象
            session_thread=SessionThread(session_socket,user_name,self)

            # 存储到字典中
            self.session_thread_dict[user_name]=session_thread

            # 启动会话线程
            session_thread.start()

        self.server_socket.close()
```

```
# 服务器端会话线程的类
class SessionThread(threading.Thread):
    # 3 个参数，client_socket 表示客户端的 socket 对象，user_name 表示客户端的名称
    # server 为服务器本身，在服务器上要显示通信的信息
    def __init__(self,client_socket,user_name,server):
        # 调用父类的初始化方法
        threading.Thread.__init__(self)
        self.client_socket=client_socket
        self.user_name=user_name
        self.server=server
        self.isOn=True # 会话线程是否启动，当创建 SessionThread 类的对象时，会话线程即启动

    def run(self):
        pass
```

在示例 14-4 中编写了用于创建会话线程的类 SessionThread，但是线程要执行的操作在 run()方法中并没有完成，在示例 14-5 中将实现会话线程代码的编写。首先判断会话线程是否启动，当会话线程已启动，接收来自客户端发送过来的数据，如果客户端发送过来的数据为“Y-disconnet-SJ”(字符串内容可自定义)表示客户端单击了断开按钮，设置会话线程的状态为 False；如果客户端发送过来的数据不是“Y-disconnet-SJ”，那么就是正常的聊天信息。正常的聊天信息应该显示给所有的客户端和服务器，这部分功能在示例 14-5 中没有实现，该功能将在后续的代码中实现。

【示例 14-5】 会话线程 run 方法的实现。

```
# 会话线程真正要执行的操作
def run(self):
    print(f'客户端{self.user_name}已经和服务器连接成功，服务器启动一个会话线程')
    while self.isOn:
        # 从客户端接收数据，data 为客户端发送过来的聊天数据
        data=self.client_socket.recv(1024).decode('utf-8')

        # 如果客户端单击了断开按钮，先要发一条信息给服务器，消息的内容自定义
          为"Y-disconnet-SJ"

        if data=='Y-disconnet-SJ':
            self.isOn=False
        else:    # 其他聊天信息，我们应该显示给所有客户端，包括服务器
            pass
    # 保持和客户端会话的 socket 关闭
    self.client_socket.close()
```

14.2.4　客户端连接服务器

服务器端用于启动和管理服务器的主线程已经实现，本小节讲解如何编写客户端主线程，用于连接服务器。首先要为“连接”按钮绑定一个单击事件，关键代码为“self.Bind(wx.EVT_BUTTON, self.connect_to_server, conn_btn)”，其中 self.connect_to_server 为类 YsjClient 中定义的实例方法，当单击 conn_btn 这个“连接”按钮时调用执行 self.connect_to_server 方法。在该方法中创建 Socket 对象用于连接服务器，在 import wx 下一行使用“from socket import*”对 Socket 进行导入；在该案例中还会使用到线程，使用“import threading”将线程类导入。客户端连接服务器的操作代码实现如示例 14-6 所示。客户端的代码在 client.py 文件中继续编写。

【示例 14-6】 客户端连接服务器的操作代码实现。

```
# coding:utf-8
import wx
# 客户端继承 wx.Frame 就拥有了窗口界面
from socket import *
import threading
class YsjClient(wx.Frame):                    # 继承 wx 中的父类 Frame, Frame 是窗口的意思
    # 重写父类中的初始化方法
    def __init__(self,client_name):           # client_name 客户端的名称
        ...
        (客户端界面的实现参见示例 14-1)
        '''客户端界面已经完成'''
        '''为连接钮绑定事件'''
        # self.connect_to_server 本类中的实例方法，当单击 conn_btn 按钮时执行该方法
        self.Bind(wx.EVT_BUTTON,self.connect_to_server,conn_btn)

        # 设置客户端执行必备的属性
        self.client_name=client_name
        self.isConnected=False                # 用于存储客户端连接服务器的状态，默认为未连接
        self.client_socket=None               # 设置客户端的 Socket 对象为空

    def connect_to_server(self,event):
        print(f'客户端{self.client_name}连接服务器成功')
        if not self.isConnected:              # 如果客户端没有连接服务器则连接服务器

            # 要连接的服务器端的 IP 地址和端口号
            server_host_port=('127.0.0.1',8888)

            # 创建 socket 对象
```

```
            self.client_socket=socket(AF_INET,SOCK_STREAM)

            # 发送连接请求
            self.client_socket.connect(server_host_port)

            # 客户端只要连接成功，马上将客户端的名称发送给服务器
            self.client_socket.send(self.client_name.encode('utf-8'))

            # 启动一个线程，客户端的主线程要与服务器的会话线程进行通信
            # 使用函数式实现多线程
            client_thread=threading.Thread(target=self.recv_data)

            # 设置为守护线程，窗体界面关闭，客户端主线程也自动关闭
            client_thread.daemon=True

            # 设置客户端与服务器端的连接状态为 True，表示连接成功
            self.isConnected = True

            # 启动线程
            client_thread.start()


    # 接收服务器发送过来的数据
    def recv_data(self):
        pass
```

找到 server.py，在编辑处单击右键运行服务器端应用程序，单击“启动服务”按钮启动服务器，然后服务器就会等待客户端的连接。再找到 client.py，在编辑处单击右键运行客户端应用程序，单击“连接”按钮连接服务器。连接成功之后，服务器端控制台显示输出如图 14-12 所示，客户端控制台显示输出如图 14-13 所示。

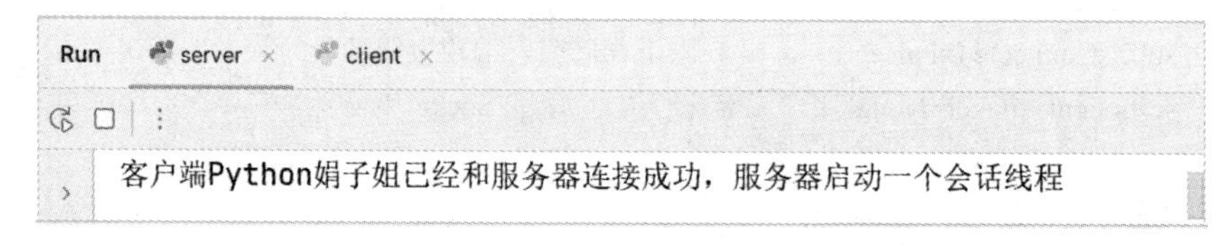

图 14-12　服务器端控制台显示输出

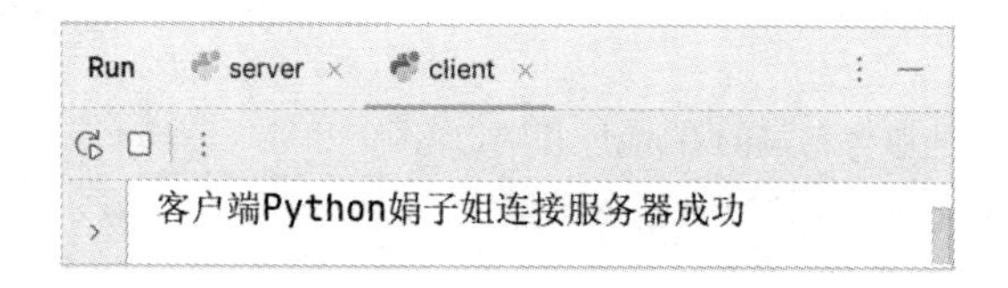

图 14-13　客户端控制台显示输出

14.2.5　显示聊天信息

当服务器端收到客户端的连接之后，不仅需要在服务器端的只读文本框中显示连接的提示信息，还要发送给每一个连接的客户端，在客户端的只读文本框中显示新连接服务器的客户端信息。

首先编写客户端连接成功之后服务器端的提示信息。在 server.py 文件中的 YsjServer 类中，新建一个 show_info_and_send_client()的方法，用于在只读文本框中显示聊天信息，同时发送消息给所有连接的客户端。在该方法中有 3 个参数：第 1 个参数 data_source 表示信息源，即发送信息的客户端是谁，第 2 个参数 data 表示客户端发送过来的数据，第 3 个参数 date_time 表示发送数据的时间。该方法在 YsjServer 中的 do_work 方法中和 SessionThread 中的 run 方法中被调用，用于显示服务器的系统消息和发送给客户端的信息，具体代码实现如示例 14-7 所示。

【示例 14-7】 服务器端显示聊天信息。

```
# coding:utf-8

import wx
from socket import *
import threading
import time
class YsjServer(wx.Frame):
    def __init__(self):
            …
        (前面章节已经完成__init__方法中的代码)
    # 服务器启动函数
    def start_server(self,event):
            …
        (前面章节已经完成 start_server 方法中的代码)
    # 线程要执行的方法(服务器运行之后的方法)
    def do_work(self): #
        while self.isOn:
            …
        在前面章节的基础上实现调用 show_info_and_send_client()方法
            # 启动会话线程
            session_thread.start()

            # 表示有客户端进入到聊天室
            self.show_info_and_send_client('服务器通知',f'欢迎{user_name}进入聊天室!',
time.strftime('%Y-%m-%d %H:%M:%S',time.localtime()))
```

```
            self.server_socket.close()

    # data_source 表示信息源，即发信息的客户端，date_time 表示发信息的时间，data 表示发送的
    数据
    def show_info_and_send_client(self,data_source,data,date_time):
        send_data=f'{data_source}:{data}\n 时间:{date_time}'
        # 显示在服务器的只读文本框中   self.show_text 服务器端只读文本框对象名称
        # 显示 40 个'-'，之后换行，拼接要发送的数据
        self.show_text.AppendText('-'*40+'\n'+send_data+'\n')

        # 遍历所有客户端的字典，字典中的所有 values 即每一个会话线程对象
        for client in self.session_thread_dict.values():

            # 如果当前客户端会话线程是开启的
            if client.isOn :
                client.client_socket.send(send_data.encode('utf-8'))

# 服务器端会话线程的类
class SessionThread(threading.Thread):
    # 3 个参数，client_socket 表示客户端的 socket 对象，user_name 表示客户端的名称
    # server 为服务器本身，在服务器上要显示通信的信息
    def __init__(self,client_socket,user_name,server):
        …
    (前面章节已完成__init__方法中代码的编写)

    # 会话线程真正要执行的操作
    def run(self):
        print(f'客户端{self.user_name}已经和服务器连接成功，服务器启动一个会话线程')
        while self.isOn:
            # 从客户端接收数据 data 为客户端发送过来的聊天数据
            data=self.client_socket.recv(1024).decode('utf-8')
            # 如果客户端单击了断开按钮，先要发一条信息给服务器，消息的内容自定义为
            "Y-disconnet-SJ"

            if data=='Y-disconnet-SJ':
                self.isOn=False

            else:    # 其他聊天信息，我们应该显示给所有客户端，包括服务器
                # 调用 server.show_info_and_send_client()方法给客户端发送消息
                self.server.show_info_and_send_client(self.user_name,data,time.strftime
            ('%Y-%m-%d %H:%M:%S',time.localtime()))
```

```
        # 保持和客户端会话的 socket 关闭
        self.client_socket.close()
```

服务器端显示聊天信息的代码已经编写完成，但目前还不能运行，因为还需要客户端配合，否则看不到任何消息。在 client.py 文件中找到 recv_data ()方法，编写代码，用于接收服务器发送过来的聊天信息，如示例 14-8 所示。

【示例 14-8】 客户端接收并显示聊天信息。

```
# 接收服务器发送过来的数据
def recv_data(self):
    # 如果客户端与服务器端的状态是连接的
    while self.isConnected:
        # 接收服务器的数据
        data=self.client_socket.recv(1024).decode('utf-8')
        # 在只读文本框中显示服务器发送过来的数据 data

        self.show_text.AppendText('-'*40+'\n'+data+'\n')
```

为了模拟多人聊天的效果，复制一份 client.py 文件并重命名为 client2.py，在 client2.py 文件中修改客户端的名称为“Python 娟子姐 2”，如示 14-9 所示。

【示例 14-9】 修改 client2.py 文件中客户的名称。

```
if __name__ == '__main__':
    # 初始化 wx.App()
    app=wx.App()
    # 创建客户端的界面, .Show()表示显示
    YsjClient('Python 娟子姐 2').Show()
    app.MainLoop() # 循环刷新显示
```

首先运行 server.py 文件，并单击“启动服务”按钮，等待客户端的连接。找到 client.py 文件，启动运行第 1 个客户端，单击“连接”按钮。服务器端运行效果如图 14-14 所示，在只读文本框中显示服务器通知。客户端“Python 娟子姐”运行效果如图 14-15 所示，在只读文本框中显示服务器端发送过来的服务器通知。再找到 client2.py 文件启动运行，单击“连接”按钮，服务器端运行效果如图 14-16 所示，显示第 2 条服务器通知；“Python 娟子姐”客户端又收到了一条服务器通知，因为有第 2 个客户端连进服务器，“Python 娟子姐”客户端如图 14-17 所示，“Python 娟子姐 2”客户端收到了来自服务器端的服务器通知，如图 14-18 所示。

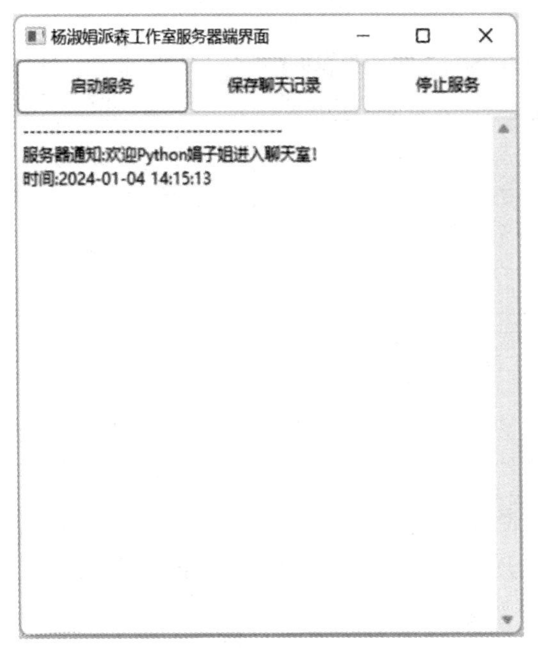

图 14-14　服务器端运行效果

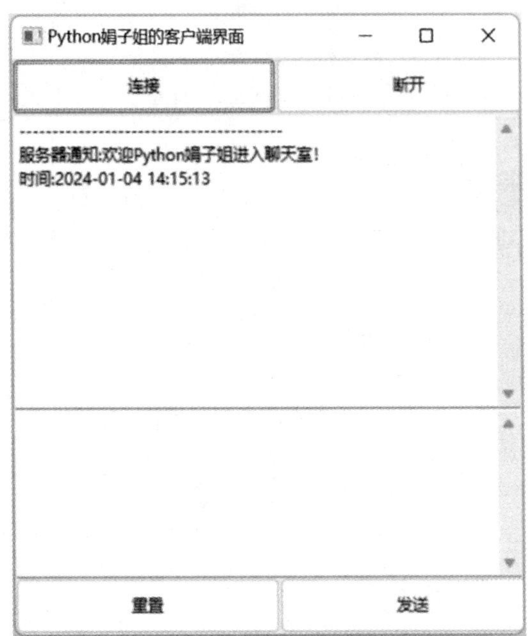

图 14-15　“Python 娟子姐”客户端运行效果

图 14-16　第 2 客户端运行后服务器端运行效果

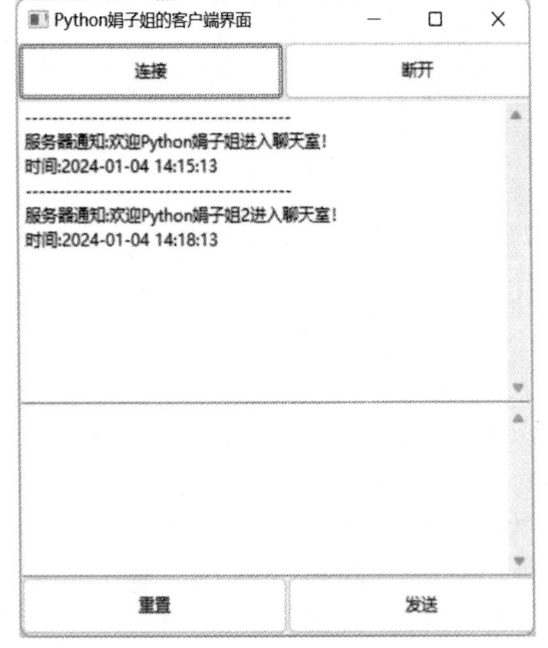

图 14-17　第 2 客户端运行后“Python 娟子姐”客户端运行效果

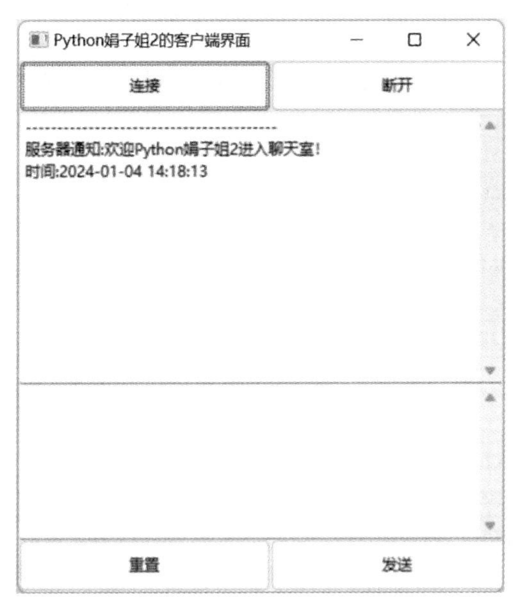

图 14-18　“Python 娟子姐 2”客户端运行效果

如果每次要运行一个新的客户端，都需要手动修改客户端的名称实际上是非常不明智的，可以通过 input()函数，把固定的客户端名称修改成控制台接收客户端的名称，在 client.py 中修改代码，如示例 14-10 所示。

【示例 14-10】 修改客户端名称。

```
if __name__ == '__main__':
    # 初始化 wx.App()
    app=wx.App()
    # 创建客户端的界面，.Show()表示显示
    name=input('请输入客户端名称:')
    YsjClient(name).Show()
    app.MainLoop()    # 循环刷新显示
```

14.2.6　发送消息到聊天室

发送消息到聊天室属于客户端的行为，当用户在客户端单击“发送”按钮时将可写文本框中的内容发送到服务器。找到 client.py 文件，首先在__init__方法中为“发送”按钮绑定一个单击事件，关键代码为“self.Bind(wx.EVT_BUTTON,self.send_to_server,send_btn)”，其中 self.send_to_server 为在 YsjClient 类中定义的实例方法，用于向服务器发送聊天数据，send_btn 为“发送”按钮对象的名称。发送消息到聊天室的代码实现如示例 14-11 所示。

【示例 14-11】 发送消息到聊天室。

```
# coding:utf-8
import wx
# 客户端继承 wx.Frame 就拥有了窗口界面
```

```
from socket import *
import threading
class YsjClient(wx.Frame):    # 继承 wx 中的父类 Frame，Frame 窗口的意思
    # 重写父类中的初始化方法
    def __init__(self,client_name):    # client_name 客户端的名称
            …
    (前面章节已完成__init__方法代码的编写)
            # 为发送按钮绑定单击事件
        self.Bind(wx.EVT_BUTTON, self.send_to_server, send_btn)
    def connect_to_server(self,event):
        …
    (前面章节已完成 connect_to_server 方法的编写)

    # 接收服务器发送过来的数据
    def recv_data(self):
        …
    (前面章节已完成 recv_data 方法的编写)

    def send_to_server(self,event):    # 事件调用函数需要传入一个 event 参数

        # 发送可写文本框中的数据
        # 判断客户端和服务器端是否建立连接
        if self.isConnected:

            # 从输入文本框获取数据
            input_data=self.chat_text.GetValue()

            # 判断是否是空数据
            if   input_data!='':

                # 使用 socket 发送字节数据
                self.client_socket.send(input_data.encode('utf-8'))

                # 清空输入框
                self.chat_text.SetValue('')
```

找到 server.py 文件启动运行程序，并单击“启动服务”按钮启动服务器；找到 client.py 文件启动运行程序，输入客户端的名称，单击“连接”按钮连接服务器，在输入框中输入聊天信息单击“发送”按钮，向服务器发送数据，在服务器端和客户端同时显示用户发送的聊天信息，如图 14-19 所示。

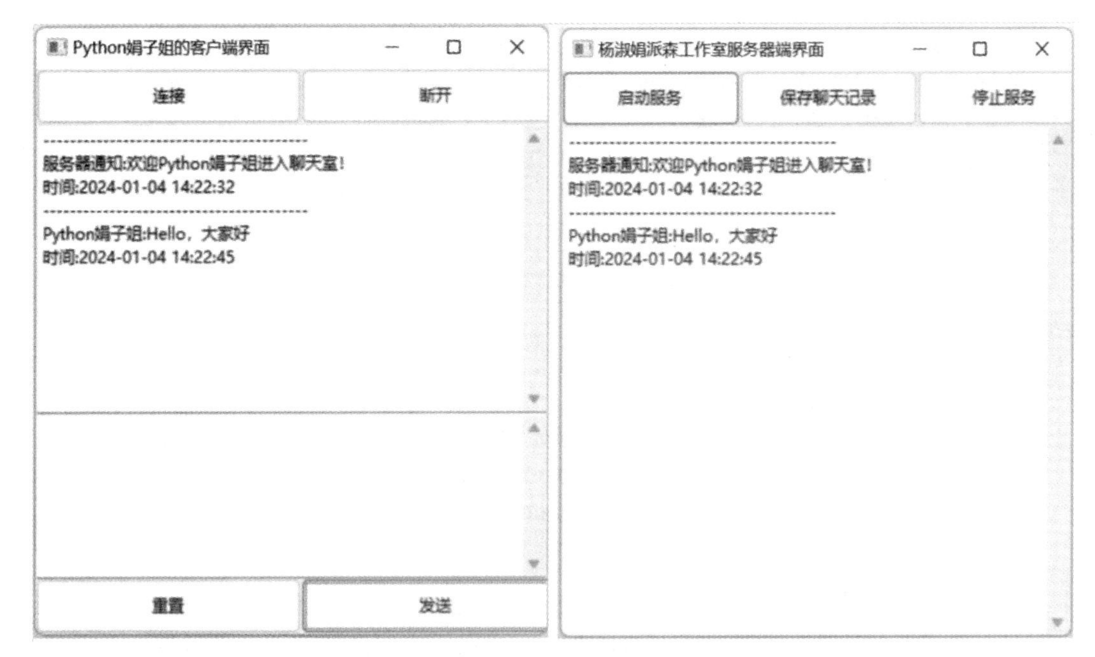

图 14-19　测试客户端向服务器端发送聊天消息

14.2.7　客户端断开连接

当客户端单击“断开”按钮时，表示客户端与服务器端的连接断开，在客户端 client.py 文件中编写代码，为客户端“断开”按钮绑定单击事件，关键代码为“self.Bind(wx. EVT_BUTTON, self.dis_conn_server, dis_conn_btn)”，第 2 个参数是类 YsjClient 中定义的方法，dis_conn_btn 是“断开”按钮的对象名称，当单击“断开”按钮时调用执行 dis_conn_server 方法。客户端断开连接的代码实现如示例 14-12 所示。

【示例 14-12】 客户端断开连接。

```
# coding:utf-8
import wx
# 客户端继承 wx.Frame 就拥有了窗口界面
from socket import *
import threading
class YsjClient(wx.Frame):     # 继承 wx 中的父类 Frame，Frame 窗口的意思
    # 重写父类中的初始化方法
    def __init__(self,client_name):     # client_name 客户端的名称
        …
    (前面章节已完成__init__方法的编写)
        # 为断开按钮绑定单击事件
        self.Bind(wx.EVT_BUTTON, self.dis_conn_server, dis_conn_btn)
    def connect_to_server(self,event):
        …
```

```
    (前面章节已完成 connect_to_server 方法的编写)

    # 接收服务器发送过来的数据
    def recv_data(self):
        …
    (前面章节已完成 recv_data 方法的编写)
    def send_to_server(self,event):    # 事件调用函数需要传入一 event 参数
        …
    (前面章节已完成 send_to_server 方法的编写)

    def dis_conn_server(self,event):    # 客户端断开连接，即离开聊天室
        # 给服务器端发送断开信号 "Y-disconnet-SJ"自定义的字符串，与服务器端定义的相同
        self.client_socket.send('Y-disconnet-SJ'.encode('utf-8'))
        # 客户端主线程关闭
        self.isConnected=False
```

在离开聊天室时，将 self.isConnected 设置为 False，而不是关闭 socket 对象，这是因为当连接断开时窗口还在，还可以继续单击“连接”按钮重新进入聊天室。

完成了客户端代码的编写，还需要在服务器端会话线程 SessionThread 中的 run 方法中加入一句代码，即当客户端发送“Y-disconnect-SJ”时，服务器收到“Y-disconnect-SJ”，说明客户端要断开连接，那么该客户端离开聊天室的信息要给每一个连接的客户端都发送一次，如示例 14-13 中加粗的代码所示，调用前面小节中写好的 show_info_and_send_client() 方法发送一条客户端离开聊天室的服务器通知。

【示例 14-13】 服务器端收到客户端的断开信息。

```
def run(self):
    print(f'客户端{self.user_name}已经和服务器连接成功，服务器启动一个会话线程')
    while self.isOn:
        # 从客户端接收数据 data 为客户端发送过来的聊天数据
        data=self.client_socket.recv(1024).decode('utf-8')
        # 如果客户端单击了断开按钮，先要发一条信息给服务器，消息的内容自定义为
"Y-disconnet-SJ"

        if data=='Y-disconnet-SJ':
            self.isOn=False
            # 有用户离开，需要在聊天室通知其他人
            self.server.show_info_and_send_client('服务器通知',f'{self.user_name}离开聊天室!',
            time.strftime('%Y-%m-%d %H:%M:%S',time.localtime()))

        else:    # 其他聊天信息，我们应该显示给所有客户端，包括服务器

            self.server.show_info_and_send_client(self.user_name,data,time.strftime('%Y-%m-%d %H:
```

```
        %M:%S',time.localtime()))

        # 保持和客户端会话的 socket 关闭
        self.client_socket.close()
```

启动服务器，单击“启动服务”按钮启动服务；运行 client.py 启动客户端，输入客户端名称，单击“连接”按钮连接服务器。客户端发送一句聊天消息，然后在客户端单击“断开”按钮，观察服务器界面上的服务器消息通知，最终运行效果如图 14-20 所示。

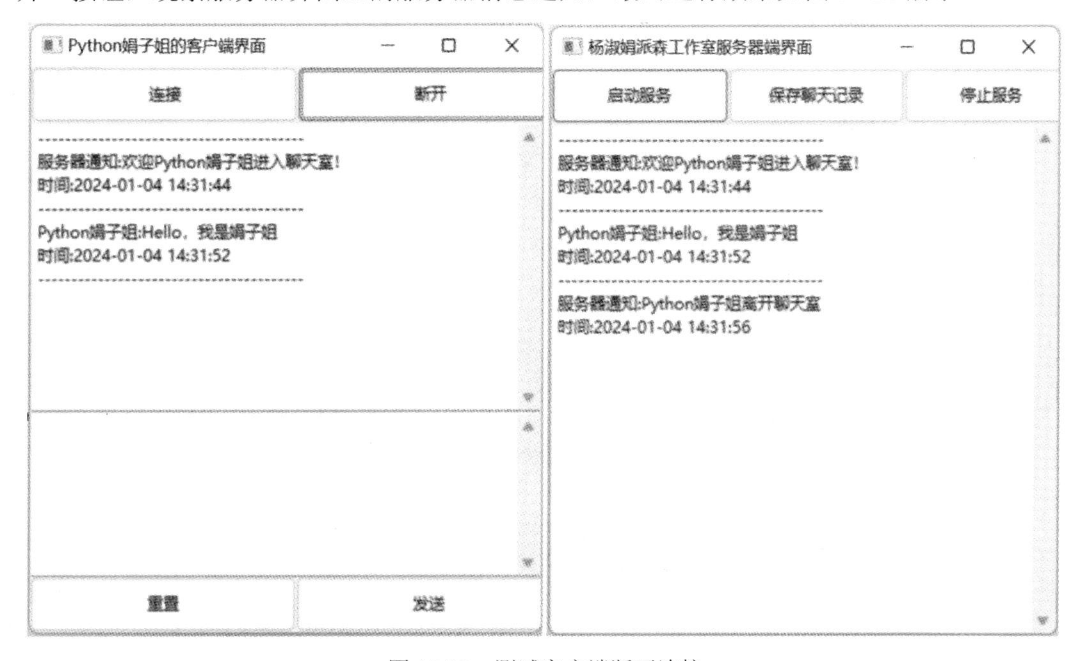

图 14-20　测试客户端断开连接

14.2.8　客户端重置

客户端的“重置”按钮功能比较简单，只需要清空输入框中的内容即可。首先在 client.py 文件中找到__init__方法，在__init__方法中为“重置”按钮绑定一个单击事件，关键代码为“self.Bind(wx.EVT_BUTTON,self.reset,reset_btn)”，其中参数 self.reset 是在 YsjClient 类中自定义的方法，reset_btn 为“重置”按钮对象的名称。当单击“重置”按钮调用执行 self.reset 方法，清空客户端输入文本框中的内容。客户端“重置”按钮功能的代码实现如示例 14-14 所示。

【示例 14-14】 客户端“重置”按钮功能实现。

```
# coding:utf-8
import wx
# 客户端继承 wx.Frame 就拥有了窗口界面
from socket import *
import threading
```

```
class YsjClient(wx.Frame):      # 继承 wx 中的父类 Frame，Frame 窗口的意思
    # 重写父类中的初始化方法
    def __init__(self,client_name):     # client_name 客户端的名称
        …
    (前面章节已经实现__init__方法的编写)

        # 为重置按钮绑定单击事件
        self.Bind(wx.EVT_BUTTON, self.reset,reset_btn )

    def connect_to_server(self,event):
        …
    (前面章节已完成 connect_to_server 方法的编写)

    # 接收服务器发送过来的数据
    def recv_data(self):
        …
    (前面章节已完成 recv_data 方法的编写)

    def send_to_server(self,event):     # 事件调用函数需要传入一个 event 参数

        …
    (前面章节已完成 send_to_server 方法的编写)

    def dis_conn_server(self,event):     # 客户端断开连接，即离开聊天室
        …
    (前面章节已完成 dis_conn_server 方法的编写)

    def reset(self,event):     # 客户端输入框的重置
        self.chat_text.Clear()     # 清空输入框中的数据
```

当“重置”按钮的功能实现后，客户端的所有功能均已实现。

14.2.9 保存聊天记录

所有客户端的聊天信息都在服务器端的只读文本框中显示，当单击“保存聊天记录”按钮时，将把只读文框中的数据存储到服务器端的文本文件中。找到 server.py 文件，为“保存聊天记录”按钮进行绑定一个单击事件，关键代码为“self.Bind(wx.EVT_BUTTON, self.save_record, record_btn)”，其中 self.save_record 是在类 YsjServer 中自定义的实例方法，用于保存聊天记录，record_btn 是“保存聊天记录”按钮对象的名称，当单击“保存聊天记录”按钮时调用执行 self.save_record 方法。保存聊天记录功能的代码实现如示例 14-15 所示。

【示例 14-15】 保存聊天记录。

```
# coding:utf-8
import wx
from socket import *
import threading
import time
class YsjServer(wx.Frame):
    def __init__(self):
        …
    (前面章节中已完成__init__方法的编写)

    # 为保存聊天记录按钮绑定单击事件
    self.Bind(wx.EVT_BUTTON, self.save_record, record_btn)

    # 服务器启动函数
    def start_server(self,event):
        …
    (前面章节中已完成 start_server 方法的编写)

    # 线程要执行的方法(服务器运行之后的方法)
    def do_work(self):
        …
    (前面章节中已完成 do_work 方法的编写)
    # data_source 表示信息源，即发信息的客户端，date_time 发信息的时间，data 表示发送的数据
    def show_info_and_send_client(self,data_source,data,date_time):
        …
    (前面章节中已完成 show_info_and_send_client 方法的编写)

    def save_record(self,event):    # 服务器保存聊天记录
        # 将文本框中的内容保存到文本文件
        record_data=self.show_text.GetValue()

        with open('record.log','w') as file:
            file.write(record_data)
```

找到 server.py 文件启动运行，单击“启动服务”按钮启动服务，等待客户端的连接；再找到 client.py 文件启动运行，单击“连接”按钮连接服务器，客户端向服务器端发送一条信息，在服务器端单击“保存聊天记录”按钮，将在服务器端生成一个名称为 record.log 的文件。双击该文件，聊天记录如图 14-21 所示。

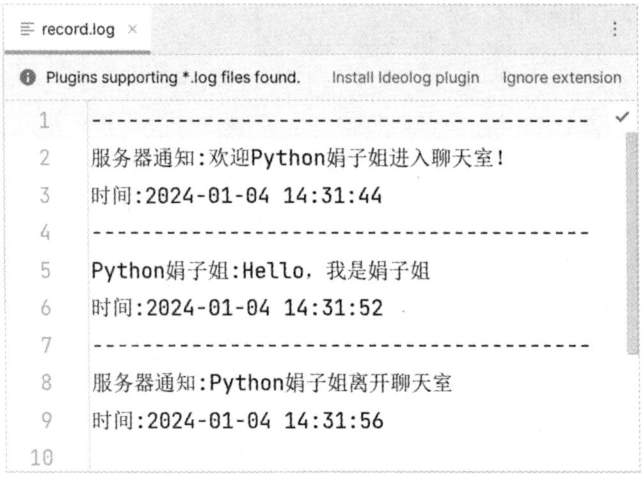

```
record.log ×
Plugins supporting *.log files found.    Install Ideolog plugin    Ignore extension
1  ----------------------------------------
2  服务器通知:欢迎Python娟子姐进入聊天室!
3  时间:2024-01-04 14:31:44
4  ----------------------------------------
5  Python娟子姐:Hello，我是娟子姐
6  时间:2024-01-04 14:31:52
7  ----------------------------------------
8  服务器通知:Python娟子姐离开聊天室
9  时间:2024-01-04 14:31:56
10
```

图 14-21　保存聊天记录

14.2.10　停止服务

服务器端的最后一个按钮“停止服务”，功能实现比较简单。在 server.py 文件中找到 YsjServer 这个类，在该类的__init__方法中为“停止服务”按钮绑定一个单击事件，关键代码为“self.Bind(wx.EVT_BUTTON, elf.stop_server, stop_server_btn)”，其中 self.stop_server 为 YsjServer 类中自定义的实例方法，用于停止服务，stop_server_btn 为“停止服务”按钮对象的名称，当单击“停止服务”按钮时调用执行 self.stop_server 方法。在 stop_server 方法中停止服务，只需要将 self.isOn 的状态修改为 False 即可，如示例 14-16 所示。

【示例 14-16】 停止服务功能实现。

```
import wx
from socket import *
import threading
import time
class YsjServer(wx.Frame):
    def __init__(self):
    …
    (前面章节已经实现__init__方法代码的编写)

    # 为保存聊天记录按钮绑定单击事件
    self.Bind(wx.EVT_BUTTON, self.stop_server, stop_server_btn)

def stop_server(self,event):
     print('服务器已停止服务')
     self.isOn=False
```

14.2.11　项目案例框架结构

目前客户端与服务器端的所有功能都已经实现，现在对多人聊天室这个项目进行一个框架梳理，帮助读者更好地理解项目的框架结构。

在服务器端的 server.py 文件中定义了 YsjServer 类，该类继承 wxPython 中的 Frame 类，用于绘制窗体，在__init__()方法中实现了服务器端窗体的绘制，为“启动服务”按钮、“保存聊天记录”按钮和“停止服务”按钮绑定事件，在该方法中还设置了启动服务器时必要的属性。start_server()方法用于启动服务器，创建一个主线程用于负责启动和管理服务，主线程采用函数式编程；当启动服务器时，线程执行了 do_work()方法，在 do_work()方法中创建会话线程类的对象，分别与每个连接进来的客户端进行会话。show_info_and_send_client()方法用于显示服务器通知和客户端聊天信息。save_record()方法用于服务器端保存聊天记录时调用，stop_server()方法用于单击“停止服务”按钮时调用执行。服务器端代码文件结构如示例 14-17 所示。

【示例 14-17】 服务器端文件结构。

```
# coding:utf-8

import wx
from socket import *
import threading
import time
class YsjServer(wx.Frame):
    def __init__(self):
        pass
    # 服务器启动函数
    def start_server(self,event):
        pass

    # 线程要执行的方法(服务器运行之后的方法)
    def do_work(self):
        pass

    def show_info_and_send_client(self,data_source,data,date_time):
        pass

    # 服务器保存聊天记录
    def save_record(self,event):
        pass

    # 停止服务
```

```
    def stop_server(self,event):
        pass

# 服务器端会话线程的类
class SessionThread(threading.Thread):

    def __init__(self,client_socket,user_name,server):
        pass
    # 会话线程真正要执行的操作
    def run(self):
        pass

if __name__ == '__main__':
    pass
```

客户端的项目框架相对于服务器端而言比较简单，客户端文件的结构如示例 14-18 所示。定义类 YsjClient 继承 wxPython 中的 Frame，在__init__()方法中绘制客户端窗口界面，为“连接”按钮、“断开”按钮、“重置”按钮和“发送”按钮绑定事件，并编写客户端连接服务器的必要属性。当单击“连接”按钮时执行 connect_to_server()方法，单击“发送”按钮时执行 send_to_server()方法，单击“断开”按钮时执行 dis_conn_server()方法，单击“重置”按钮时执行 reset()方法。recv_data()方法用于接收来自服务器端的信息，客户端线程采用函数式编程，方法 recv_data()就是线程要执行的方法。

【示例 14-18】 客户端文件结构。

```
# coding:utf-8
import wx
# 客户端继承 wx.Frame 就拥有了窗口界面
from socket import *
import threading
class YsjClient(wx.Frame):    # 继承 wx 中的父类 Frame，Frame 窗口的意思
    # 重写父类中的初始化方法
    def __init__(self,client_name):    # client_name 客户端的名称
        pass
    def connect_to_server(self,event):
        pass



    # 接收服务器发送过来的数据
    def recv_data(self):
        pass


    def send_to_server(self,event):    # 事件调用函数需要传入一个 event 参数
```

```
            pass

        # 客户端断开连接，即离开聊天室
        def dis_conn_server(self,event):
            pass

        # 客户端输入框的重置
        def reset(self,event):
            pass

if __name__ == '__main__':
    pass
```

本章小结

本章简要介绍了 wxPython 这个第三方库，它是一套优秀的 GUI 图形库，可以很方便地创建完整的、功能健全的 GUI 图形用户界面。多人聊天室项目中客户端界面和服务器端界面的绘制只使用了该库中很少的一部分组件，要想对 wxPython 库有更加深入的了解，可找相关书籍或帮助文档进行学习。

多人聊天室项目中客户端的多线程采用的是函数式编程；服务器端的业务比较复杂，主线程采用函数式编程用于启动和管理服务，会话线程采用继承式编程，每当有客户端连接服务器时都会创建一个会话线程对象与之通信。该项目除了使用了多线程还使用了 TCP 编程，最后将聊天记录保存到服务器本机，使用了文件的写入操作。

本章的项目比较难，读者在学到这部分内容的时候，建议至少学习三遍，第 1 遍跟着示例实现功能，第 2 遍编写项目框架填充代码，第 3 遍争取可以独立实现。多人聊天室项目是本书中最大的一个项目，对本书中的知识点进行了一个综合应用，只有多做项目才能够将知识点灵活运用。

第 14 章程序源码

参 考 文 献

[1] 明日科技. 零基础学 Python[M]. 长春：吉林大学出版社，2018.
[2] 嵩天. 全国计算机等级考试二级教程：Python 语言程序设计[M]. 北京：高等教育出版社，2019.
[3] 哲思社区. 可爱的 Python[M]. 北京：电子工业出版社，2009.